普通高等教育“十四五”规划教材

乡村规划设计

冯　旭　胡金龙◎主编

Rural Planning and Design

中国农业大学出版社
China Agricultural University Press
·北京·

内 容 简 介

为了回应国土空间规划制度、乡村振兴战略等重大时代需求，本教材在传统的乡村规划设计教学内容基础上，从纵向的空间规划体系、横向的编制实施运营两个维度进行了知识系统与技术方法的拓展。本教材共包含四篇：第Ⅰ篇，乡村规划设计基本知识；第Ⅱ篇，乡村规划内容与方法；第Ⅲ篇，乡村设计思维与模式；第Ⅳ篇，乡村规划设计保障体系。本教材既可作为普通高等院校园林、风景园林、城乡规划等专业的课程教材，也可供从事规划设计、治理运营等相关领域的技术人员、管理人员参考。

图书在版编目（CIP）数据

乡村规划设计 / 冯旭，胡金龙主编. -- 北京 ：中国农业大学出版社，2025. 7. -- ISBN 978-7-5655-3464-5

Ⅰ. TU982.29

中国国家版本馆 CIP 数据核字第 202596579U 号

中华人民共和国自然资源部地图审图号：GS 京（2025）0805 号

书　名　乡村规划设计
Xiangcun Guihua Sheji

作　者　冯　旭　胡金龙　主编

策划编辑　梁爱荣　　**责任编辑**　梁爱荣　刘彦龙

封面设计　李尘工作室

出版发行　中国农业大学出版社

社　址　北京市海淀区圆明园西路 2 号　　**邮政编码**　100193

电　话　发行部 010-62733489,1190　　读者服务部 010-62732336
编辑部 010-62732617,2618　　出　版　部 010-62733440

网　址　http://www.caupress.cn　　**E-mail**　cbsszs@cau.edu.cn

经　销　新华书店

印　刷　涿州市星河印刷有限公司

版　次　2025 年 8 月第 1 版　　2025 年 8 月第 1 次印刷

规　格　185 mm×260 mm　　16 开本　　13.25 印张　　329 千字

定　价　55.00 元

编委会

主　　编　冯　旭　胡金龙

副 主 编　陈小平　余　俏　李云燕　申明锐

编写人员　（按姓氏拼音排序）

陈小平　山西农业大学
陈　宇　中国城市规划设计研究院
冯　旭　中国农业大学
胡金龙　桂林理工大学
蒋　鹤　河南农业大学
李　鑫　北京建筑大学
李云燕　重庆大学
刘　剑　中国农业大学
潘传杨　中国农业大学
齐应涛　西安交通大学
秦　柯　中国农业大学
申明锐　南京大学
王梦莹　西安交通大学
余　俏　重庆交通大学
张　然　东北大学
赵　明　中国城市规划设计研究院

前　　言

党的二十大报告将全面推进乡村振兴纳入构建新发展格局的整体框架中。全面推进乡村振兴必须加强顶层设计，强调规划设计的引领作用，通过功能要素的重组形成新质生产力，推动城乡融合发展及宜居宜业和美乡村建设。

自 2017 年党的十九大报告提出实施乡村振兴战略起，乡村规划设计经历了从目标到技术方法的全方位变革：2019 年，中共中央、国务院颁布了《关于建立国土空间规划体系并监督实施的若干意见》，通过“一张蓝图”，实现对各类国土开发保护建设活动的指导；2022 年，党的二十大报告提出“建设宜居宜业和美乡村”，为处理好新时期的工农城乡关系作出了战略部署；2024 年，中央一号文件提出学习运用“千村示范、万村整治”工程经验，明确了宜居宜业和美乡村建设的具体内容与实施路径。面对上述重大变革，需要重新思考乡村规划设计的目标定位、体制机制与技术框架，以适应转型时期的乡村发展与管理需求，这也是编写《乡村规划设计》的初衷。

本教材主要服务于高等院校风景园林、园林及相关专业师生，空间规划从业人员，广大乡村基层管理干部。本教材以培养正确的价值观、科学的方法论、系统的逻辑思维为目标，让读者了解“如何认识乡村空间，怎样定位乡村发展目标，如何识别乡村发展中的关键问题并指导规划设计方案”这一认知过程。相比于同类教材，编者尝试从技术、内容、实施三个层面进行理论创新与教学探索。

技术层面，从历史演变、制度要求两个视角，梳理了国土空间规划制度下的乡村规划体系与运行机制。总结 1949 年以来乡村规划各个阶段的理论与方法特征，还原了土地利用规划、城乡规划在不同时期支撑“三农”政策落实的核心作用，并结合当前国土空间规划的制度要求，为思考国土空间规划制度下乡村规划的体制机制、技术方法变革提供了重要参照。

内容层面，从乡村规划、乡村设计两个侧面，以及生产、生态、生活三个领域，剖析了乡村规划设计的主要内容与衔接关系。乡村规划注重底线管控、指标约束，以功能布局为技术手段；乡村设计则是在满足功能布局的基础上，进一步探索空间组织的合理性与艺术性，以空间方案为技术表达形式。乡村规划、乡村设计在中微观层级（尤其是详细规划层级）存在内容的相互重合，在生产、生态、生活不同领域存在技术方法的相互衔接。

实施层面，从法规实务、治理运营两个环节，介绍了支撑和保障乡村规划设计落实与持续维护的措施。在乡村振兴背景下，依赖政府出资与管理的“规划、建设”单一路径，已经演变为政府、村民、企业、社会团体等多元主体共同参与的“项目策划、规划设计、建设实施、治理运营”闭环模式，相关的法规技术保障、治理运营模式需要在教学中予以体现。

本教材共分为 4 篇、14 章，具体编写分工如下：第 1 章，齐应涛，张然，王梦莹，冯旭；第 2 章，冯旭，张然；第 3 章，冯旭；第 4 章，蒋鹤；第 5 章，秦柯，余俏，冯旭；第 6 章，陈宇；第 7 章，李云燕，余俏；第 8 章，胡金龙；第 9 章，蒋鹤；第 10 章，余俏，秦柯，李鑫；第 11 章，赵明；第 12 章，陈小平；第 13 章，刘剑，潘传杨；第 14 章，申明锐。

全文策划构思、大纲撰写、内容校核工作由主编冯旭完成。统稿工作分别由冯旭（第Ⅰ篇），余俏、李云燕（第Ⅱ篇），胡金龙（第Ⅲ篇），陈小平、申明锐（第Ⅳ篇）完成。

本教材的编写得到了中国农业大学出版社、教育部风景园林教指委、中国农业大学园艺学院、中国城市规划设计研究院村镇规划研究所的大力支持。同时，离不开王凯、毛其智、山崎寿一、周铁军四位教授在不同时期的科研与教学指导。中国农业大学风景园林系研究生蒋元琪、王嘉媛、聂铭、宋沁煜、王佳琪、刘芸等对本教材的图纸绘制及文稿编辑工作提供了帮助。此外，教材中的部分内容与案例，是在国家自然科学基金项目(52078479)资助下取得的成果，并参考了李京生、陈前虎、张尚武等前辈学者编撰的教材内容，在此一并致谢。

值此空间规划制度交替、乡村振兴全面推进时期，新的理论研究、方法总结、经典案例不断涌现。鉴于编者水平有限，对于一些新政策、新技术还需要持续消化与吸收，教材中的不妥与错误之处敬请读者批评指正。

冯 旭

2025 年 3 月

目　录

第Ⅰ篇　乡村规划设计基本知识

第Ⅱ篇 乡村规划内容与方法

第Ⅲ篇 乡村设计思维与模式

第Ⅰ篇

乡村规划设计基本知识

第1章　乡村规划设计的基本概念

本章简介：本章旨在引导读者理解乡村规划设计的基本概念与内涵。其中，第1节介绍了乡村的定义，探讨了乡村的主要职能与发展方向，并展示了宏观、微观两个视角下的乡村空间基本特征与解读方法；第2节、第3节分别阐述了乡村规划和乡村设计的目标、任务、关联性、学科支撑体系。

通过本章内容的学习，理解乡村规划设计在塑造乡村空间过程中的特征与作用，把握乡村规划、乡村设计的衔接关系，具备运用图示语言解读乡村空间的能力。

1.1　乡村与乡村发展

1.1.1　乡村的定义

“乡村”是一个复合性名词。从《说文解字》来看乡村一词的起源，“乡”可理解为古代以来国家行政单位下能产生认同感和归属感的空间文化区域；“村”指乡下的聚居处所，也指代乡村基层组织。

作为与城市相对应的称谓，乡村因与城市相比较而存在。伴随社会、经济的发展，乡村在规划设计领域的内涵与外延也随国家发展重心及城乡关系的变化而变化。在新中国成立之前，乡村指以农业生产为主体的地域，农业产业成为其生产、存在与发展的前提，因此乡村又被称为“农村”；新中国成立以后，严格的户籍管理制度形成了城乡二元管理体制，依据各个居民点的政治、经济、人口规模等特征，城镇型居民点主要指国家行政建制设立的市（特大城市、大城市、中等城市、小城市）和镇（城关镇、建制镇），乡村型居民点主要指集镇（乡、民族乡人民政府所在地，非建制镇）和村庄（行政村、自然村）。在逐渐打破城乡二元管理体制、进入快速城镇化发展阶段后，乡村主要指通常用于农业生产和农村发展的以集体土地为所有权属的地域；进入城乡融合阶段，在国土空间规划制度的管控逻辑下，乡村主要指城镇开发边界以外的广大地区。

1.1.2　乡村空间的特征与解读

对于乡村物质空间的解读，可以从微观（村域、居民点）、宏观（县、镇）两个视角展开。

1. 微观视角（村域、居民点）

（1）平面解读　村域指行政村全域，包含生产区域、生态区域、生活区域三种空间形态。其中，生产区域、生态区域又可以被自然地貌、作物种类、灌溉系统、生产设施等划分为多个次级片区。例如位于沈阳市郊区的C村(图1-1),包含了宅基地(生活区域)、水田(生产区域)、坑塘(生态区域)3个部分,水田又被灌渠、排水渠、道路分为33个耕作片区。

村庄居民点主要指村域中的核心生活区域,可以按照领域、骨骼、节点3类空间要素进行解读。领域是面状空间,居民点被自然地貌、道路交通或其他要素(如族群等)分解为多个居住组团;骨骼是线状空间,主要包括道路、河流、边界等空间要素;节点是点状空间,包括村委会、医务室、学校、集会场所、公厕等公共服务设施,垃圾堆放、污水处理等人居环境设施,以及小卖部、仓储物流等商业服务设施。在C村案例中,宅基地被东西向的主干路和南北向的次干路分为6个居住组团,公共服务设施、仓储物流设施等重要节点分散在村域当中。

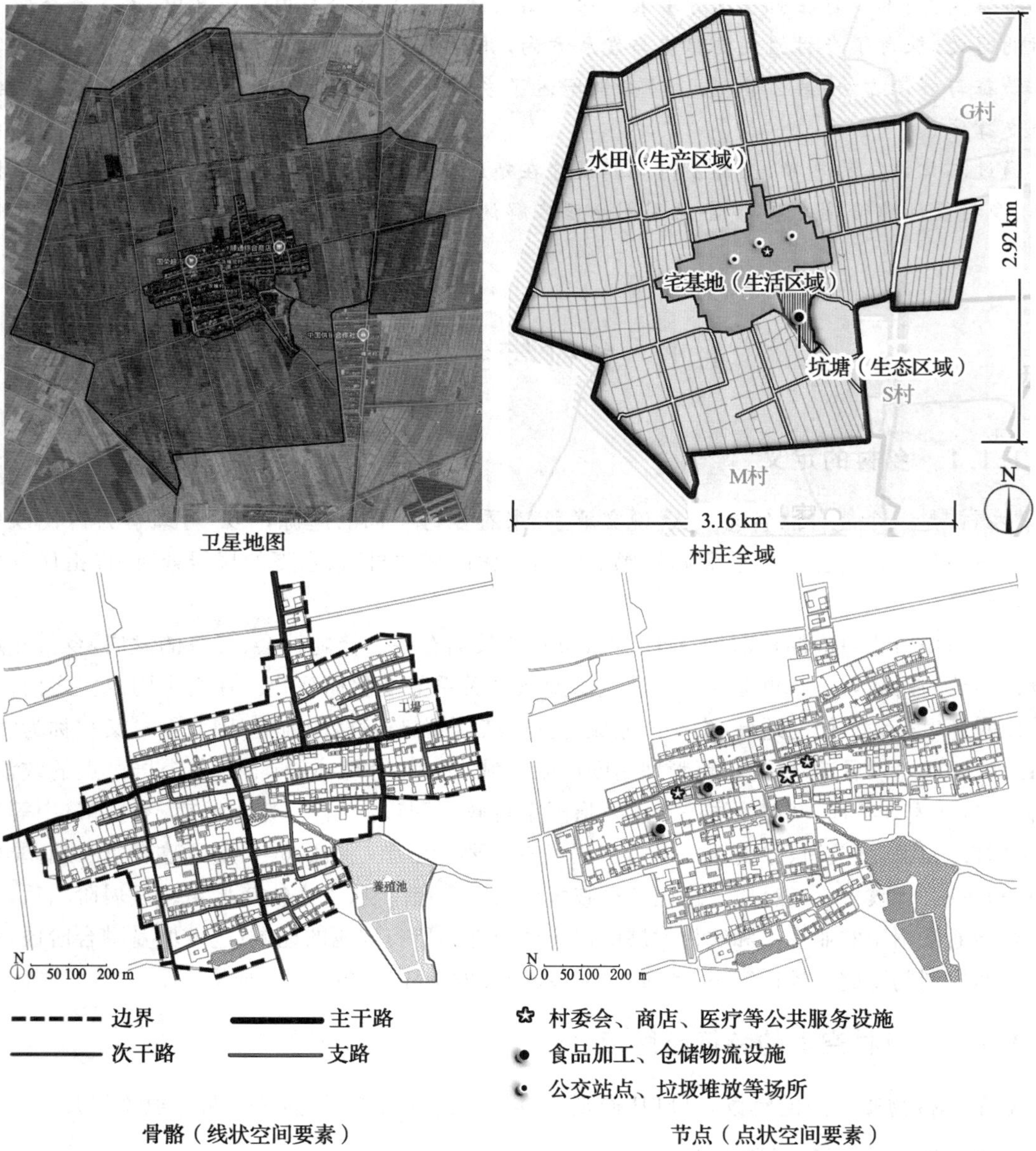

图1-1　沈阳市C村平面空间解读

(2)剖面解读　位于山地丘陵、河滩谷地等地形地貌复杂区域的村庄,还需要通过剖面来解读村庄的土地利用、建筑布局、生态系统特征。例如,位于河流与山地之间的 F 村(图 1-2),其生活区域紧靠北侧山坡,最大限度地保障了农业生产空间,又便于利用生态区域的林业资源;生活区域与生态区域之间种植防风林和竹林,有利于防止冬季的西北风与山体滑坡;北侧的山林和南侧的水田,有利于涵养地下水,保障村庄环境的可持续发展。

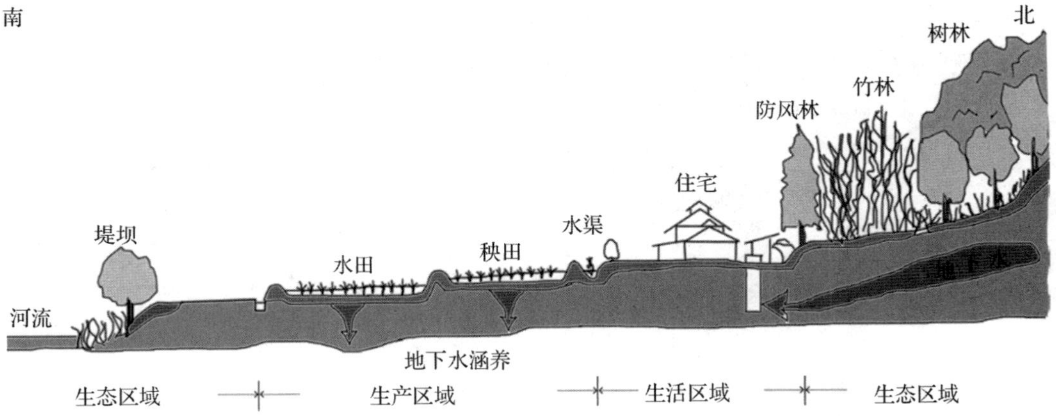

图 1-2　山区沿河地带 F 村剖面空间解读

(改自:千贺裕太郎,2021)

2. 宏观视角(县、镇域)

宏观视角通常采用土地利用、村镇体系两种方法对乡村空间进行解读。土地利用方法,主要借助地理信息系统、遥感影像等技术手段,详细展示区域内乡村集体建设用地、宅基地、生产用地、生态用地、设施用地的分布、规模等土地利用格局。例如,北京市 X 镇(图 1-3),生产用地由粮食种植区和果蔬种植区组成,占镇域面积的 38.5%;生活用地由村庄建设用地、道路交通用地组成,占镇域面积的 18.9%;生态用地由林草保护区和水域保护区组成,占镇域面积的 42.6%。

村镇体系方法,主要对广域范围内不同村庄、集镇居民点进行分级分类,在体现村镇空间结构的同时,指导各居民点的差异化发展。在城市化快速发展阶段,主要依据产业、社会发展预测,将村庄分为“重点镇、一般镇、中心村、一般村”,以便更好地指导基础设施、公共服务设施的配置方案与建设标准(图 1-4);而在国土空间存量优化阶段,主要依据不同村庄的发展特征、潜力与诉求,通过划分“集聚提升、城郊融合、特色保护、搬迁撤并”等类型,指导村庄的产业振兴与功能调整。

1.1.3　乡村的职能与发展方向

党的十九大报告提出乡村振兴战略,指明“产业兴旺、生态宜居、乡风文明、治理有效、生活富裕”的总体要求,明确了到 2035 年,乡村振兴取得决定性进展,农业农村现代化基本实现;到 2050 年,乡村全面振兴,农业强、农村美、农民富全面实现。为了实现上述目标,需要乡村具备以下功能:基于粮食安全的农业生产保障功能,基于国土空间可持续发展的乡村多元复合功能,以及基于乡村振兴目标、在城乡融合过程中不断衍生出来的新功能。

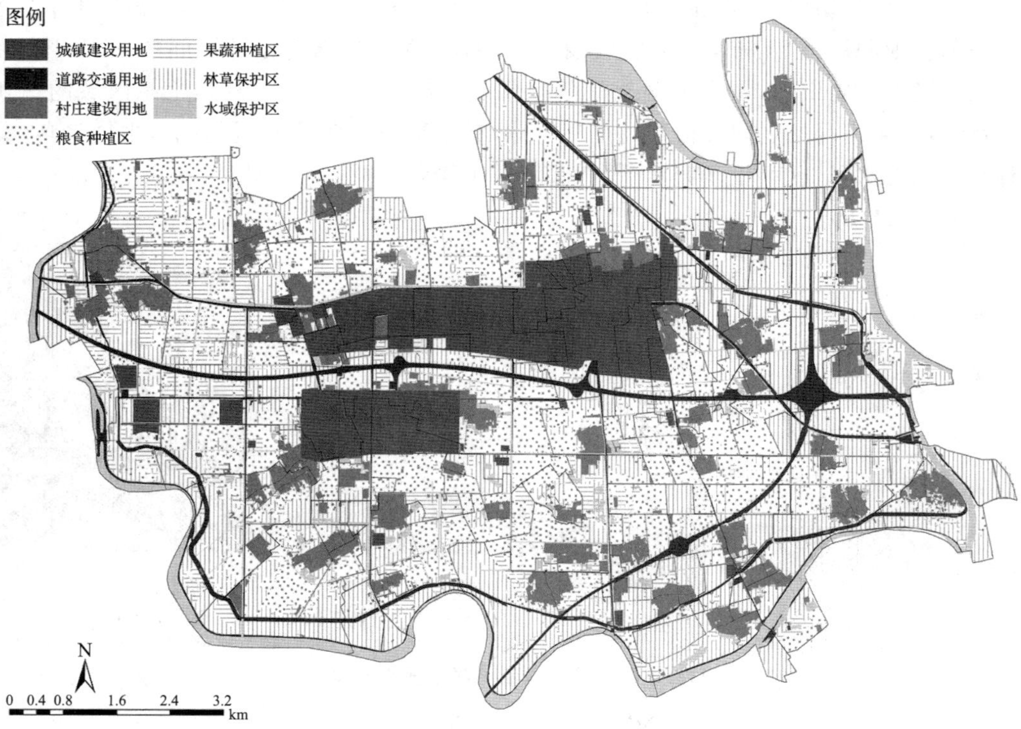

图 1-3　X 镇土地利用现状

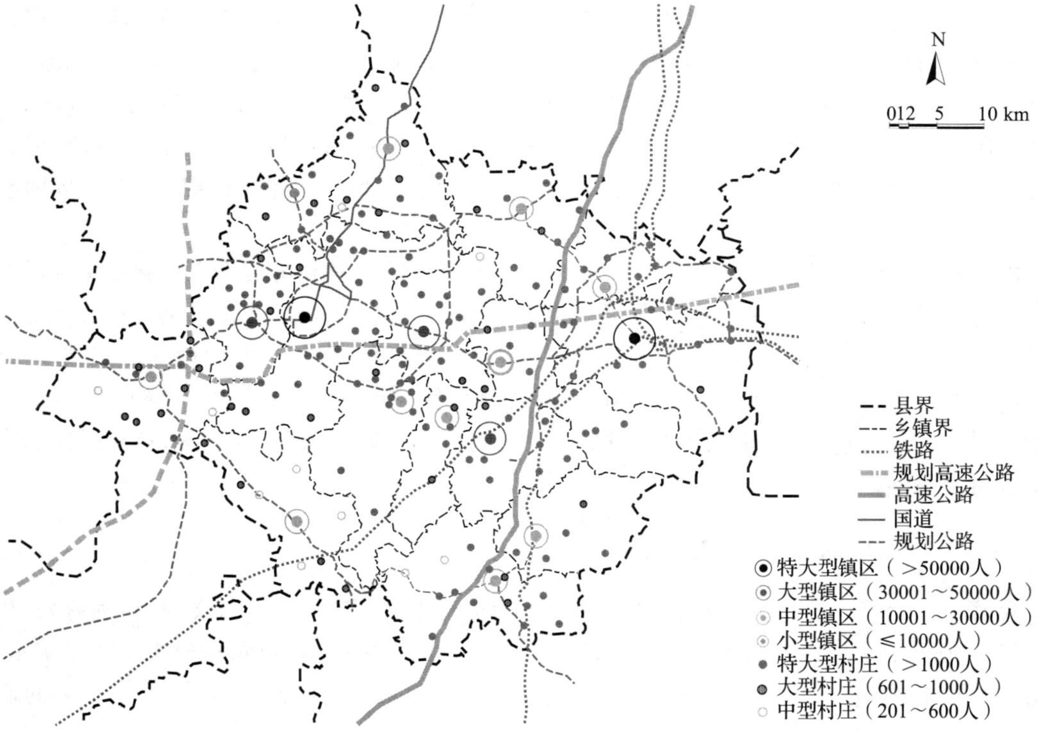

图 1-4　B 县县域村镇体系

（根据宾阳县人民政府.宾阳县县域镇村体系规划[R].2012 改绘）

首先，确保粮食安全是乡村区别于城市的首要任务。一方面，随着城镇化水平的不断提升，乡村劳动力不断缺失，需要通过产品、技术、制度、组织与管理创新，推进现代农业的转型升级。另一方面，随着休闲农业、绿色有机农业的兴起，乡村资源对城镇居民的稀缺性进一步彰显，需要继续推动乡村一二三产业融合、农业供给侧结构性改革，在实现农业产业链延伸的同时，为农民创造更多的就业与增收机会，吸引年轻人扎根乡村。

其次，乡村承担着国土空间生态屏障与地域文化传承的重要职能。在国土空间存量发展时期，乡村需要守护好广袤的土地、珍贵的水资源以及丰富的生物多样性，这不仅仅是为了维护生态环境的稳定性，更是为了促进生态文明建设，实现绿色发展与建设美丽中国的长远目标；乡村需要严格执行耕地保护政策，推动农业灌溉方式的改进和水资源循环利用、植树造林、生态修复等措施，有效改善乡村的生态环境质量，增强乡村的可持续发展能力。此外，乡村还孕育了丰富的历史文化遗产，不仅是乡村地域存在的历史见证，更是国家文化多样性的重要组成部分，需要在保护、传承地域文化的同时，为乡村经济注入新的增长点。

最后，我国的城镇化进程尚未完成，乡村人口下降的趋势仍将持续。作为国家发展的“蓄水池”和“稳定器”，一方面，乡村需要进一步推动“精明收缩”，完善村镇的水、电、路等基础设施以及医疗、教育、社会保障等公共服务设施体系；另一方面，需要鼓励城乡资源要素互动下衍生出的新业态、新功能。此外，随着乡村地区人口老龄化程度的日益加深，乡村规划必须重新审视人口结构变化，盘活闲置资源，培育多元建设管理主体，推动乡村振兴战略的有效实施。

1.2 乡村规划

乡村规划是国土空间规划体系的重要组成部分，是乡村建设与管理的核心依据。通过科学界定乡村的性质、规模和发展方向，合理保护与高效利用乡村自然资源，对乡村地区展开空间综合部署与项目统筹安排，从而实现乡村经济和社会发展的各项目标。

1.2.1 乡村规划的目标、任务及学科支撑

1. 目标与任务

作为重要制度保障与基础技术手段，国土空间规划体系下的乡村规划，应在充分把握乡村空间特征与基层诉求的基础上，通过建立合理的分级事权、规划编制流程与技术方法，引导城镇开发边界以外的广大乡村地区进行科学、合理的空间资源要素配置，推动乡村的多功能发展与乡村振兴战略的有效实施。

乡村规划的核心任务可以归纳为4点：①设定发展目标。深入分析人口结构、经济基础、自然资源、社会文化等因素，设定清晰、可行的发展目标，引导乡村向健康、可持续的方向迈进。②划分功能区域。实现生活居住、农林生产、仓储物流、生态涵养等功能的科学、合理布局。③完善基础设施与公共服务设施体系。建设和完善道路交通、供排水、能源通信等基础设施，以及教育、医疗、养老、垃圾收集等公共服务设施体系。④人居环境提质与文化遗产保护。提出减少环境污染、生态修复、保护生物多样性的具体措施，以及保护历史文化遗存、传承地域文化的策略。

2. 学科支撑

乡村是复杂的有机系统，包含了经济、社会、文化、生态等诸多方面。在编制乡村规划的过程中，需要得到多学科理论支撑，主要包括以下内容。

(1)地理学　借助GIS、遥感影像识别等工具，为乡村规划提供自然资源调查与环境监测数据，帮助规划师合理划定功能区域、落位设施项目，并制定生态保护、资源管理和气候适应策略。

(2)社会学　为乡村规划提供关于社会结构、社区互动、文化认同等方面的理论依据。通过分析乡村的社会和文化特征，与村民开展广泛交流，帮助规划师判断村民的实际需求；同时，通过合理的规划布局，增强村民的地方认同感，推动乡村经济和社会的协调发展。

(3)经济学　在优化要素配置、协调市场机制与政府管理、引导产业发展与农民增收等方面，为乡村规划提供目标方向和政策依据。通过经济学分析，促进乡村更加科学、合理地配置土地和劳动力，明确产业结构调整、升级方向，优化乡村公共服务，提高资源的保护与利用效率。

(4)人居环境科学　为乡村规划提供人与环境互动的分析框架。以乡村空间为研究对象，为生态环境、居住环境、文化环境的构建提供理论支撑，并确保宅基地、集体建设用地、农林用地、设施用地的综合部署与有效供给。此外，借助人居环境相关学科的分析方法，可以对人居环境质量、空间利用效率、社会经济效益等进行动态监测与评估，便于及时调整和优化功能布局。

1.2.2　乡村规划的特征与作用

1. 乡村规划的特征

乡村规划涉及多个行业领域和行政管理层级，具有综合性、实用性、底线性、地域性、社会性等多重属性。

(1)综合性　需要综合考虑产业、社会、文化、生态等多领域要素，全面统筹村民、村集体、政府、企业、非政府组织等多方利益诉求，实现多目标平衡。

(2)实用性　为乡村发展提出具体的目标、方向与路径，对发展中面临的具体问题，如资源短缺、生态环境破坏、公共服务水平滞后，提出针对性的解决方案。

(3)底线性　严格落实上位规划的管控要求，明确永久基本农田、生态保护红线、历史文化保护控制线、灾害风险控制线及其他管控区域的具体范围及管控措施。

(4)地域性　我国幅员辽阔，受复杂的自然地理条件及经济社会发展水平影响，不同地区的乡村差异化发展特征明显，发展阶段与动力机制各不相同，必须充分考虑实际情况，确保规划方案的合理性与可操作性。

(5)社会性　除了物质空间外，还需要关注社会关系的构建。通过加强政府、村民、企业、非政府组织等多元主体之间的联系，鼓励村民广泛参与，尽力满足弱势群体的诉求，确保规划成果的公平、正义与可实施性。

2. 乡村规划的工作要求

(1)城乡一体，统筹发展　旨在解决长期以来的城乡二元分治局面，实现资源共享、优势互补、均衡发展，具体体现在产业与科技一体化、基础设施互联互通、公共服务均等化三个方面，从而实现物质空间、体制机制的统筹与融合发展。

(2)规划引领,示范带动　强调科学规划指导发展,并通过试点推广经验。首先,国家和地方政府明确乡村发展的目标、路径和主要任务;其次,选择一批村庄作为示范片区,探索可复制、可推广的经验模式,总结工作方法和管理模式;最后,通过媒体宣传、经验交流等形式,促进规划实施工作在区域内全面展开。

(3)生态优先,彰显特色　强调贯彻生态文明理念、突出乡村特色,推动自然环境保护和地域文化传承。具体来看,在乡村规划中需要优先考虑保护"山水林田湖草沙"自然生态系统,维持生物多样性和生态平衡;使用绿色建筑材料和清洁能源,尽可能应用节能减排技术,鼓励循环经济;合理利用自然景观发展生态旅游,保护、修复历史文化遗存,传承非物质文化遗产。

(4)村民主体,以人为本　强调村民的主体地位,满足村民合理的生产生活诉求,切实提升村民的幸福感和获得感。

3. 乡村规划的作用

乡村规划是实现乡村蓝图的技术方法与制度保障,在促进乡村经济社会发展、提升人居环境质量、实现空间品质与文化传承方面起着重要作用。具体体现在以下 4 个方面。

(1)推动产业结构的转型升级　通过调整优化存量空间,发展现代农业与特色产业,为乡村经济注入活力。同时,充分挖掘乡村资源,如特色产品、自然景观、文化资源等,创造就业机会,提高村民收入,实现乡村经济的多元化优势和可持续发展。

(2)完善基础设施与公共服务体系　通过改善和提升道路、供排水、能源、通信等基础设施建设,调整和优化教育、医疗、文化、养老等公共服务设施配置,提升乡村人居环境质量、增强乡村吸引力,促进人口回流与外来资本投入,进一步推动乡村发展。

(3)保护自然环境与历史文化遗产　注重生态环境保护,通过划定生态保护红线、实施生态修复项目、推广绿色有机农业等措施,维护乡村景观、实现生态平衡。同时,保护乡村的传统文化和历史遗存,增强乡村的魅力与特色。

(4)促进村民参与、构建和谐社会　形成村民参与机制,通过组织村民大会等形式,让村民参与到规划决策的全过程中,确保规划方案能够反映村民的真实诉求。同时,参与式规划也增强了村民的主人翁意识,促进了村民之间、村民与村集体及政府之间的沟通与合作,有利于构建更加和谐、稳定的乡村社会。

1.3　乡村设计

乡村设计是对乡村规划方案的深化,通过设计手法解决乡村空间组织与项目建设的实际问题,营造良好的乡村风貌与人居环境。

1.3.1　乡村设计的目标、任务及学科支撑

1. 目标与任务

落实乡村规划的空间部署与管控策略,在现有建成环境基础上,运用设计手法构筑人与乡村的和谐关系、促进乡村产业融合与业态创新、彰显乡村景观风貌特色、提升乡村活力与共治氛围。乡村设计主要包含以下任务。

(1)空间序列整理与形态设计　首先,梳理由道路、河网等轴线串联起来的入口、重要历史文化遗存、主要公共空间等节点要素,提炼乡村空间结构,并对重要节点要素进行优化设计。其次,从空间结构维护和整体景观风貌营造出发,通过视线通廊、对景等视线分析控制手法,协调好村庄与周边山林、水体、农田等重要自然景观要素之间的联系,形成有机交融的空间关系。

(2)人居环境设施设计　在满足道路交通、供排水系统等基础设施以及教育、医疗等公共服务设施的专项设计要求基础上,充分发挥村民的参与作用,使设施用地尽可能兼顾多元功能,并融入乡村整体风貌当中。

(3)产业空间设计　因地制宜、深入挖掘和突出地域特色,通过细化乡村一二三产业类型与布局,优化田园综合体、休闲农园、特色小镇、农业产业园区等不同发展模式下的土地利用和乡村风貌,培育宜居宜业和美乡村的产业基底。

(4)生态环境设计　主要指驳岸、桥梁等滨水空间设计,农田、林地等绿色环境空间设计,以及包含村口、公共广场、街巷节点、慢行步道等在内的建成环境设计。

2. 学科支撑

乡村设计同样涉及多个学科领域的交叉融合,共同支撑人、动植物、生态系统的健康有序发展,以及乡村生活品质的提升。

(1)地理学　主要利用景观地理学、生态学和气候学等学科知识,指导设计师在保护自然生态、优化微气候的同时,创造符合地域特征的景观和建筑。而人文地理学可以帮助设计师理解当地文化,在设计中融入传统元素,实现地域文化的保护与传承。

(2)社会学　关注社会行为和空间需求,强调公共空间的社交属性。通过研究村民之间的互动模式、生活习惯和文化传统,帮助设计师进行有利于社会交往、促进邻里关系的住宅和公共空间方案设计,从而提升社区的凝聚力与归属感。

(3)设计学　审美是人民群众对美好生活向往的重要体现,通过植根于乡土传统、交融于乡村生活的艺术设计,更好地塑造乡村物质空间、挖掘传统手工艺产品,提升经济社会活力与乡村文化水平。

(4)人居环境学　强调以人为本,通过探讨乡村空间演变规律、居民生产生活习惯和时空行为特征,把握乡村居民的健康需求和心理感受,从而指导设计师对乡村建筑物、公共空间和生态环境的合理设计。

1.3.2　乡村设计的特征与作用

1. 乡村设计的特征

乡村设计包含在地性、系统性、融合性等多方面特征。

(1)在地性　乡村设计必须根植于特定的地域条件,反映乡村的自然环境、文化传统、社会经济状况和民众需求。这意味着乡村设计不能照搬城市或其他乡村地区的发展模式,而是要基于对设计对象特性的深入理解和尊重,量身定制解决方案。例如,设计者需要考虑当地的气候条件、地形地貌、植被种类,以及当地居民的生活方式和文化习俗,确保设计方案能够与乡村的自然环境和社会背景相适应,既能保护和增强乡村的自然美,又能促进乡村文化的传承与发扬。

(2)系统性　乡村不仅仅是由房屋、道路和农田组成的物理空间,还是由自然环境、经济活动、社会关系和文化传统交织而成的有机整体。因此,乡村设计需要考虑各个要素之间的关联性,通过对土地利用、水资源管理、交通网络、公共基础设施、经济产业等的系统分析,确保设计方案能够促进乡村的整体发展。

(3)融合性　体现在城乡资源的统筹与融合、传统要素与现代要素的设计融合、生态环境与新兴产业的发展融合等方面。充分利用城乡基础设施和公共服务设施的共建共享、产业功能的互补与合作、科技和信息的交互融合,缩小城乡差距、促进资源优化配置;保留乡村历史文化特色的同时,引入现代设计理念和手段,以达到传统与现代的和谐共存;注重生态环境保护与新兴产业的协同,实现乡村的绿色与可持续发展。

总之,乡村设计在尊重乡村特性、把握乡村系统的复杂性、整合多元发展目标方面需要形成独特的价值观和方法论,引导设计师创作出既符合实际又面向未来的设计方案。

2. 乡村设计的作用

乡村设计在推动乡村振兴的过程中起着至关重要的作用,可以概括为以下 3 个方面。

(1)对乡村规划的深化和具体化　乡村设计通过细致入微的分析和创意,将乡村规划的政策措施、目标蓝图转化为空间形态、实施方案(图 1-5),在道路交通布局、公共空间培育、建筑风格引导、环境景观设计等方面,确保落实规划意图,增强乡村的吸引力与宜居宜业特性。

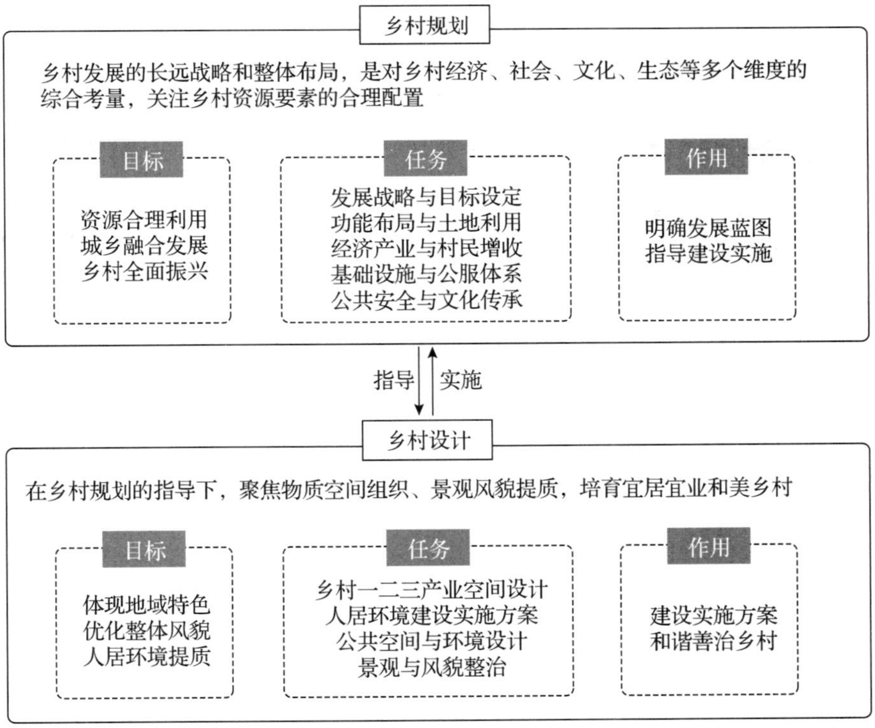

图 1-5　乡村规划与乡村设计的关系

(2)提供面向实际问题的解决思路　针对乡村发展中的实际问题,通过实地调研,运用专业知识和创新思维,提出切实可行的解决方案。例如,通过优化道路尺寸解决出行不便的问题;通过发展特色产业和一二三产业有机融合,增加就业机会、提高村民收入;通过生态修复项目,优化宜居环境等。

(3)赋予乡村个性化的设计实施方案　乡村设计充分尊重地域特性，避免“千村一面”的同质化现象。通过深入挖掘乡村文化、历史典故、自然景观、特色产业等内容，将这些要素融入到建筑风貌、景观环境，甚至公共艺术装置设计中，营造出具有独特性和辨识度的乡村空间，使其成为具有独特魅力和吸引力的场所。

小结

在开展乡村规划设计之前，需要多角度、全方位地解读乡村空间现状特征，结合基层诉求明确规划与设计目标，思考适合的产业结构、发展模式、设施选型、自然与文化保护策略，为乡村的多元发展与全面振兴打好基础。

思考题

1. 简述乡村空间、城市空间的区别。
2. 如何解读乡村空间的演变过程？
3. 如何因地制宜制定乡村规划设计的目标与任务？

参考文献

陈前虎. 乡村规划与设计[M]. 北京：中国建筑工业出版社，2018.
何杰. 乡村规划概论[M]. 武汉：华中科技大学出版社，2020.
金兆森，陆伟刚，李晓琴，等. 村镇规划[M]. 4版. 南京：东南大学出版社，2019.
李京生. 乡村规划原理[M]. 北京：中国建筑工业出版社，2018.
千贺裕太郎. 农村规划学[M]. 宋贝君，张立，译. 上海：同济大学出版社，2021.
社团法人日本建筑学会，図説集落—その空間と計画—[M]. 千葉：都市文化社，1989.

第 2 章　乡村规划设计的演变与国际经验

本章简介：本章旨在让读者理解国内外乡村规划设计的发展历程与现状特征。其中，第 1 节讲解了我国在“三农”政策及城乡关系影响下，城乡二元分治、改善城乡关系、城市加速发展、城市反哺乡村、城乡融合发展 5 个阶段的乡村规划设计技术演进过程，探讨了国土空间规划制度下乡村规划设计的主要任务；第 2 节结合英国、德国、美国、日本的乡村建设发展过程，总结了不同国家乡村规划设计的特征与经验。

通过本章内容的学习，把握城镇化差异路径下不同国家、不同阶段的乡村规划设计思路，思考国土空间规划背景下乡村规划设计的目标与技术内容。

2.1　我国乡村规划设计的演变历程

乡村规划是落实“三农”政策、调整乡村空间功能的重要技术手段。以“三农”政策与城乡关系特征为主要依据，划分为城乡二元分治（1949—1980 年）、改善城乡关系（1981—1993 年）、城市加速发展（1994—2003 年）、城市反哺乡村（2004—2011 年）、城乡融合发展（2012 年至今）5 个阶段。以下分阶段梳理乡村规划设计发展的外部动力、技术演变与理论创新的具体内容。

2.1.1　“多规”体系下的乡村规划设计演变

1. 城乡二元分治阶段（1949—1980 年）

新中国成立初期，为了保障工业发展、城市建设所需的资本积累以及稳定粮食生产，中央采取了直接干预城乡人口流动的政策，城镇化基本处于停滞状态。在城乡二元分治局面下，“三农”政策主要围绕农业经营体制的社会主义改造以及稳定农业生产两个方面展开。农业经营体制方面，在农民与国家“两个需要”的原始驱动下，由生产资料农民私有的互助组、初级社，到生产资料集体所有，实行统一生产、共同劳动、统一分配的高级社，直至“三级所有、队为基础”的人民公社，逐步建立起农村集体经营制度。农业生产方面，作为实现农业机械化、提升农业生产力的必要条件，以农田水利建设为主要内容的农业基本建设受到了中央政府的高度重视，农业基本建设支出占“三农”支出的比例居高不下。

本阶段的乡村规划设计以区域土地规划为主要形式。1954 年以国营友谊农场的建设为契机，就小农经济的土地利用不合理现象，由农业部牵头开展了土地规划试点工作；1958 年，为了服务人民公社制度，农业部土地利用局发布了“对人民公社进行全面规划”的通知，要求结合土壤普查成果，以土地平整、农田水利建设为抓手，以划分耕作区、整理耕灌系统、整修道路、迁居并村、重新配置居民点等为主要内容,并力求与改良土壤、水土保持工作齐头并进;1964年,为了响应"农业学大寨",在人民公社规划内容的基础上,增加了山水田综合治理、旱涝保收高产稳产农田建设、田渠路林综合配置等内容,并在全国各地开展了农业区划工作以体现对自然规律的尊重。

理论方面,以人民公社制度下土地规划模式的归纳总结为主要内容。由于公社面积普遍较大,一般分成总体规划、居民点规划两个层级。总体规划以公社(或生产大队、管理区)为对象,在充分考虑农业作业分区、耕作距离、工业布局、公共福利设施服务半径的基础上,明确区域生产与居民点布局。居民点规划以生产队为对象,生产方面依据合理距离设置田间工作站,生活方面依据节约用地、便于管理等要求,根据居民点等级定位安排公共服务设施的种类与规模。为了普及乡村规划知识、提升规划科学性,《建筑学报》针对"人民公社规划"开展了征稿活动;原建筑工程部组织清华大学、同济大学、南京工学院和重庆建筑工程学院联合编写了新中国成立后首本《城乡规划》教材,针对人民公社规划方法作了专项讲解。

2. 改善城乡关系阶段(1981—1993年)

自1981年中央农村工作会议起,党中央、国务院通过五个"一号文件"开启了转变城乡、工农关系,解放农村经济与社会的宏观政策调整过程。其中,施行家庭联产承包责任制、改变统购派购制度、强调"农林牧副渔全面发展,农工商综合经营"等策略,刺激了农业生产效率,并激发起农民调整种植结构和多样化经营的积极性;而允许农民跨区域贩运,鼓励城乡农贸、推动乡镇企业发展,则在改善城乡关系的同时,加强了乡村内部镇、村之间的联系。

在户籍管理政策尚未松动、中央提出支持乡镇企业收纳农村剩余劳动力的情况下,乡镇企业充分利用了难以进入城市的劳动力、土地、资金等要素,以小城镇为载体形成了农村工业化浪潮,并产生了"离土不离乡"的流动就业大军。乡镇企业发展、农民收入增加进一步推动了全国范围内的农村建房热潮。

为了科学引导农房建设,1981年全国农村房屋建设工作会议提出了对"山水田林路村"进行综合布局的"村镇规划"概念,要求各地方在三年内完成村庄、集镇规划工作。住建系统通过组织竞赛、交流、征文等活动,达到普及规划知识、培训技术人员、提高规划设计质量,进而推动村镇规划工作的目的。1993年,原建设部在村镇初步规划经验的基础上出台了《村庄和集镇规划建设管理条例》,明确了由"乡镇域总体规划和村庄、集镇建设规划"构成的村镇规划体系。

理论研究主要围绕村镇规划制度展开。乡镇域总体规划方面,提出先依据居民点规模、作用或产业关联度对村庄、集镇进行分类,再依据分类结果完善生产生活配套设施及工程管网系统;村镇建设规划方面,对现代产业经济模式、现代科学技术应用、地域特征表现、群众意见表达等内容展开了讨论。此外,加强了围绕技术经济指标的乡村规划科学性研究,以及对江浙等经济社会发展前沿地区的案例调查和分析研究。

3. 城市加速发展阶段(1994—2003年)

1994年分税制财政管理体制改革,叠加入世前后的招商引资热潮,使地方政府由"管理型"转变为"发展型"。在此背景下,地方政府聚焦对国内生产总值(GDP)贡献更大、对招商引资更为有利的新兴工业发展与城市建设,导致城乡、工农发展的再次失衡。而在乡镇企业吸纳就业能力下降、经济快速发展地区吸引力上升的交互作用下,又促成农村劳动力向城市、向东部地区的跨区域流动局面,导致区域发展失衡。

为了应对城镇化快速推进下的城乡用地失衡现象，一方面，乡村规划建设主管部门提出了城、乡规划体系融合的改革思路，尝试通过县域城镇体系规划指导乡镇域总体规划，发挥县域在统筹城乡设施配置、环境保护、土地利用等方面的作用。另一方面，也提出了发挥小城镇的城、乡纽带作用，通过对小城镇的合理规划与建设，推动就地城镇化的可行性。

4. 城市反哺乡村阶段(2004—2011 年)

根据钱纳里模型，我国在 2002 年左右基本进入由非农产业作为主要驱动力的工业化中期阶段，通过城乡统筹解决城乡、工农之间的差距，加快农业农村现代化进程恰逢其时。2004 年中央一号文件重新聚焦“三农”问题，并提出了“工业反哺农业，城市支持农村”的政策导向。

“反哺”内容最初仍延续“少取、多予、放活”的农业保护策略。然而，仅靠政策性支持对于降低城乡差距效果十分有限，在此情况下，提出了推进社会主义新农村建设的目标，试图通过对农业农村基础投资和建设力度的持续扩大，以及培育农业农村的自主发展能力，全方位改变“三农”发展格局。此后，又引入了“农业多功能性”的概念，将农业在食品保障、就业增收、生态保护、观光休闲、文化传承等方面的功能映射到农村全域，力求打通农业、农村分而治之的鸿沟。

乡村规划方面，基于上一阶段的城、乡规划体系融合探索，提出了由县域村镇体系规划指导镇规划、村庄规划的技术改革内容，并出台了《县域村镇体系规划编制暂行办法》。县域村镇体系规划的编制思路主要包括以下 6 点：①在省域城镇体系规划、地市总体规划的指导下，为镇乡、村庄规划提供编制依据，并为县政府所在地及县域重点地区提供规划指引；②针对重点问题，如确定县域乡村人口及用地规模，梳理村镇体系结构，明确村庄布局、分类管理策略，配置基础设施、公共服务设施，提出具体实施策略；③以县域作为规划范围，合理分配空间资源并推进新农村建设；④重视同国民经济和社会发展规划、土地利用总体规划、区域重大基础设施规划、环保与生态建设规划的衔接和协调；⑤因地制宜，目标导向与问题导向并重；⑥建立广泛的公众参与机制，协调各部门、各乡镇政府与公众之间的利益关系。

5. 城乡融合发展阶段(2012—至今)

随着 2011 年城镇化率突破 50%，乡村常住人口已低于城镇，同时，农业占国民经济的份额也已下降至 10%以下。加快转变城镇化发展模式，成为影响宏观经济政策的重要内容。在此背景下，党的十八大提出生态文明体制改革思路，建设“美丽中国”执政理念，以及实现脱贫攻坚的阶段目标；“三农”政策在继续促进农业产业化改革的同时，强调通过农业多功能培育、数字乡村建设等措施，实现城乡资源、涉农产业、乡村功能的融合，推动农业供给侧结构性改革。

为了有效推进政策实施，发改委、国土部、住建部、环境部四部委联合开展了“多规合一”探索，通过建立规划平台协调各部门的管控范围与工作内容。同时，针对县域村镇体系规划存在的问题，即沿用城镇体系规划“三结构一网络”技术模式已难以对乡村地区起到实际指导作用、难以在“多规”矛盾下安排项目落位、难以全面考量县域内各个村庄的发展任务与建设模式，住建部提出了县域乡村建设规划的技术改革方案，从规划实用性出发，通过发挥县域在乡村建设、用地、资源方面的统筹作用，先做乡村建设决策，再以“一张蓝图”安排用地，最后采取分类指导的方式衔接、引领各居民点的空间优化模式。

这一阶段的理论创新体现在多个方面：①不再简单套用城市社区模式，而是从产业、资源、文化等视角切入，以案例为依托，反映不同条件下的产、村一体化解决方案。②引入人地关系理论、中心地理论、生活圈理论等空间认知与分析技术，为产业、居民点的空间组织方式和发展路径奠定了理论基础。③围绕土地综合整治、城乡建设用地增减挂钩等策略，从数据基础、土地权属、需求驱动、空间布局、地方特色、村民参与、衔接上位规划等方面进行了基于实践的理论与方法总结。④从参与对象、参与形式、参与内容、技术表达等方面完善公众参与在保障规划有效实施方面的作用。

2.1.2 国土空间规划制度下的乡村规划设计任务

从城镇化发展趋势来看，未来一段时期我国仍将延续城乡融合发展阶段的内容。农业农村现代化建设方面，主要借助智慧农业、数字乡村等技术手段，依托乡村一二三产业融合体系、农产品加工仓储物流交易网络平台，推动农业供给侧结构性改革，使生产端"精准供给"消费端。乡村空间结构优化方面，国土空间规划制度提出了坚守生态环境保护与粮食安全底线的要求，同时引导空间"精明收缩"，以应对人口持续外流所产生的空心化问题，从而提振乡村活力。乡村基层治理方面，在自上而下的空间发展与管控目标传导基础上，需要同时满足基层发展的特征与诉求，建立规划与治理的一体化机制，通过"精细治理"引领乡村的高质量发展和高品质生活。

在"精准供给、精明收缩、精细治理"的要求下，在构建乡村规划体系与方法时，首先，需要站在未来乡村发展蓝图的角度思考国土空间规划制度下的乡村规划目标，在国家战略方向及城镇化阶段目标指引下明确乡村应当承担的核心职能，并将其映射在乡村空间上，以便有效指导乡村空间规划的目标与编制方法；其次，在规划与治理的一体化视角下，需要改变过去自上而下逐级编制导致的基层参与流于形式、规划内容难以落地的问题，转变为自上而下与自下而上相结合的技术逻辑，通过合理的规划层级定位及空间事权划定，寻找统筹上、下级规划内容的合理层级；最后，对于全国数十万个自然村来说，逐一调研现状、编制规划并不现实，需要探索科学、合理的村庄分类方法，对技术指标所反映出的村庄发展问题予以针对性改善，并因类指导村庄的基础设施选型、公共服务体系完善，以及空间优化方向与治理模式，指导实用性村庄规划的编制。

2.2 发达国家的乡村规划设计经验

从城镇化进程来看(图 2-1)，英国、德国、美国等国家经历了两个多世纪，完成了从传统农业、到现代化工业、再到三产为主的产业结构转型与城镇化渐进式发展过程；与之相对，中国、日本等东亚国家和地区自二战结束起经历了全球化背景下的城镇化快速推进过程，短时期内实现了大规模人口迁移、城镇扩张，以及产业结构的跨越式发展。不同的城镇化路径下，面临的乡村发展问题与关注点也不尽相同。因此，针对不同国家的经验梳理，可以为我国的乡村规划设计起到借鉴作用。

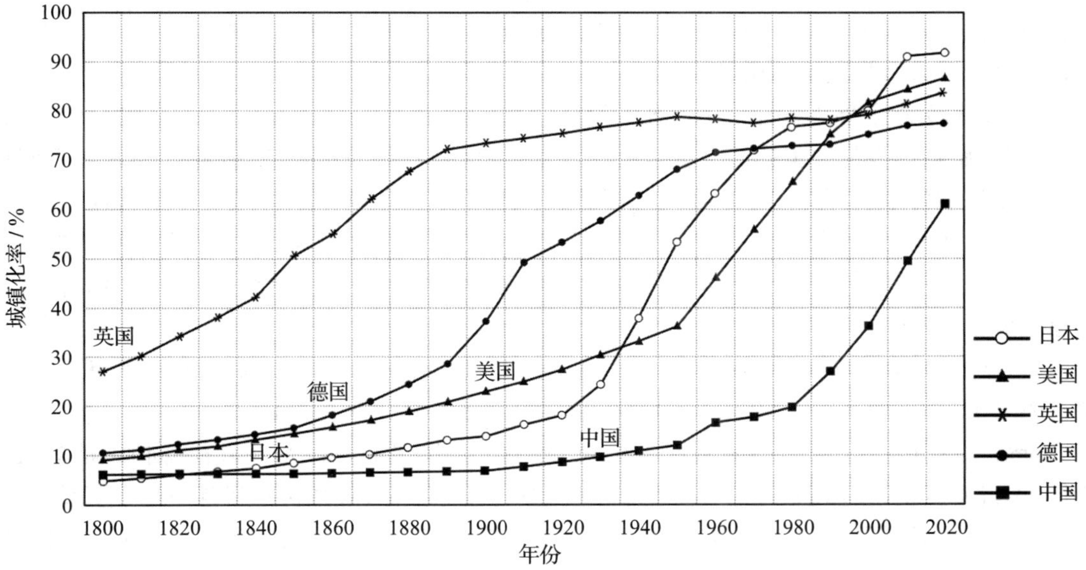

图 2-1　1800—2020 年世界部分国家城镇化率变化

2.2.1　英国:城乡一体化与乡村景观保护

受工业革命的影响,英国于 19 世纪中叶成为全球首个城镇化率超过 50%的国家;19 世纪末期城镇化率达到 70%后,至 20 世纪 90 年代一直维持在 75%上下浮动,直到 2000 年以后才又出现了缓慢增长。

1. 英国乡村发展与规划制度演变

(1)城市快速扩张与乡村环境恶化阶段(19 世纪中叶至 20 世纪初期)　自 19 世纪中叶起英国进入了快速城镇化时期。由于存在城乡认知偏见及缺乏有效的政策干预手段,短期内大量乡村人口涌向城市,“城市病”日渐严重,也因此诞生了以“田园城市”为代表的规划设计理论。此外,“重工轻农”的模式,还引发了耕地占用、环境破坏、农业生产力大幅下降等问题。

(2)遏制城市扩张与乡村生态资源保护阶段(20 世纪初期至 20 世纪中叶)　为了解决失控的城市扩张现象,英国政府于 20 世纪初期制定了多部关于城乡发展的法律法规,开展了乡村振兴与城乡一体化的政策探索。例如,《城市与乡村规划法案》(1932 年),将乡村纳入空间规划体系;《限制带状发展法案》(1935 年)、《绿带法案》(1938 年),通过建立绿化带来保护乡村、农业用地及生态环境资源。

(3)小城镇建设与乡村景观资源利用阶段(20 世纪中叶至 80 年代)　二战后,英国制定了一套针对农业农村的恢复政策,包括《农业法案》(1947 年)、《城乡规划法》(1947 年),对乡村地区的开发建设行为采取严格管控措施,并致力于创建自给自足的农业经济。同时,颁布了《新城法案》(1946 年),在全国范围内施行小城镇战略,使之成为城、乡联结的纽带。

20 世纪中后期,越来越多的城镇居民因为向往乡村生活,出现了“乡村回流”“郊区化”,甚至“逆城市化”现象,造成了乡村生态景观资源的破坏,乡村发展政策开始聚焦如何缓解国民日益增长的休闲娱乐需求与乡村自然景观保护之间的矛盾。除了指定国家公园、乡村公园等措施外,《村镇规划法》(1968 年)还赋予了地方政府保护乡村的权利,通过设立乡村委员会,对乡村的自然和人文景观实施保护。

(4)乡村政策综合性与自主权提升阶段(20 世纪 80 年代至 20 世纪末)　20 世纪 80 年代起,英国开始强调乡村政策的综合性。一方面,为了保障乡村福祉,要求政府部门在制订新政策时必须评估对乡村可能产生的影响,并培育"大城市—中小城市—小城镇—乡村社区"的城乡统筹发展体系;另一方面,赋予小城镇和乡村更大的自主发展决策权,乡村发展策略的制定也由"自上而下"转向"自下而上",注重地方需求、鼓励地方社区和自治组织参与到乡村的经济社会发展中来。

(5)城乡一体化与可持续发展阶段(21 世纪至今)　进入 21 世纪,英国政府颁布了《我们乡村的未来:公平的乡村英格兰》(2000 年)、《英格兰乡村品质生活规划》(2000 年)、《乡村地区的可持续发展》(2004 年)等一系列政策法规,明确了新世纪的乡村发展目标;同时,依据人口数量、人口密度、居住形态、住宅与商业集中度、乡村性等指标,对乡村空间范围进行了界定,并定期对乡村边界开展动态调整,实施网格化管理。2004 年英国开始施行新的空间规划体系,基于大数据等现代化信息技术,整合条块化政策和部门管理制度,实现多元主体协同参与、合作共治的乡村规划治理模式。

2. 基于景观特征评价的英国乡村规划设计方法

因地理位置优越、气候条件适宜、历史文化悠久,英国乡村地区的自然和人文景观资源丰富,故其乡村规划设计十分重视对景观风貌的保护。

英国政府早期将具有景观价值的乡村区域圈定出来,包括国家公园、杰出自然景观地和国家风景区等,并针对各类区域制定相应的管理策略。1990 年后,为了更好地保护乡村景观的多样性特征并监测其动态变化,景观特征评估(简称 LCA)这一分析工具得到了广泛应用。景观特征评估主要基于自然、社会、文化、感知和美学 4 类因素所构建的景观基础信息数据库,借助 GIS 软件绘制景观特征类型图,为乡村景观的保护与利用提供核心依据。

景观特征评估可以应用于不同的空间尺度:①国家尺度,用于鉴别较大范围内生态作用和人类定居影响下的地质、地形等景观特征变化;②区域尺度,也是最常使用的尺度,以"土地描述单位"为单元进行景观特征分类,通过整合相似的景观质量和敏感性区域形成景观政策分区,指导乡村规划的编制(图 2-2);③地方尺度,以农场、乡村社区等为对象,得到景观特征的细节评价,从而指导乡村场地设计与建设实施。

2.2.2　德国:城乡等值发展与乡村有机更新

作为第二次工业革命的发祥国之一,德国的城镇化率在 1910 年超过了 60%。与英国相似,至 20 世纪末期,城镇化率达到并保持在 75%左右。

1. 德国乡村发展与规划制度演变

相较自由市场主导的英美等国,德国政府在国土开发和建设领域扮演着重要角色,乡村规划主要以建设管控和土地整理为实施抓手。

(1)战后乡村复兴与土地整理阶段(20 世纪 40 年代至 70 年代中期)　德国的土地整理在欧洲具有代表性。二战结束后,德国面临着复兴乡村的艰巨任务。1950 年《建设法典》出台,

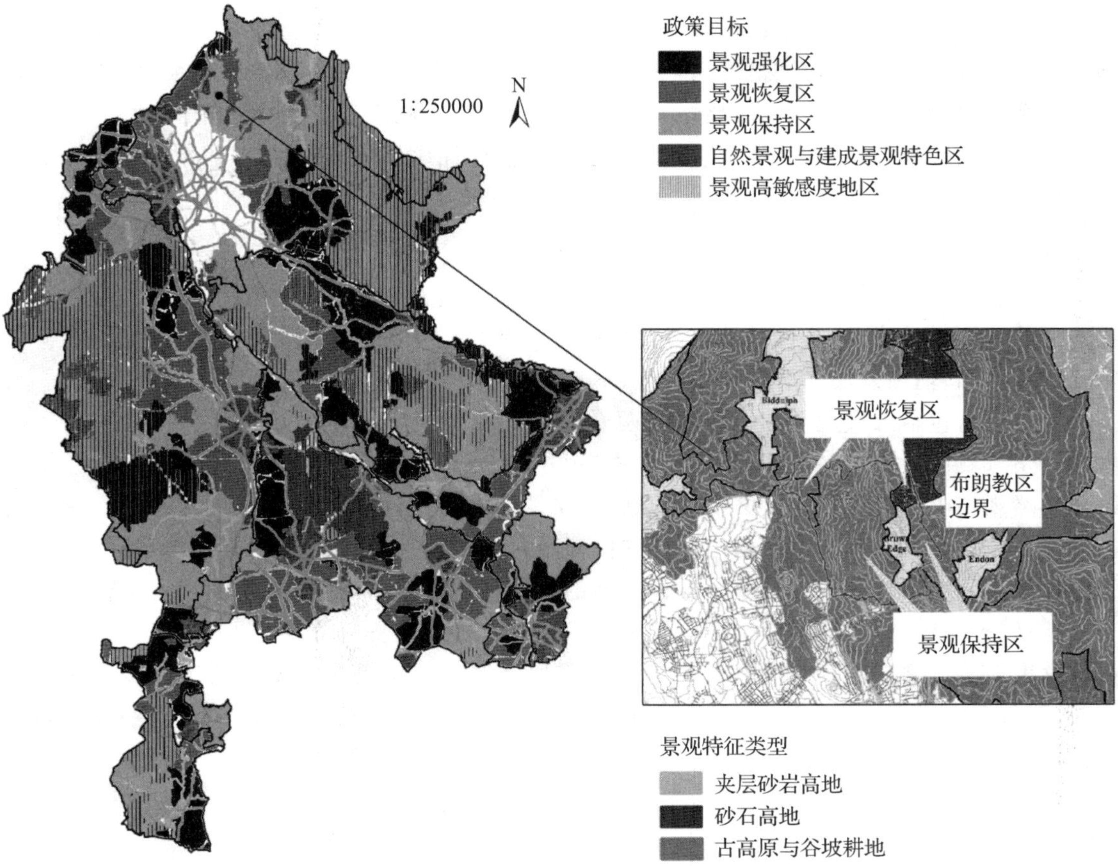

图 2-2　基于景观特征评估的斯塔福德郡景观政策分区图

为城乡建设和土地利用规划提供了法律依据和指导原则；1953 年《田地重划法》要求农业用地需按规划进行必要的产权关系调整，通过农田的重新划分减少土地破碎度、提升农业机械化程度；1960 年《联邦农业法》进一步规范了土地使用和建设活动，通过建设许可规则、土地利用规划，推动基础设施改善和农业生产提质；此后，《联邦建设法》《空间秩序法》《城市建设促进法》相继出台，通过规范化乡村地区的基础设施更新，为乡村的现代化发展奠定了基础。不过，战后的乡村重建也存在着弊端，诸如交通拥挤、土地过度开发、建筑过密等，大量乡村地区失去了其传统魅力。

(2)历史文化保护与乡村更新阶段(20 世纪 70 年代后期至 90 年代)　20 世纪 70 年代，随着工业化、现代化基本实现，为了缓解城、乡发展的不平衡问题，1975 年德国颁布了《联邦空间秩序规划》，提出“城乡等值化”理念，并推出了“我们的乡村更美丽”行动。同时，在文化遗产保护思潮影响下，乡村传统文化及景观风貌保护也被提升到了前所未有的高度。1976 年《土地整理法》明确了乡村更新作为乡村发展核心工具的定位；同年还颁布了《区域规划法》，通过“人口密集区域”，科学区分城市型与乡村型地区，进而引导资源合理配置及城乡协调发展。

(3)可持续发展与功能结构优化阶段(20 世纪 90 年代末至今)　20 世纪 90 年代起，伴随人口增长速度下降以及年轻人向城市迁移的趋势，乡村地区空心化、老龄化程度加剧，活力缺失。在此背景下，乡村更加重视经济、文化、生态等的多元发展方向。2001 年的《联邦区域发展规划法》强调通过区域协同推动城乡公共服务的均等化、基础设施的互联互通；2004 年，《农业结构和海岸地区保护议程》确定建立“乡村地区整体发展框架”，将乡村更新、农地重划、农业结构调整等内容整合在一起，强调乡村功能结构的整体优化作用，以便与欧盟及国家、州、地方的多层级政策相适应。

2. 基于乡村更新的德国乡村规划设计方法

作为德国乡村规划设计的核心内容，乡村更新的内涵和工作重点从战后的新村建设、基础设施完善，到 20 世纪 70 年代保护乡村独特的文化和自然景观的“保留式更新”，再到 21 世纪基于城乡协同、均衡发展的居住环境重塑，不断发生着变化。

乡村更新包括区域规划和村庄规划两个层面(表 2-1)。区域规划层面主要遵循《空间秩序法》《州域发展计划》《区域规划》等政策法规，并以土地规划项目的形式呈现在州发展计划和区域战略规划中。村庄规划层面主要依据《建筑法典》《建筑利用条例》《州规划法》《州建筑条例》《土地整理法》等法规条例，通过具体的更新项目落实村庄更新的法定规划内容。依据《建筑法典》，位于城市化区域的村庄需要首先制定土地利用规划，然后编制建设规划从而指导村庄更新；城市化区域以外的村庄，需要参考《土地整理法》制定更新目标与原则，然后依据更新目标及土地管控制度制定设施和土地的调整优化方案。村庄更新规划与实施过程是渐进式的，强调公众参与和多学科专家参与，一个村庄的更新改造一般需要经过 10～15 年的时间才能基本完成。

表 2-1　德国乡村(村庄)更新的类型及特征

<table>
<tr><th colspan="2">层级</th><th>政策法规</th><th>成果</th><th>特点</th></tr>
<tr><td colspan="2">区域规划层面</td><td>《空间秩序法》《州域发展计划》《区域规划》等</td><td>以土地规划项目的形式呈现在州发展计划和区域战略规划中</td><td>跨地区、非法定；
根据规划委托合同表述制定的标准性规划</td></tr>
<tr><td rowspan="2">建筑规划层面</td><td>城市化区域内</td><td>《建筑法典》《建筑利用条例》《州规划法》《州建筑条例》</td><td>制定土地利用规划；
编制建设规划</td><td rowspan="2">地方、法定规划；
合同要求的竞争性规划；
满足合同要求的实施性规划</td></tr>
<tr><td>城市化区域外</td><td>《建筑法典》《土地整理法》等</td><td>制定更新目标与原则；
制定设施和土地的调整优化方案</td></tr>
</table>

近年来，以巴伐利亚州为代表，为乡村功能优化工作引入了新的技术手段，通过建立由人口统计、土地利用、村庄结构、土地潜力、土地政策、公共服务、公众参与和经济就业 8 类数据组成的乡村活力数据库，利用定量分析进行村庄活力测评，识别需要调整优化的场所地块，以及乡村更新的内容与方向，带动空间利用效率的提升、激发乡村活力。该方法在指标选取时以客观、易获取、可监测为特点，重视数据分析的基础性与科学性(图 2-3)。

图 2-3　基于乡村活力评估的上韦恩河谷村庄更新策略

2.2.3　美国:乡村产业发展和空间环境设计

随着 19 世纪后期工业化大生产逐渐铺开,美国的城市化率在 1920 年达到了 51.2%。二战后,在科技革命推动下,1960 年城镇化率超过了 70%,进入存量发展阶段。美国是全球可耕种面积最大的国家,占世界耕地总面积的 13%,人均耕地达到 0.66 hm^2,有着高度发达的农业产业体系,其乡村规划设计也体现出家庭农场背景下的产业发展和空间环境设计特点。

1. 美国乡村发展与规划制度演变

(1)工业化驱动阶段(19 世纪中期至 20 世纪 30 年代)　随着西进运动的持续扩张,农业生产从美国东部不断向西部蔓延。19 世纪中期,美国引进了欧洲的交通运输技术设备,加之工业快速发展,形成了对农业农村的拉动作用。19 世纪末期,在废除了影响工业化、城市化发展的农奴制度后,工业化大生产在全国铺开,带动了内陆乡村的进一步发展。

(2)电气化发展阶段(20 世纪 30 年代至 60 年代)　20 世纪 30 年代美国经济进入大萧条时期,农产品过剩导致价格下跌、大量农场主破产,支持农场发展、维持农产品生产成为农业农村政策的重点。其主要措施如下:加速乡村基础设施建设,提升设施的有效利用;对农产品实行价格管制,利用土地休耕、价格保护等措施促进农业增收。1933 年,《农业调整法案》为主动削减种植面积的农场主提供高额补贴和生产者贷款;1936 年,《乡村电气化法》为乡村电气化设施建设提供低息贷款,加速了乡村的电气化进程。在国民经济恢复发展时期,1948 年,《农业法》提出向农民提供生产与销售补贴。

(3)法制化发展阶段(20 世纪 70 年代至 80 年代末)　经历了二战后的经济社会恢复过程后,美国乡村开始面临非农化、空心化、老龄化等问题,农业在 GDP 中的占比快速下降,城乡结构失衡。为此,美国政府进行了一系列针对"三农"的结构性改革尝试,试图以法制化推动乡村发展。1972 年,《乡村发展法》明确了农业部在"三农"政策中的领导地位,提出在全国范围内解决乡村的供水、污水处理、废弃物管理和乡村工业化问题;此后,国会频频立法,《农业与消费者保护法》《食品与农业法》《乡村发展政策法》《农业与食品法》等法规接连出台,在乡村基础设施建设、乡村信贷、公共住房、乡村开发等方面提出了具体目标,并开始关注乡村的教育、技术培训、灾害救助等问题。本阶段，乡村发展从最初的仅受联邦政府重视，转变为公众、民间机构、地方政府均密切关注的课题，各州和地方政府在乡村发展政策中开始扮演重要角色。

(4)综合完善阶段(20 世纪 90 年代至今)　20 世纪 90 年代以来，美国的农业农村发展开始面临全球化、财政赤字等的挑战；同时，农业农村在食品安全、环境保护、资源利用、应对气候变化等领域的作用日益凸显，促使美国政府反省效率导向下的大农业发展模式，乡村政策朝向多元化、市场化的方向转变；此外，弱化联邦政府的管理角色，通过构建政策管理机制来实现乡村的可持续发展。1990 年《粮食、农业、保育和贸易法案》将“乡村发展计划”列为单独一章，通过大幅增加支持资金、强调地方创新精神、下放乡村管理权限，推动自由种植与生产、销售的市场化。克林顿政府提出《美国乡村发展战略计划：1997—2002 年》倡议，通过发放近千亿美元贷款，支持乡村的商业合作、住房、基础设施完善、公共服务优化、贫困社区发展项目。2007 年，《农场法建议》将乡村发展的财政支持措施定为“经常性投入”，通过设立能源、商业贷款、担保、资助、社区计划等政策平台，实现不同部门的乡村发展计划与政策整合。2008 年，《粮食、保育和能源法案》进一步扩大了乡村发展计划的覆盖范围，并在《2014 年农业法案》中予以明确。

2. 家庭农场背景下的美国乡村规划设计方法

在市场经济、土地私有、家庭农场的制度背景下，美国在乡村土地利用方面主要采取自由发展模式，将政府的行政干预降至最低水平。在遵循分区规划、宅基地规范、《清洁空气法》《清洁水源法》《濒危物种法》等法规政策的基础上，围绕产业和社会发展目标，美国逐步建立起以区域规划和地方规划为纲领、以乡村设计导则为依据、以设计审查机制为手段的乡村规划设计制度。

乡村设计导则作为其中控制乡村空间环境与建设管理行为的重要工具，其内容以补充和详述法定规划的角色出现，以规范性条文和图纸进一步细化乡村空间组织方案，为指导乡村建设项目和审查提供依据。乡村设计导则既可单独编制，也可以作为法定规划的专项内容出现，基于对象范围和导控重点不同，可以分为 4 类：①乡村整体设计导则，从发展方向上把控对象村庄的整体建成环境，对村庄内各类建设要素施行整体引导和管控；②特定区域设计导则，针对村庄中的特定地块，如入口区域、公共活动区域，提出导控建议；③历史文化保护设计导则，对涉及历史建筑和文化遗产的相关项目提供导控建议；④特定功能设计导则，针对特定功能要素提出导控建议。导控要素一般包含 2 大类 5 小类：第一大类是开放空间导控要素，包含步行区域、车行区域、公共活动区域 3 个小类；第二大类是地块开发导控要素，包含场地设计、建筑设计 2 个小类。

例如，位于弗吉尼亚州帕克尔山脚下的法默科隆尼乡村社区，地形起伏波动，包含牧场和山林等自然空间。总面积 289 英亩中，120 英亩农田被租赁给农民耕作，70 英亩为坡地林场、森林保留地、鸟类栖息地、步行和骑行小路。为减少住宅开发与农业生产之间的矛盾，项目将住宅布置在土壤不适合农业生产的山边林地内，周围环绕农场、牧场。居住区内的 48 块宅基地，每一家都有独立的水井和污水处理设施，且几乎都能观赏到田园风光、牧场景色，建筑设计也都经过了建筑委员会的审查批准(图 2-4)。

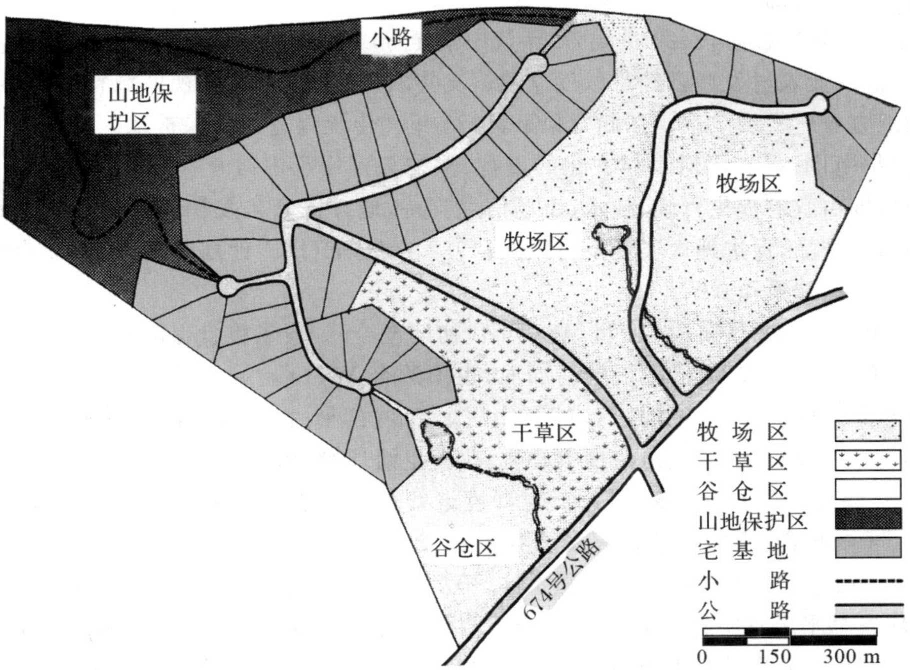

图 2-4　美国法默科隆尼社区场地规划

（改自：兰德尔·阿伦特，2010）

2.2.4　日本：乡村振兴与村民参与式规划

东亚国家和地区的城镇化起步普遍晚于欧美发达国家。日本在 1930 年的城镇化率仅为 24%；二战后，日本于 1955 至 1973 年迎来了长达 18 年的高速工业化、城镇化发展时期；到 20 世纪 90 年代中期城镇化水平接近 80%，城乡格局趋于稳定。

1. 日本乡村发展与规划制度演变

(1)农业生产力提升阶段（二战后至 20 世纪 60 年代初期）　二战后，日本将恢复农业生产、实现粮食自给作为国家发展目标，将乡村土地制度改革列为首要任务。《农地调整法修正案》（1946 年）和《自耕农创设特别措施法案》（1946 年）的施行，彻底改变了日本的封建地主制度，建立了“自耕农体制”，并通过《关于制定区域开发规划的基本要领》（1949 年），开展了国土开拓事业，涌现出爱知用水建设、根钏原野开发、八郎泻干拓等大型乡村建设项目。《农业基本法》（1961 年）确立了“培育农业自主经营”的目标，并修订了《农地法》与《农业协同组合法》，通过农地信托制度促进农地整理，与推进农业机械化、土地改良等措施一起，提高了农业生产力。

(2)乡村规划制度建立阶段（20 世纪 60 年代中期至 70 年代中期）　随着城镇化快速发展及国土综合开发计划的实施，乡村土地被侵占的现象日趋严重。为了引导城镇化有序进行、实现农业用地的有效利用，1968 年《城市规划法》及其配套法规《建筑基准法》《城市规划法实施条例》出台，有效抑制了城市扩张对乡村用地的侵占问题；随后，1969 年，《农业振兴地区整治建设法》进一步解决了城市规划以外地区的农业用地保护与利用问题。此外，针对丘陵山地地区严重的空心化现象，出台了《山村振兴法》（1965 年），旨在支持在国土、水源、自然环境保护方面具有重要意义的山地乡村的设施建设与经济发展。

(3)重视地域特征阶段(20世纪70年代中期至80年代末期) 在经历了经济高速增长时期后，日本的农业农村发展已经难以仅靠政策支持实现，必须开始重视区域特征、制定以地方为中心的地方乡村发展政策。在此背景下，1975年，“传统建造物群保护地区”被列入《文物保护法》的保护范围，提高了对乡村文化的重视、保护与宣传意识；1979年，大分县倡导的“一村一品”运动，即由政府提供行政、技术、市场信息支持，地方民众自发挖掘并推广具有地方特色与高附加值的产品，促进地区实现乡村振兴；1982年的“HOPE计划”则立足于突出地域居住特征的乡村社区建设模式。

(4)国土一体化发展阶段(20世纪90年代初期至今) 聚焦粮食保障和农业发展的《农业基本法》已不适应“三农”协同发展的新局面，也不适合WTO主导下的自由贸易规则。因此，日本政府颁布了面向21世纪的“三农”新宪法《食品、农业、农村基本法》，着力于推动农地向“认定农业者”手里集中，并提出治理空心化、改善生活环境、培育乡村自立发展机制等措施。

2008年起日本总人口开始下降，面对深度老龄化和空心化带来的乡村可持续发展危机，地方振兴、区域自立、新主体培育逐步成为乡村发展的主要方向。2010年，出台了六次产业化、地产地消政策，鼓励村民立足乡土资源，开发、销售特色农产品、延长产业链，实现收入增长；2018年农林水产省实施了小聚居、回归田园两项措施，促进重点村的自主发展与辐射带动作用，并通过“外引内育”，从城市吸引个人、企业和社会组织，利用外部资源帮助村民开阔视野、提升技能。2021年修订的《城镇、人、工作和创生综合战略》，从引企入村、强化人才派遣与人才培训、普及数字技术、实施绿色创新等方面，进一步推动了内外联动的乡村产业发展目标。

空间规划方面，针对村庄逐渐丧失地域特色的问题，《景观法》(2004年)走出了国土空间由建设发展转向提质优化、实现城乡一体化管理的重要一步。2005年，《文物保护法》中增加了“重要文化景观”保护制度，与“传统建造物群保护地区”一起，构成了乡村历史文化保护的核心内容。2008年《国土综合开发法》修订、更名为《国土形成规划法》，使“国土一体化规划管理、注重景观空间形成”成为新时代国土空间规划的核心目标。

2. 基于村民参与的日本乡村规划设计方法

日本的乡村规划编制注重自上而下与自下而上的有机结合。自上而下主要体现在通过编制国土利用规划，落实国土形成规划的区域发展战略及阶段性土地结构调整计划，并在都道府县层级形成“五区五线”划定及分区管控措施；自下而上主要体现在村庄、社区在不违背“五区五线”刚性管控的基础上，依据地方建设许可条例，通过村民协商、地方政府提供技术与政策支持的方式编制村庄规划，并由市町村自治政府审批后取得法定地位。可见，村民参与及乡村建设许可条例是日本乡村规划设计的重要环节，也是实现乡村规划与治理一体化的关键因素。

以兵库县神户市为例。在落实兵库县“五区五线”划定结果的基础上，神户市根据自身的资源环境特征及发展目标，进一步划分为城市化区域、人与自然共生区域、绿地与宗教区域。其中，人与自然共生区域是乡村生产生活的主要区域，指导该区域规划与建设的《人与自然共生区域条例》包含两部分内容：①将该区域进一步划分为环境保护区域、农业生产区域、村落居住区域；②成立乡村建设协议会，依据共同协议及乡村建设许可的相关规定编制建设方案，指导项目的建设实施(表2-2)。

表 2-2　神户市人与自然共生区域建设许可内容

设施内容		乡村用途分区				
		农业生产	乡村居住	环境保护	特定用途	
					A 区域	B 区域
温室、育苗设施		○	○	○	○	×
农产品集散设施		△＊1	○	○	○	×
农产品、农机具贮存仓库		△＊1	○	○	○	○
畜舍		○	×	○	×	×
肥料堆放设施		○	×	○	×	○
农户住宅　☆分家住宅 ☆集会场所		△＊1	○	○	○	×
☆农产品加工设施	不足 500 m^2	△＊1,2	△＊2	△＊2	○	○
	超过 500 m^2	△＊1,3,4	×	△＊3,4	△＊4	△＊4
☆日常生活设施	零售店铺等	△＊1,2,4	○	○	○	×
	农机修理厂	△＊1,2,4	△＊2,4	△＊2,4	△＊2,4	○
☆道路服务设施 ☆加油站 ☆路旁便利店		△＊1,2,4	△＊2,4	△＊2,4	△＊4	×
☆社会福利设施 ☆医疗设施 ☆学校		△＊1,2,4	△＊2,4	△＊2,4	△＊4	×
太阳能发电设施	不足 1000 m^2	△＊1,2	△＊2	○	○	○
	超过 1000 m^2	△＊1,2	△＊2	△＊2	△＊2	○
☆运动休闲设施	不足 3000 m^2	△＊1,2,4	△＊2,4	△＊2,4	△＊4	×
	超过 3000 m^2	△＊1,3,4	×	△＊3,4	△＊4	△＊4
乡村建设相关设施	村集体所有的建筑物	△＊1,3,4	△＊3,4	△＊3,4	△＊3,4	×
	村民及经营者持有的建筑物	△＊1,2,4,5	△＊2,4,5	△＊2,4,5	△＊2,4,5	×
内部停车场、物资堆放场所(不足 1000 m^2)		△＊1,2,4	△＊2,4	△＊2,4	△＊2,4	○
停车场、物资堆放、洗车店		△＊1,3,4	×	△＊3,4	×	△＊4
物资堆放场所(特指高度大于 10 m,需用重型机械作业,或每年使用天数超过 1/3,且需占据场地面积 1/3 以上进行加工作业)		×	×	△＊3,4	×	△＊4

续表2-2

设施内容	乡村用途分区				
	农业生产	乡村居住	环境保护	特定用途	
				A 区域	B 区域
废弃车辆停放、采土场、废弃物处理	×	×	△*3,4	×	△*4
公共事业相关临时设施；物资暂存处和停车场	△*1,2,4	△*2,4	△*2,4	△*2,4	△*4

图例：

○ 允许　△* 附带条件的允许　× 不允许　☆ 必须得到城乡规划开发许可的设施

条件：

*1 该土地为农地时，无可替代土地；*2 已得到村集体批准；*3 已在乡村建设规划中明确土地利用内容；*4 需根据计划书等确认以下事项：①需充分考虑周边区域的农业生产生活、自然环境的保护利用，以及良好乡村景观的培育；②建筑物（含构筑物）的位置、规模、形态需考虑周边区域良好景观的塑造；③土地利用范围内应设置的绿地条件：a. 绿地面积与占地面积的比例如下所示：占地面积不足 1 hm^2 时绿地面积占比须超过 10%，占地面积超过 1 hm^2 时绿地面积占比须在 20% 以上；b. 通过植栽设置绿化时，需要考虑道路等公共场所的景观；④临时性土地利用项目，需要明确利用后的复原计划。*5 需在乡村定居、创业相关规划中，明确该项土地利用内容。

小结

乡村规划设计的本质是落实"三农"政策、推进乡村治理的技术工具。因此，乡村规划设计既要满足"三农"政策的阶段性目标与任务、遵循空间规划管理相关部门的制度要求，又要充分体现村民、村集体的空间利用诉求，实现规划与治理的一体化。借鉴发达国家的乡村规划设计经验，可以更好地思考处于不同发展阶段、面临不同现实问题的我国乡村规划设计目标与阶段任务，从而更好地制定规划设计内容、推进技术变革。

思考题

1. 简述新中国成立后我国乡村规划设计的技术演进路径。
2. 国土空间规划制度下乡村规划设计需要从哪些方向展开技术创新？
3. 我国可借鉴英、德、美、日 4 国乡村规划设计的具体内容有哪些？

参考文献

冯旭，王凯，马克尼. 日本乡村规划建设治理研究[J]. 中国工程科学，2019，21(2)：34-39.

冯旭，王凯，毛其智. 基于国土利用视角的二战后日本农村地区建设法规与规划制度演变研究[J]. 国际城市规划，2016，31(1)：71-80.

冯旭，王凯，毛其智. 我国乡村规划的技术演进与理论思潮——基于"三农"政策及城乡关系视角[J]. 城市规划，2023，47(9)：84-95.

冯旭，张湛新，潘传杨，等. 人口收缩背景下的乡村活力分析与实践——基于美国、德国、日本、英国的比较研究[J]. 国际城市规划，2022，37(3)：42-49，88.

兰德尔 · 阿伦特. 国外乡村设计——建设有特色的小城镇[M]. 叶齐茂，倪晓晖，译. 北京：中国建筑工业出版社，2010.

黎柔含，褚冬竹. 美国乡村设计导则介述[J]. 新建筑，2018(2)：69-73.

王长悦，林箐. 德国乡村规划方法与我国的对比及启示——以韦亚恩社区为例[J]. 北京规划建设，2018(2)：96-99.

杨保军，陈鹏，董珂，等. 生态文明背景下的国土空间规划体系构建[J]. 城市规划学刊. 2019(4)：16-23.

张然，冯旭，山口秀文. 人居环境科学视角下日本农村规划研究的演变与启示[J]. 国际城市规划，2023，38(2)：113-123.

Staffordshire County Council. Planning for landscape change-supplementary planning guidance to the Staffordshire and stoke-on-trent structure plan(1996-2011)[R]. London：Development Services Department，2011.

第3章　乡村规划的体系及其传导逻辑

本章简介：本章讲解了由国、省、市、县、镇、村构成的乡村规划体系及分级定位，并剖析了衔接六级规划内容的政策、用途两条传导线索。其中，政策线索以省、市、县三级为主，通过"（省域）乡村功能分区—（市域）空间策略分区—（县域）村庄分类"的传导过程，落实上位政策目标并体现村庄的差异化特征；用途线索以县、镇、村三级为主，通过"（县域）总体功能布局—（村庄）土地利用方案—（镇域）用途管控分区"的传导过程，实现上位发展目标与基层民众诉求的统筹与协调。

通过本章内容的学习，理解乡村规划体系的分级定位与相互关系，掌握从国家到村庄的乡村规划编制流程与分级技术方法。

3.1　国土空间规划制度下的乡村规划体系

3.1.1　国土空间规划制度

1. 国土空间规划制度的建立

长期以来，以部门条块化管理为特征的多种空间规划类型并存模式，存在着管控措施冲突、内容衔接不畅、技术标准不一致等问题。因此，建立科学、高效的空间规划制度，整体谋划国土空间保护开发格局，成为落实国家战略、促进治理体系和治理能力现代化、建设美丽中国的必然要求与关键举措。2019年《中共中央、国务院关于建立国土空间规划体系并监督实施的若干意见》（以下简称"若干意见"）出台，标志着国土空间规划制度正式建立，以"一张蓝图"实现对各类国土开发、保护、建设活动的指导。

国土空间规划可以简单归纳为"五级三类四体系"。"五级"指纵向规划层级，对应我国行政管理体系的五个层级，即：国家级、省级、市级、县级、乡镇级；"三类"指横向规划类型，即：总体规划、详细规划、专项规划；"四体系"指支撑规划编制与实施的规划编制审批体系、规划实施监督体系、法规政策体系、技术标准体系。

2. 国土空间总体规划的分级要求

国土空间规划制度力求摆脱"多规"时期各个规划层级定位不清、衔接不畅的问题，将分级规划任务与相应层级的治理目标紧密联系在一起。

依据《若干意见》，国家级总体规划是对全国的国土空间作出全局安排，是国土空间保护、开发、利用、修复的政策和总纲，侧重战略性，由自然资源部会同相关部门组织编制，由党中央、国务院审定后印发。省级总体规划是对全国国土空间规划的落实，侧重区域协调性，由省级政府组织编制，经同级人大常委会审议后报国务院审批。市县和乡镇国土空间总体规划是本级政府对上级国土空间总体规划要求的细化、落实，是对本级行政区域国土开发保护作出的具体安排，侧重实施性。需报国务院审批的城市国土空间总体规划，由市政府组织编制，经同级人大常委会审议后，由省级政府报国务院审批；其他市县及乡镇国土空间总体规划由省级政府根据当地实际情况，明确规划编制审批内容和程序要求。各地可因地制宜，将市县与乡镇国土空间规划合并编制，也可以几个乡镇为单元编制乡镇级国土空间规划。

3.1.2　国土空间规划制度下的乡村规划传导逻辑

1. 国土空间规划制度下的乡村规划分级任务

乡村规划既涉及总体规划的功能布局，也涉及详细规划的土地用途安排，是一个多级规划系统。

根据国土空间规划的分级要求，结合乡村空间特征及其规划目标，总体规划层面的乡村规划分级定位归纳如下：国家级落实乡村振兴战略，谋划永久基本农田、生态环境保护等重大方针政策；省级基于对资源环境承载力、国土空间开发适宜性的评价，通过乡村生活区、农业生产区、生态协调区等乡村功能区的划定，诠释乡村“三生”空间格局、明确分区主导功能；市级通过对经济、社会、文化等资源要素的分析，协调区县发展方向，从尺度与内容上进一步细化主体功能定位，形成乡村空间策略分区；县级在参照“双评价”结果、统筹城乡关系的基础上，通过细化“三区三线”、明确村庄类型、布局公共基础设施与重要项目，实现对乡村功能的综合部署；乡镇级在落实“三区三线”、设施建设方案的基础上，通过对自然资源利用价值的判断形成土地用途管控分区，作为引导乡村多功能发展的指南，以及审批、管理村级土地用途与建设项目的法定依据。

《若干意见》将村庄规划纳入城镇开发边界以外的详细规划范畴，是审批、核发用地与建设项目许可证的法定依据。村庄规划需要落实乡镇级总体规划关于乡村土地用途分区管控策略，同时还需要充分体现基层自治组织及村民的实际诉求。

2. 乡村规划体系的传导逻辑

从国家到村庄、从总体规划到详细规划，国土空间规划体系表现出由注重自然资源的可持续发展、协调区域发展目标，向注重土地用途的合理利用、体现基层民众诉求转变的特征。其中，国家级、省级具有鲜明的政策属性，以区县为基本单元，通过识别国家战略、重大政策的空间结构，明确各个区县单元的主体功能类型。乡镇级、行政村具有明确的用途属性，以地块为基本单元，通过统筹自上而下的空间管控要求与自下而上的基层利用诉求，以用途分区管控用途类型。市、县两级居中，以空间为载体、以功能为内容对上衔接政策、对下指导用途。相较而言，市级以功能结构初步落实省级主体功能的指标与任务，县级进一步深化总体功能布局，细化“三区三线”，指导用途管控分区的划定（图 3-1）。

基于上述分析，乡村规划体系可以归纳为政策、用途两条传导线索。其中，政策线索以自然资源可持续发展及区域经济发展水平为依据，强调以区县为对象、自上而下的政策目标分解，即“（国家级）主体功能结构—（省级）主体功能类型—（市级）空间功能结构—（县级）村庄类型”的传导过程；用途逻辑以资源利用价值为依据，强调以地块为对象，统筹、协调政府管控目

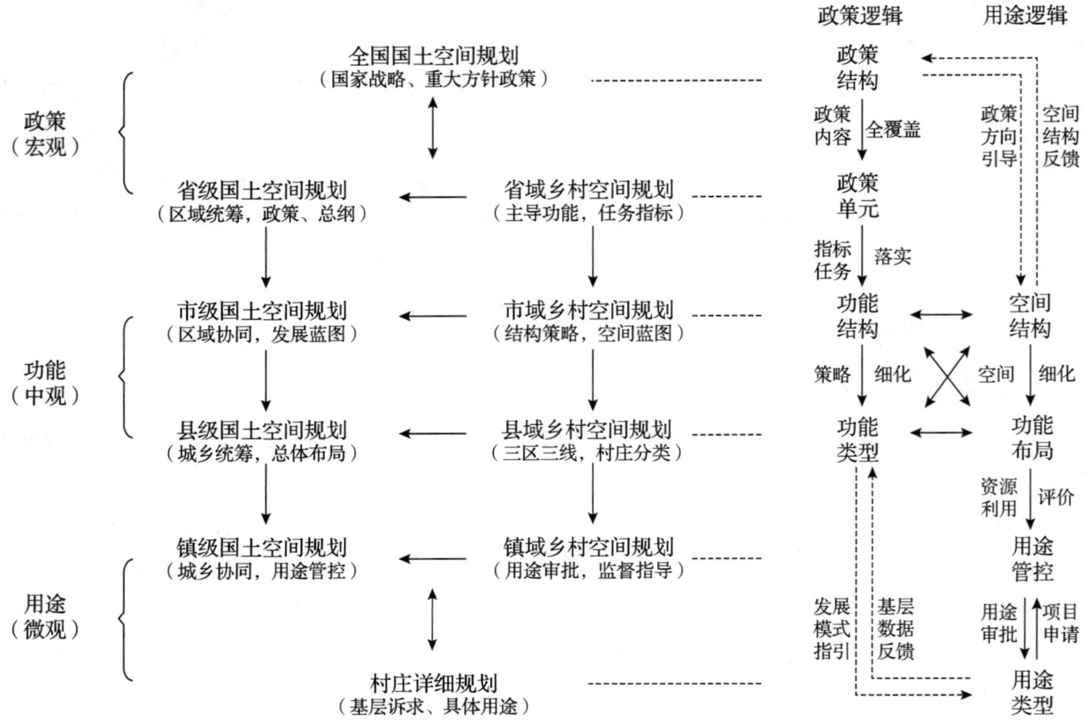

图 3-1　国土空间规划制度下的乡村规划体系与传导逻辑

标与基层民众诉求，实现“（市域）功能结构分区—（县域）功能总体布局—（乡镇域）用途管控分区—（村庄）用地用海类型”的传导过程；两条传导线索在市、县层级，以功能为内容，实现政策与用途的衔接和转换。

3.2　乡村规划的政策传导

政策规划的本质是在考虑行政单元的发展特征与潜力诉求的基础上，实现上位政策目标的分解和细化。在乡村规划中，政策规划最终体现为科学、合理的村庄分类方案（图 3-2）。

3.2.1　省级乡村主导功能

与省级主体功能区划相似，省级乡村规划以体现乡村主导功能为核心目标。考虑到“城市化地区、农产品主产区、重点生态功能区”三种主体功能类型难以指导乡村资源的保护与利用，区县单元也难以反映乡村资源禀赋与发展条件的差异性，因此需要进一步细化功能类型与分析尺度。结合城市化、农业生产、生态保护对乡村资源开发利用的影响，可以将三大主体功能类型细分为“城市化地区、城市化过渡区、农产品主产区、农业生态过渡区、重点生态功能区”5种类型；分析尺度方面，乡镇在功能辐射村庄、统筹乡村资源方面优势明显，以乡镇为分析单元能够更有效地落实“三农”政策。

在进行乡村主导功能区划定时，首先，应综合主体功能区“9＋1”指标项（可利用土地资源、可利用水资源、环境容量、生态脆弱性、生态重要性、自然灾害危险性、人口集聚度、经济发展水

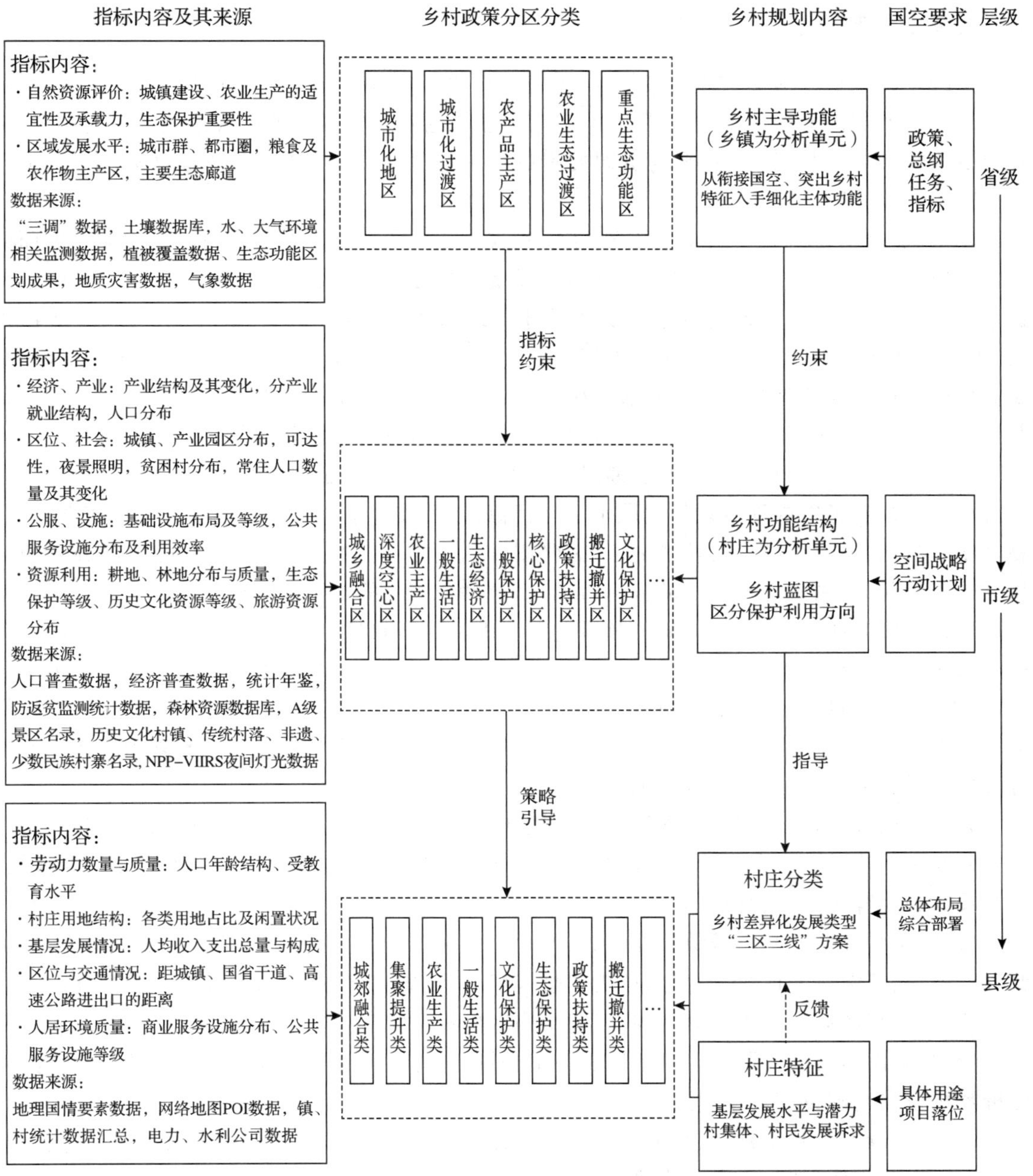

图 3-2　乡村规划的政策传导线索

平、交通优势度 9 项定量指标，及 1 项战略选择定性指标）与国土空间规划“双评价”指标项，根据省域资源特征明确评价指标，计算并判定 50 m×50 m 栅格中（山地丘陵或幅员较小的区域可提高到 25 m×25 m 或 30 m×30 m）每个栅格的空间结构比例。其次，依据各个乡镇单元内的空间结构特征，以及对象省份对多宜地区、空白地区的定位，综合确定各个乡镇单元的乡村主导功能类型。最后，考虑预留调整余地并应对规划博弈过程中的不确定性，针对不同的乡村主导功能设置“最大建设开发强度，最小生态环境保护强度，城镇、生态、农业三类空间结构比例”等控制性参数，形成对市域功能结构分析的基础条件与约束指标。

3.2.2 市级乡村功能结构

市级乡村规划以落实省级政策指标、谋划乡村空间的保护与利用格局为主要内容。相较省级注重自然资源的适宜性及承载力而言，市级主要通过资源要素的统筹协调，推进乡村经济社会的有序发展。因此，识别乡村资源要素的保护与利用方向，是市级乡村政策规划的重点内容。

其中，受城镇发展影响的乡村地区，主要表现为充分利用城镇在产业、社会、文化等方面的辐射效应，识别优先发展的“城乡融合区”，以及受到城镇虹吸效应的“深度空心区”；受生态保护影响的乡村地区，通过评估生态资源的重要等级与利用价值，识别“核心保护区、一般保护区、生态经济区”，来区分乡村保护与发展的空间策略；受农业生产影响的乡村地区，通过衡量农业生产条件与农产品价值，识别“农业生产区、一般生活区”，来区分乡村的生产、生活关系。此外，依据历史文化资源的重要性，还可以增加“文化保护区”等特殊政策单元的识别。

在上述单一分区识别的基础上，通过以下 2 个步骤完成功能结构的划定：①单一分区的范围大小需要综合考虑规划对象的发展水平与目标，过大或过小都会影响规划的可操作性；②在叠合各个分区、形成市域乡村功能分区“一张图”时，还需通过制定规则，即明确不同分区间的相融或互斥关系，来确定叠合后的分区边界，引导叠合部分的保护与利用策略。

分析尺度方面，市级乡村规划的分析单元应细化到行政村层级（自然资源情况复杂的地区可以细化到自然村层级）。一方面，具有行政边界的村级单元是政策型规划能够表达的最小单元，可以更好地与用途型规划相衔接；另一方面，市域乡村功能分区虽然明确了村庄资源的保护利用方向，但同一方向涵盖多种发展类型（即村庄分类），在充分发挥市级规划指导作用的同时，也为县级村庄分类工作留有余地。

分析数据方面，市级规划无须重复省级规划关于自然资源与区域发展方面的数据内容，而应充分发挥经济、社会、文化等方面的统计数据优势，体现市域内不同地区的差异化发展特征。指标及数据内容主要包含以下 4 类。

（1）区位与社会　基于城镇开发边界、产业园区分布、交通可达性、夜间灯光影像等，分析城乡关系；基于常住人口数量变化、村集体收入情况、地质灾害点分布，评价空心化程度。

（2）经济与产业　基于产业结构、就业结构等分析乡村产业融合度。

（3）基础设施与公共服务　基于城乡关系、村庄分布、地形地貌、人口数量与年龄结构等，分析乡村公共基础设施建设模式。

（4）资源价值　基于耕地、林地质量分析农林资源价值；基于生态保护等级、生态产品内容分析生态资源价值；基于历史文化遗产、旅游景区分布分析文旅资源价值。

3.2.3 县级村庄分类

县级需要充分利用来自村庄统计上报的详细数据，挖掘其中反映出的村庄差异特征，通过协调市级功能分区与村庄发展诉求确定村庄分类方案。

分析数据方面。村级数据一般由村委会收集后向镇级、县级主管部门逐级上报，并接受市、县统计局的抽样校核。能够反映村庄发展特征与发展潜力的指标及数据一般包含以下 5 类：①通过人口年龄结构、受教育水平，分析劳动力的数量与质量；②通过用地性质、规模与利用情况，分析村庄用地结构及闲置比例；③通过收入支出结构与人均收入水平，反映村民的生活质量；④通过距城镇、主要交通设施的距离，反映村庄的区位状况；⑤通过商业服务设施、公共服务设施的内容、等级、数量，体现村庄的建设水平与吸引力。

综上所述，通过“（省级）乡村主导功能类型—（市级）乡村功能结构分区—（县级）村庄分类”的规划编制过程，实现乡村地区政策目标的有效传导。

专栏 3-1　案例：承德市丰宁满族自治县村庄分类

丰宁满族自治县位于承德市西北部，属于首都都市圈的功能辐射范围，在河北省主体功能区划中被定位为重点生态功能区。县域面积 8738 km^2，下辖 26 个乡镇 309 个行政村；截至 2021 年，全县常住人口 32.6 万人，城镇化率 45.5%，人口总量呈持续减少态势；三次产业比例为 26∶32∶42，伴随乡村一二三产业融合发展势头，近年来经济增速较快。

1. 省级：制定乡村主导功能区方案及控制性指标

对承德市开展“双评价”分析，并结合省域主体功能区划成果及市域发展目标，制定“生态重要性—城镇适宜性—农林业适宜性—现状用途”矩阵，判断各个栅格的空间结构特征。之后，依据各乡镇单元的空间结构，确定各乡镇的主导功能类型（图 3-3a）及不同主导功能类型的控制性指标。

2. 市级：制定乡村功能结构分区及空间利用秩序

基于城镇、农业、生态三类资源要素对乡村空间的影响，识别功能结构分区。与城镇建设的互动方面，通过首都都市圈的交通及产业辐射识别区域融合区，通过城乡融合度（图 3-3b）、设施建设模式（图 3-3c）、村庄分布、常住人口数量及变化、地质灾害、区位特征分析，识别城乡融合区、政策扶持区与深度空心区；与农业生产的互动方面，基于农业资源、文旅资源的分布，识别产业融合结构与农业主产区；与生态、文化保护的互动方面，基于生态资源重要性评级、经济林分布、文化资源分布与评级，识别生态经济区（生态）、一般保护区（生态）、核心保护区、文化保护区。

考虑到承德市 GDP 及财政收入均居河北省末位，且面临守护首都水源与生态环境保护的压力、缺乏工业拓展余地，因此酌情调增政策扶持区的村庄比例、调减城乡融合区的村庄比例。此外，通过制定“功能分区—功能分区、功能分区—村庄分类”的耦合关系，指导分区合并后的边界调整、叠合区域的空间利用规则，以及各分区中可能存在的不违背刚性管控与发展方向的村庄类型，为村庄分类工作奠定基础（图 3-3d）。

3. 县级：制定村庄分类方案

分析劳动力数量与质量（图 3-3e）、用地结构与闲置比例（图 3-3f）、村民收入数量与来源（图 3-3g），以及基础设施、公共服务设施、商业设施的等级与数量（图 3-3h），经过县域统筹，最终确定村庄分类方案（图 3-3i），并制定各类村庄的产业、生态、文化、设施发展模式指引，明确建设内容与治理路径。

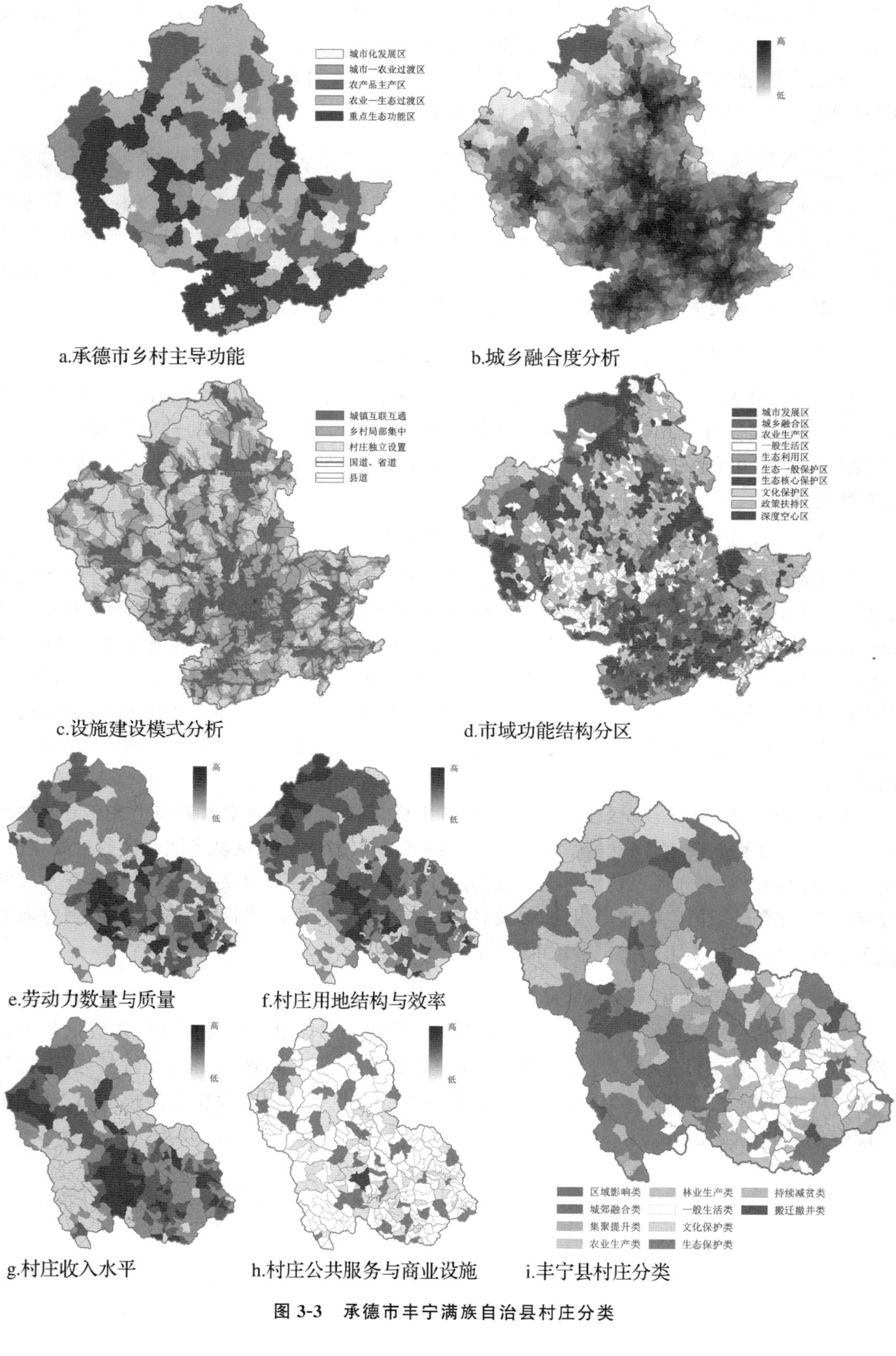

图 3-3　承德市丰宁满族自治县村庄分类

3.3　乡村规划的用途传导

用途规划的本质，是要取得上位空间治理目标(体现为“三区三线”、总体功能布局)与基层土地利用诉求之间的平衡。在国土空间规划体系中，县级国土空间总体规划是国家级、省级空间政策目标自上而下传导后的功能转译；而村庄规划作为乡村地区的详细规划，主要表达村集体、村民的土地利用诉求。这样一来，乡镇级就成为统筹、协调自上而下与自下而上规划内容的关键层级。因此，如何在乡镇级规划中完成上述过程，成为构建乡村规划用途传导逻辑的关键(图 3-4)。

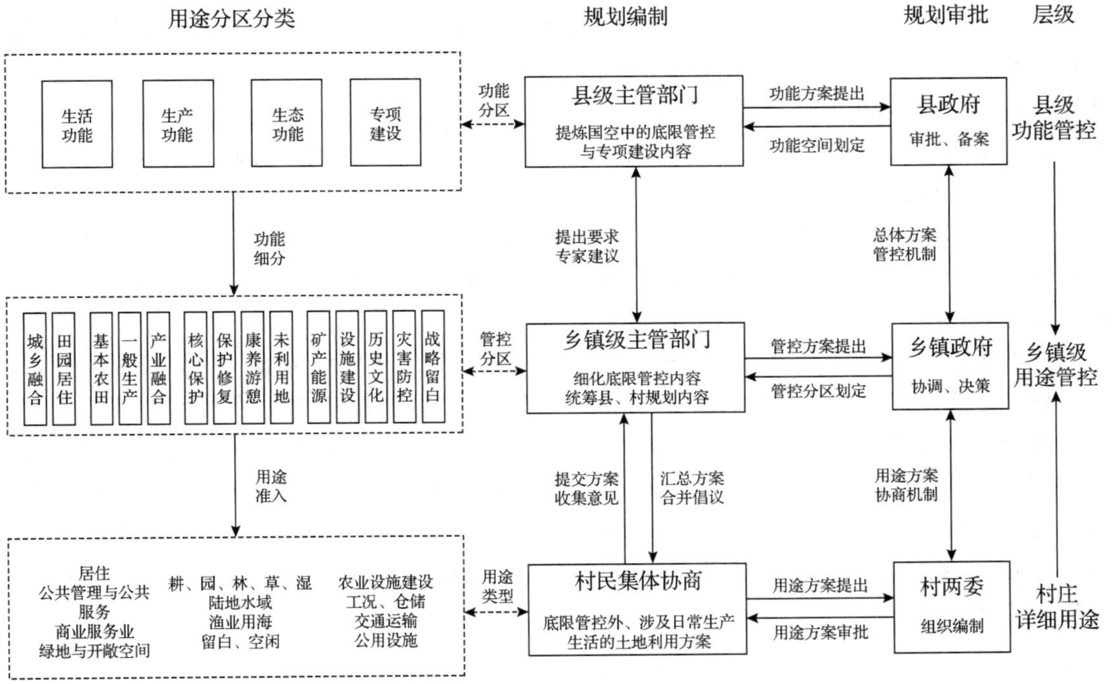

图 3-4　乡村规划的用途传导线索

3.3.1　县域乡村功能管控

在用途传导逻辑中，县级乡村规划主要通过“三区三线”和公共基础设施、重要项目布局实现空间管控作用。相应地，乡村空间也被划分为生活、生产、生态、专项 4 个功能分区进行总体布局与要素统筹。依据《若干意见》中“管什么就批什么”的原则，县级政府的乡村自然资源管理权限也应集中在“三区三线”及专项建设范围内，其内容应作为乡村用途规划的基础条件予以严格遵守。

3.3.2　村庄土地利用方案

为了真正实现乡村规划中的村民参与，需要由村委会组织全体村民在规划人员的技术协助下，协商编制村庄土地“利用方案”。需要指出的是，此处所指“村庄”，应为村域内除县级及以上级别政府自然资源管理权限以外的区域，即基层政府(乡镇)、基层自治组织(村委会)自然资源管理权限所覆盖的范围。

村庄土地利用方案需要表达每个地块的具体用途。为了符合土地用途登记与审批的操作要求，其内容应与《国土空间调查、规划、用途管制用地用海分类指南(试行)》中的用地用海类型相对应。不过，由于村庄在规模、自然村分布等方面存在较大差异，在规划编制时可视情况选择精细到一级类、二级类或者三级类。

3.3.3 乡镇域乡村用途管控

在统筹县、村两级的规划内容时，一方面，需要对县级规划中的空间管控内容予以细化；另一方面需要整合所有村庄的土地利用方案，经过用途聚类与边界优化，形成“用途管控分区”。

需要指出的是，不同地区应根据自身发展特征合理设置用途管控分区，可以围绕乡村蓝图中所描绘的乡村核心职能思考分区内容。例如，稳定农业生产方面可以包括“基本农田、一般生产、产业融合”，维护自然资源可持续发展方面可以包括“核心保护、保护修复、康养游憩、未利用地”，促进城乡资源要素互动方面可以包括“城乡融合、田园居住”，专项建设区域可细分为“矿产能源、设施建设、历史文化、灾害防控、战略留白”。

考虑到不同用途管控分区之间存在着相融或互斥关系，还需要制定不同用途管控分区之间的管控规则，包括相互排斥、相互兼容、虽不互斥但侧重于某种用途，用以指导分区合并后的边界修正、引导叠合区域的土地利用秩序。

综上所述，乡镇域乡村规划编制流程如下：首先，由县级政府相关部门从县级国土空间总体规划中提炼乡村空间管控与专项建设内容；其次，各村委会组织村民，在技术人员协助下协商编制“利用方案”；最后，由乡镇政府统筹形成乡村总体规划，并指导各村庄土地利用方案的修正，形成村域详细规划或实用性村庄规划。上述编制流程，不仅体现了上位政策目标与基层实际诉求的结合，实现了规划与治理的一体化；同时，“空间管控要求——用途管控分区——土地用途分类”的多级传导过程，也为解决乡村规划的用地排他性与土地用途的复合性之间的矛盾提供了有效解决方案。

✣专栏 3-2 案例：Y 镇乡村总体规划编制

首先，从县域国土空间规划中提取“三区三线”，包括道路系统、灌渠等重要基础设施的空间布局，以及各行政村的村庄类型(A 村：集聚提升类；B 村：农业生产类；C 村：生态保护类；D 村：产业融合类)，作为 Y 镇乡村规划的基础内容(图 3-5a)。

其次，各村分别编制土地利用方案(以 D 村为例，图 3-5b)。结合对一二三产业融合发展、新业态布局的设想，以及与区域线性基础设施的接驳方式，经村民集体协商后提出土地利用方案。其中，村域范围主要对应一级地类，居民点范围内由于用途多样、空间细碎，对应三级地类。

最后，Y 镇政府规划部门统筹上述规划成果、形成镇域乡村用途管控内容(图 3-5c)，同时，提出“三区三线”与线性设施选线的优化方案，近、远期项目库，以及村域详细规划方案。

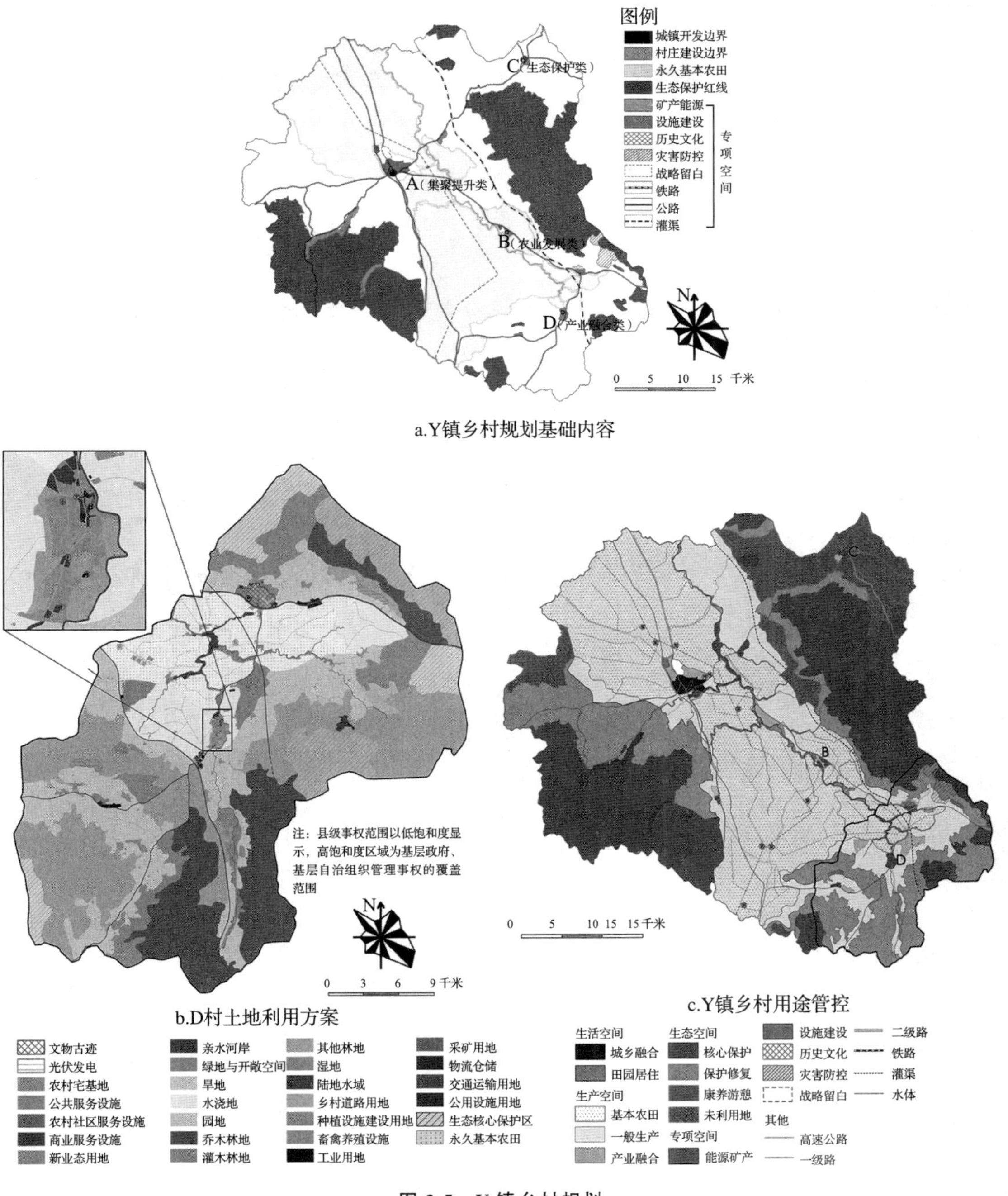

图 3-5 Y 镇乡村规划

小结

乡村规划，是从国、省层级的政策目标制定，到市、县层级的空间功能布局，再到镇、村层级的土地用途、项目落位的传导过程。只有理解、把握乡村规划体系中不同层级的规划目标与任务，才能更好地避免“就村论村”，实现乡村规划与治理的一体化目标。

思考题

1. 从乡村规划体系出发,如何优化乡村地区的规划建设许可制度?

2. 由政策目标向土地用途传导过程中,控制性指标是如何发挥约束作用的?

3. 在多元主体参与下,如何更好地组织村庄规划的编制?

参考文献

程遥,赵民. 国土空间规划用地分类标准体系建构探讨——分区分类结构与应用逻辑[J]. 城市规划学刊,2021(4):51-57.

冯旭,潘传杨,车旭. 乡村空间分级传导下的村庄分类逻辑与方法——以河北省承德市丰宁满族自治县为例[J]. 规划师,2023,39(6):71-77.

冯旭,王凯,毛其智,等. 国土空间规划体系下的乡村空间规划方法——基于规划与治理的一体化视角[J]. 城市规划,2022,46(11):21-31.

冯旭,王凯. 市域乡村振兴战略的空间规划与实施路径[J]. 城市规划, 2022,46(6): 77-89.

张立,李雯骐,张尚武. 国土空间规划背景下建构乡村规划体系的思考——兼议村庄规划的管控约束与发展导向[J]. 城市规划学刊, 2021(6):70-77.

张尚武,李京生,栾峰,等. 乡村振兴的规划议题与学科发展思考[J]. 城市规划,2022,46(10):18-24.

第Ⅱ篇

乡村规划内容与方法

第4章　乡村产业发展规划

本章简介：本章首先介绍了乡村地区的产业门类、划定标准、空间特征等基本概念，并对乡村地区产业规划的目标原则、政策依据、技术方法、主要步骤进行了详细解读。其次，结合案例，从县域、村域不同尺度讲解了乡村产业规划的基本内容、分析方法、成果与评价体系。最后，对提高农业综合生产能力、确保国家粮食安全和主要农产品有效供给、提高耕地生产效率和水资源利用效率的高标准农田建设工作进行了详细介绍。

通过本章学习，掌握乡村产业规划的主要思路、方法与实践应用技术，深刻体会产业发展在推进乡村全面振兴方面所起到的核心作用。

4.1　乡村产业类型与结构

4.1.1　乡村产业类型

乡村产业的分类方式主要包括以下两种。

(1)依据生产要素划分　根据资源、劳动、资本(技术)、知识等核心生产要素的集约化程度进行分类，一般可以分为：资源密集型产业(包括土地密集型产业)、劳动密集型产业、资本(技术)密集型产业及知识(智力)密集型产业。例如，在土地资源稀缺的荷兰，采取大量进口粮、油等土地密集型农产品，同时综合各类科技水平提升措施，如大力开发温室作物、园艺作物、畜牧业等具有高附加值的技术密集型产品，构建农业教育、研发、推广系统。据统计，上述措施对荷兰农业增长的贡献率已超过80%。

(2)依据产业性质划分　根据《国民经济行业分类》(GB/T 4754—2017)，第一产业指农、林、牧、渔业(不含农、林、牧、渔服务业)；第二产业指采矿业(不含开采辅助活动)，制造业(不含金属制品、机械和设备修理业)，电力、热力、燃气及水生产和供应业，建筑业；第三产业指除第一产业、第二产业以外的其他行业。此外，根据国家统计局《农业及相关产业统计分类》(2020年)，农业及相关产业指农林牧渔业，以及产品为农林牧渔业所用、直接使用农林牧渔业产品和依托农林牧渔业资源所衍生出来的二、三产业，包括农林牧渔业的生产、加工、制造、流通、服务等环节所构成的全部经济活动。乡村产业是乡村范围内所有产业的总称，基于上述分类的原则与方法，可以进一步划分为以下10种细分类型(表4-1)。

表 4-1 乡村产业分类

序号	大类	中类
1	农林牧渔业	农业生产、林业生产、畜牧业生产、渔业生产、农林牧渔业及辅助活动
2	食用农林牧渔业产品加工与制造	粮油加工及豆制品制造、肉蛋奶加工、果蔬茶加工、水产品加工、焙烤食品制造、方便食品制造、食品添加剂及调味品制造、烟酒糖及饮料制造、中药及其他食品制造
3	非食用农林牧渔业产品加工与制造	非食用植物油加工、棉麻加工、皮毛羽丝加工、木竹藤棕草加工、文具、玩具和工艺品制造、生物质能开发利用、天然橡胶原料制品制造、农林牧渔业原料化工品制造
4	农林牧渔业生产资料制造和农田水利设施建设	肥料制造、农兽药制造、农业用塑料制品制造、农林牧渔业专用机械制造、食用类产品生产专用设备制造、渔业养殖、捕捞船舶制造、智慧农林牧渔业设备制造、农林牧渔业专用仪器及农园用金属工具制造、现代农田水利设施建设
5	农林牧渔业及相关产业流通服务	农林牧渔业及相关产品批发、农林牧渔业及相关产品零售、农林牧渔业及相关产品运输、农林牧渔业产品仓储配送
6	农林牧渔业科研和技术服务	农林牧渔业生物工程技术研究和农业环境保护技术研究、农业科学研究和试验发展、农林牧渔业专业技术服务、农林牧渔业技术推广服务、农林牧渔生物技术推广服务
7	农林牧渔业教育培训与人力资源服务	农林牧渔业教育、农林牧渔业职业技能培训、农林牧渔业知识普及、农林牧渔业人力资源服务
8	农林牧渔业生态保护和环境治理	农林牧渔业生态保护、废旧农膜回收利用服务、畜禽粪污处理活动、病死畜禽处理、农林牧渔业环境与生态监测检测服务、涉农土壤污染治理与修复、农村人居环境整治
9	农林牧渔业休闲观光与农业农村管理服务	农林牧渔业休闲观光和乡村旅游、农业农村组织管理服务、农林牧渔业综合管理服务
10	其他支持服务	农林牧渔业机械设备修理、农林牧渔业通用航空生产服务、农林牧渔业信息技术服务、农林牧渔业金融服务、农业机械经营租赁服务、农林牧渔业产品广告服务、农林牧渔业产品包装服务

4.1.2 乡村产业结构与空间特征

1. 乡村产业结构

产业结构，是指一个地区不同产业部门的产出构成，可以体现地区生产要素的配置方式及相互关系，也是揭示地区社会经济特征的重要指标。乡村产业体系是不同类型乡村产业之间相互联系、相互依存的有机整体，是乡村产业之间并存共生、竞争合作的结果。乡村产业的横向拓展、纵向延伸和融合发展，形成了乡村产业体系的多元业态。

我国乡村产业的结构调整共经历了：农业产业主导期（1949—1978 年）、工业化快速推进期（1979—2002 年）、多元产业发育期（2003—2012 年）、产业融合与高质量发展期（2012 年至今）4 个阶段，产业类型由单一到多元，产业结构日趋合理。近年来，我国乡村产业发展坚持以农业供给侧结构性改革为主线，通过推进农业集体产权制度改革、丰富集体产权实现形式、积极探索整合利用土地模式等措施，辅以政策性支持，促进农业产业发展；同时，鼓励依托农业产业、特色自然景观、田园风光和乡土文化，发展具有地域特色的乡村非农产业，进而促进乡村振兴。

2. 乡村产业空间特征

农业是乡村产业的"本底"，也是一切乡村产业分化和发展的基础。作为乡村地区的支柱型产业，农业发展直接受所在地区的自然环境、资源禀赋的影响。从宏观的农业生产分布来看，长期以来，我国立足区域资源禀赋和农作物生长特点，聚焦七大农产品，即：粮食（稻谷、小麦、玉米、大豆等）、油料（油菜、花生等）、棉花、糖料、蔬菜、水果（苹果、柑橘等）、特色产业（茶叶、中药材、食用菌等），不断优化形成了"六区十一带"的农业种植结构，即在东北区、黄淮海区、长江区、华南区、西北区和海洋区等六大片区，建立了水稻、小麦、玉米、大豆、棉花、油料、糖料、天然橡胶、肉类、奶类和水产共十一个关系国计民生的重要农产品带。

二维码 4-1
全国"六区十一带"农业空间格局

具体格局如下：①东北区。包括三江平原、松嫩平原和辽河平原等，重点建设玉米、水稻、大豆、肉类和奶类生产带；②黄淮海区。包括海河平原和黄淮平原等，重点建设小麦、玉米、大豆、油料、肉类和奶类生产带；③长江区。包括江淮平原、江汉平原、洞庭湖平原、鄱阳湖平原、长江三角洲和四川盆地等，重点建设水稻、油料、玉米、肉类和水产生产带；④华南区。包括珠江三角洲、云南贵州的热区等，重点建设水稻、糖料、天然橡胶和水产生产带；⑤西北区。包括天山北坡西部、伊犁河谷和天山南坡及喀什三角洲、河西走廊、内蒙古河套与土默川灌区、宁夏河套灌区和汾渭平原等，重点建设棉花、小麦、玉米、肉类和奶类生产带；⑥海洋区。重点建设海洋水产带，发展海洋渔业经济，促进农业陆海统筹发展。

未来在农业生产空间格局的优化过程中，需要综合评估不同农产品生产与所在地区的自然、经济和社会条件的匹配程度，引导农业优先向具备较高比较优势的地区集中，集聚技术、装备、资本和企业等现代生产要素，强化农业主产区和重要农产品产业带，形成辐射全国、区域分工合理、与自然资源分布相协调的现代农业空间格局，实现农业配置效率和市场竞争力的整体提升。

从微观的生产空间分布情况来看，进入 21 世纪后，伴随着土地、技术和资本等生产要素的不断重组，我国农业从依赖土地生产效率的传统模式，逐步转向以提升劳动生产效率为核心的现代农业模式。表 4-2 中的 5 种农业业态既扮演着重要角色，也呈现出不同的农业空间特征，总体来看，可以分为近生产端、近消费端两大类型。其中，近生产端的乡村产业空间形态表现为大规模现代农业产业园、小规模家庭农场等；近消费端的乡村产业空间形态表现为大规模农业公园、小规模共享农庄等。

表 4-2 乡村产业类型与空间布局特征

典型产业空间类型	空间布局特征
规模化种植	通过机械替代人力实现适度规模经营，形成集中连片的生产布局
现代温室种植	通过气雾栽培技术和智能化设施脱离土壤、环境的束缚，提高农产品产量和质量，种植大棚多呈现"条带状"布局

续表4-2

典型产业空间类型	空间布局特征
集约养殖	通过现代化厂房提高养殖规模和效益，为满足卫生防疫要求，养殖厂房多以“块状”形态嵌入农业空间
种养复合	通过培育林下种养和稻田混养等业态，实现农业种植和养殖在空间上的立体复合使用
休闲观光和科普教育等农业新业态	通过农业生产与休闲、教育等产业的深度融合，实现多元价值拓展。为满足游客的吃、住、行、游、购、娱等配套需求，配置一定数量的建设用地，多以“点状”形态散布于农业生产空间中

4.2 乡村产业规划方法

乡村产业规划需基于上位产业政策、乡村产业基础条件与发展现状的分析，结合农业产业化与一二三产业融合模式，明确发展目标与内容框架。

4.2.1 乡村产业规划的目标与原则

长期以来，我国一直将优化乡村空间布局作为合理配置资源、提升农业生产与土地利用效率、实现农业农村现代化发展的重要举措。近年来，在中央一号文件等一系列具有前瞻性和战略性的政策文件指导下，各地方也根据实际发展需求，相继出台了一系列规范、导则，对科学指导乡村产业布局起到了重要作用。

根据农业农村部2020年发布的《全国乡村产业发展规划（2020—2025年）》，未来我国乡村产业的规划目标是要健全完备乡村产业体系，显著提升乡村产业质量效益及产业融合发展水平，继续优化乡村就业结构、持续拓宽农民增收渠道，持续增强乡村产业发展的内生动力。

同时，应当坚持以下几条基本原则。

（1）坚持立农为农　以农业农村资源为依托，发展优势明显、特色鲜明的乡村产业。把二三产业留在乡村，把就业创业机会和产业链增值收益更多地留给农民。

（2）坚持市场导向　充分发挥市场在资源配置中的决定性作用，激活要素、激活市场、激活主体，以乡村企业为载体，引导资源要素更多地向乡村汇聚。

（3）坚持融合发展　发展全产业链模式，推进“一产往后延、二产两头连、三产走高端”，加快农业与现代产业要素的跨界配置。

（4）坚持绿色引领　践行“绿水青山就是金山银山”理念，促进生产生活生态协调发展。健全质量标准体系，培育绿色优质品牌，坚持创新驱动。利用现代科技进步成果，改造提升乡村产业。创新机制和业态，增强乡村产业发展活力。

4.2.2 乡村产业规划的基本步骤

乡村产业规划的主要步骤包括：乡村产业基本情况调查、乡村产业价值分析与评估、乡村产业发展目标与策略制定、完善乡村产业空间布局、优化乡村产业用地结构。

1. 乡村产业基本情况调查

通过分析乡村所在地区的上位发展政策、产业发展趋势及发展基础，明确乡村产业发展的定位与目标。主要包含以下步骤：①收集上位规划、政策内容，明确所在区域的产业发展方向；②调查自身资源条件、优势产品，运用多种方法分析、评价产业发展特征。例如，对乡村的土地、产业、生态、设施等资源禀赋、建设内容及外部影响因素进行分析，摸底产业发展情况。

2. 乡村产业价值分析与评估

聚焦乡村特色产业的规模与发展前景，基于资源、管理、人才、要素等的评价，判断通过产业链整合、产业结构升级所形成的具有地域特色及市场竞争力的产业集群或产业门类。主要包含以下步骤：①明确当地的特色产业及发展优势；②盘点优势资源，如土地、房屋等闲置资源，区位交通条件，良好的生态环境、民俗风貌、传统文化等。

3. 乡村产业发展目标与策略制定

在设定产业发展目标时需要充分考虑村民意愿和可实施性，以农业土地适度规模化经营为基础，拓展、延伸村庄产业链，丰富业态，积极开展循环经济。根据地域特征、资源禀赋、区位条件及市场需求，结合产业兴旺的政策要求，充分借鉴成功案例，制定产业发展目标与策略。具体步骤包括：①明确区域/村庄总体目标与产业体系；②确定主导产业、特色产业的具体内容及分项发展措施；③确定其他产业与主导产业、特色产业之间的协作关系，完善产业链构成。

4. 完善乡村产业空间布局

结合国土空间规划，依据主导产业、特色产业的分析结果，充分考虑区位、地形地貌、河流水系、土壤性质、空间现状等因素，优化规划范围内的产业分类及空间布局方案。具体步骤包括：①确定各类主导产业、特色产业、一般产业的发展规模、空间布局关系；②基于节约集约用地、功能设施共享的原则，确定各类产业细分类型的生产、加工、仓储、物流、销售的适宜位置。

5. 优化乡村产业用地结构

首先，要注意保护基本农田，尽可能减少对生态环境的影响。其次，与城镇规划的地块单一功能不同，乡村用地布局应在合理性、可操作性的基础上，尽量保障用地的灵活性、功能的多元性。具体步骤包括：①确定乡村产业结构中重要节点的选址、落位；②制定重点产业项目的用地规模与范围；③引导一般产业的用地布局，并协调其与乡村生活、生态空间的关系。

专栏 4-1　县域乡村产业规划：以河南省修武县为例

依据《修武县国土空间总体规划(2021—2035)》，结合“三区三线”管控要求，本规划明确了县域乡村产业园区、产业走廊(组团)、产业片区等的空间布局。具体步骤如下。

首先，根据国土空间总体规划，综合考虑土地利用、产业发展、居民点布局、安全防护、人居环境整治、历史文化传承、防洪避险等因素，明确了南部现代农业发展片区、中部高效农业发展片区、山地特色农业发展片区三个差异化乡村产业发展分区，根据各自特点合理引导不同片区的产业结构配比、产业用地与设施布局、重点项目，并设定了发展时序(图 4-1)。

其次，作为全国首批全域旅游示范区和河南省乡村振兴示范县，修武县充分利用云台山 5A 级景区的吸引力，持续探索“民宿＋”与农业产业的对接模式，以民宿产业带动农业、休闲康养、教育研学等乡村产业的一体化发展。截至 2022 年年底，全县已建成 6 个民宿集群，年接待游客超 700 万人次，旅游综合收入达 35.18 亿元。

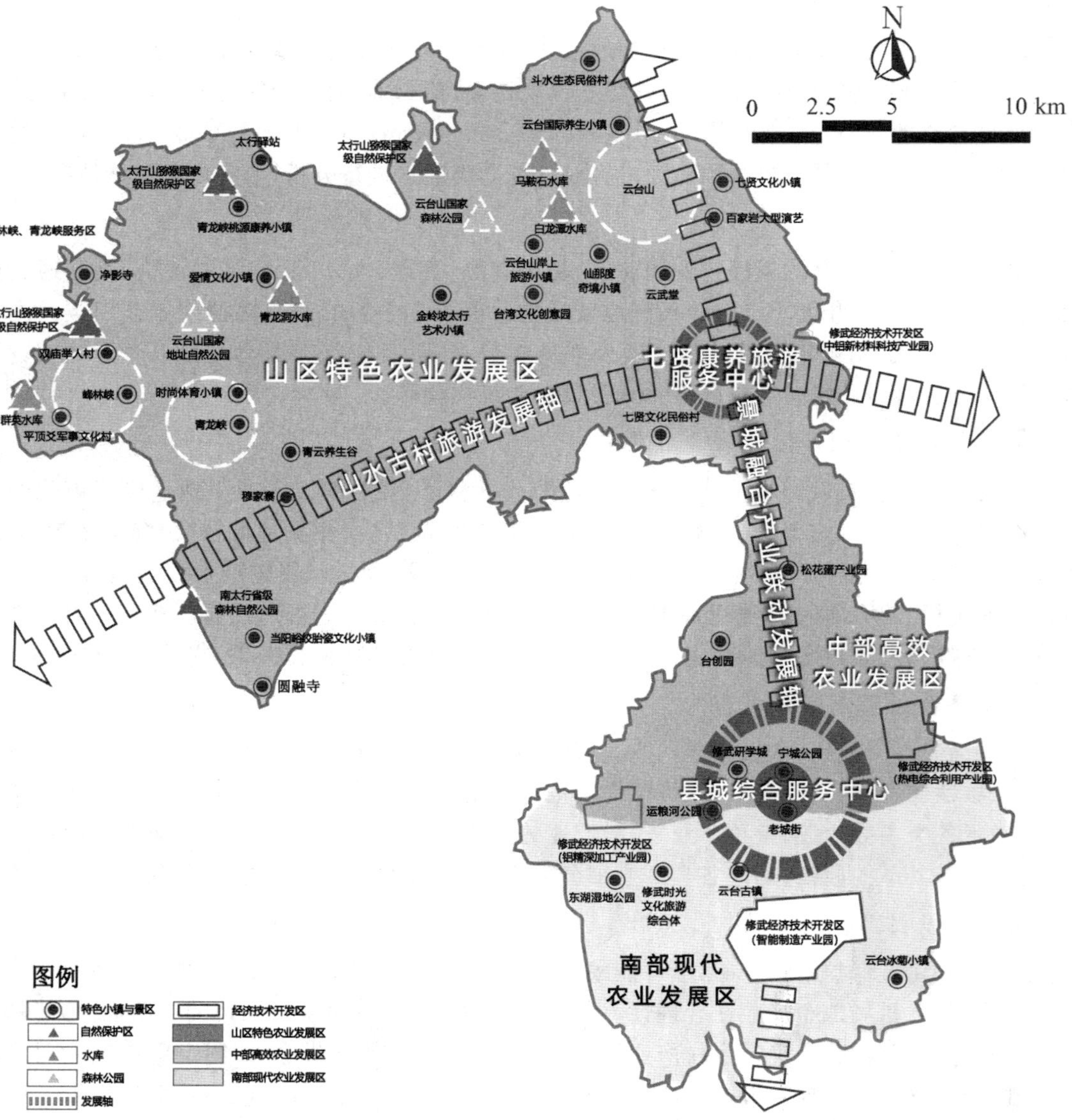

图 4-1 修武县乡村一二三产业发展布局

（根据修武县自然资源局、修武县国土空间总体规划（2021—2035 年）公示版改绘）

与此同时，修武县立足本地乡土资源禀赋、文化特点，围绕国家级怀药优势特色产业园、云台冰菊园、省级蛋鸭现代农业产业园等一批农业产业园区，培育打造了一批地方特色鲜明、文化内涵突出、一二三产业有机融合的乡村特色文化旅游业态，如郇封镇的“怀药＋科技”冰菊小镇。此外，还推出了松花蛋、绞胎瓷等 50 余种特色乡村旅游产品，带动总投资 1.8 亿元的 7 个产业项目投资落地，健康膳食、特色餐饮等配套服务进入民宿产业，延伸了乡村旅游产业链条；围绕山区民宿开发了 7 个红色旅游点和 11 条乡村旅游线路，培育形成新的旅游经济增长点。

4.2.3　乡村产业规划的成果内容

长期以来，乡村产业规划侧重于耕地和永久基本农田的划定而忽视了用地的差异性，导致农业产业发展缺乏用地匹配、刺激产业提升的政策与措施。针对这一问题，中央一号文件数次提出，开展乡村全域土地综合整治工作，优化乡村生产、生活、生态空间布局；同时，对接区域产业发展，合理布局农产品的生产、加工、营销及新产业新业态发展用地，明确各类产业用地的用途、强度等要求，鼓励产业空间的复合与高效利用。

在落实中央政策的同时，上海的乡村产业规划除了划定基本农田、开展土地整治等内容外，还以不同类型的一次产业业态延伸为出发点，形成了差异化的空间管控措施(图 4-2)，有效支撑了乡村产业空间的精细化管控。

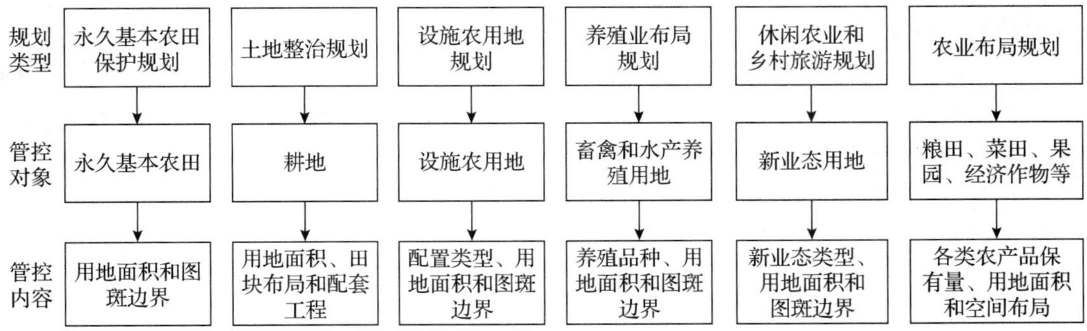

图 4-2　上海市农业产业的空间管控策略

(引自:李开明等,2023)

不同治理层级的规划内容也有较大差异。依据国土空间规划的层级传导特征，省级以主体功能区划为依据，在协调分区主体功能的基础上，推动乡村功能分区之间的价值均衡；县级主要识别乡村优势发展区，合理配置居民点体系，优化乡村产业空间布局，确定产业基础设施建设项目；镇级通过细化乡村产业空间布局，构建合理的产业价值体系与运维体系；村级则关注用地权属及与村庄生活空间的协调关系。

就村庄层级来看，乡村产业规划成果主要包括 4 方面内容：①对接上位规划，提出村庄产业类型及主导产业；②合理布局一二三产业用地，合理选址种植、养殖设施类项目；③明确经营性建设用地布局，提出其用地规模、用途、强度、负面清单等内容；④确定新产业新业态发展及运营模式。除了上述规划成果外，乡村产业规划还可以根据规划对象的特点，进一步丰富成果内容。例如，结合特色产业发展、一二三产业融合发展、生态可持续发展，综合分析产业发展定位及运维模式；围绕乡土文化传承、乡村人居环境提质升级、吸引劳动力回流等目标，深化产业结构调整策略。

乡村产业规划的成果体现为“一图二表一书”。其中，“一图”为空间规划图(地形图比例尺一般在 1∶500)，用于明确村庄各类产业用地或经营用地的范围；“二表”包括指标表(用地规模、人口规模、产业规模等)、项目表(项目的名称、内容、规模、建设要求、经费概算、总投资量以及实施进度计划等)；“一书”指规划说明书，内容包括：村庄现状及问题分析、产业项目内容和建设措施说明、工程量及投资估算、规划实施保障措施以及相关政策建议等。

4.3 高标准农田的规划建设

高标准农田，是指土地平整、土壤肥沃、集中连片、设施完善、农电配套、生态良好、抗灾能力强，与现代农业生产和经营方式相适应的旱涝保收、持续高产稳产的农田。建设高标准农田，是巩固和提高粮食生产能力，保障国家粮食安全的关键举措。

4.3.1 高标准农田建设的准备工作

若想建设高标准农田，首先需要通过土地流转破解“小农”体制下耕地的碎片化格局，实现耕地的集中连片。当前，全国各地根据自身的社会经济发展条件，纷纷进行了符合实际情况的耕地流转模式探索。例如，江苏省先由村集体与农户签订土地承包经营权流转协议，再按照适度规模经营的要求统一规划建设；河南省推行“一户一田”模式，在农户自愿互信的基础上，采取互换并地的方式，推动“一户多田”向“一户一田”方向转变。在具体实践过程中，一般以区县为单位成立平台公司作为推进主体，由平台公司直接承租或联合乡镇成立土地股份合作社，将一家一户分散经营的耕地统一流转后建设，再由种粮大户等新型农业经营主体承包后，开展适度规模化经营。

4.3.2 高标准农田建设内容

根据《高标准农田建设通则》(GB/T 30600—2022)和《高标准农田建设项目竣工验收办法》，高标准农田建设内容主要包括田块整治、土壤改良、灌排水设施建设、田间道路整治、农田防护和生态保护、输配电设施建设、科技服务七项。以下将对各项内容展开介绍。

1. 田块整治

在充分考虑水土光热资源环境条件的基础上，根据不同区域的地形地貌、作物种类、机械作业和灌溉排水效率，合理划分和适度归并田块，确定田块的适宜耕作长度与宽度，优化高标准农田的空间布局。

在平原地区，水田格田内田面高差在±3 cm以内，水田有效土层厚度达到50 cm以上，耕作层厚度大于20 cm；水浇地畦田内田面高差在±5 cm以内，有效土层厚度达到80 cm以上，耕作层厚度大于25 cm。宜机化率应为100%，基本达到大型农机作业的田块要求。

在山地丘陵地区，以适应农机作业、节水灌溉为基本标准，结合农田灌排体系、林网和田间道路布局，合理划分和适度归并田块。地面坡度为5°～25°的坡耕地应因地制宜修筑梯田，以增强农田的保土、保水和保肥能力；通过客土填充、剥离回填表土层等措施平整土地，合理调整农田地表坡降，改善农田耕作层，提高灌溉排水的适宜性。梯田化率不宜低于90%，基本达到中型农机作业的田块要求。

以黄淮海地区为例，条田长度宜为300～400 m、宽度宜为100～200 m，格田长度宜为80～150 m、宽度宜为20～30 m，长、宽比不宜小于4∶1，形状力求规整；长边与短边交角宜为直角或接近直角，避免不规则的三角形与多边形；条田间距可灵活调整，可以从几厘米到几米不等，以满足具体的耕作需求。

2. 土壤改良

以农田肥沃健康为基本目标，通过 2～3 年的持续治理，达到高标准农田耕地质量和环境质量要求，主要标准为：土壤有机质含量不低于 15 g/kg、土壤 pH 一般保持在 6.0～7.5（盐碱区土壤 pH 不超过 8.5）、耕地质量等级达到 4 等以上。

改良退化土壤应采取物理、化学、生物和工程等措施予以治理。治理酸化土壤时，根据土壤酸化程度，利用石灰质物质、土壤调理剂和有机肥进行改良，改良后土壤 pH 应保持在 6.0 以上；治理盐碱土壤可采取工程排盐和生物、化学、土壤调理剂、绿肥种植等措施，使土壤盐分含量保持在 0.3%以下，pH 保持在 8.5 以下；治理土壤板结可采取增施有机肥、秸秆还田、保护性耕作、适度深耕、施用土壤调理剂、测土配方施肥等措施。

改良障碍土层主要通过机械深耕、深松、土壤调理等措施予以治理。深耕适用于犁底层、磐层、白浆层等的改良，作业深度以打破犁底层为宜，宜为 25～50 cm；深松适用于改良各种具有磐层和白浆层的土壤，保持原土层基本不变，打破犁底层，加深耕层，作业深度一般应为 25～35 cm；若要深度打破障碍磐层，作业深度可达 35～50 cm，具体按照磐层距地表深度确定。

土壤培肥主要通过增施有机肥、秸秆还田、种植绿肥、科学施用化肥等农艺和生物措施，使耕地基础地力保持或持续提高，使土壤有机质含量达到当地中值以上水平。高标准农田应持续实施测土配方施肥。

3. 灌溉和排水设施建设

以“旱能浇”为基本目标，灌溉设计保证率达到 75%以上，保障中等干旱年农作物的用水需求。优先考虑地表水灌溉，充分发挥已建成大、中型灌区的灌溉条件，合理采用田间灌溉形式。全面推广高效节水灌溉生产方式，渠道防渗、管灌、喷灌、微灌等工程节水条件及畦灌、沟灌等农艺节水措施面积达到 100%，管灌、喷灌、微灌工程建设面积达到 60%以上。平原井灌区大力推广管灌、喷灌、微灌等高效节水灌溉模式，适度规模化推广粮食作物水肥一体化灌溉模式。淮北平原区、江汉平原区和沿黄平原水稻种植区，结合稻麦轮作种植制度，全面推广控制灌溉节水模式，因地制宜推广管灌、喷灌、微灌及水肥一体化灌溉模式。

按照旱、涝、渍和盐碱综合治理的要求，科学规划建设田间灌排工程，加强田间灌排工程与灌区骨干工程的衔接配套，形成从水源到田间完整的灌排体系。因地制宜配套小型水源工程，加强雨水和地表水收集利用。按照灌溉与排水并重的要求，合理配套建设和改造输配水渠（管）道、排水沟（管）道、泵站及渠系建筑物，完善农田灌溉排水设施。因地制宜推广渠道防渗、管道输水灌溉和喷灌、微灌等节水措施，支持建设必要的灌溉计量设施，提高农业灌溉保证率和用水效率。倡导建设生态型灌排系统，保护农田生态环境。建成后，田间灌排系统应完善、工程配套齐全、利用充分，输、配、灌、排水及时高效，灌溉水利用率和水分生产率明显提高，灌溉保证率不低于 50%。旱作区农田排水设计暴雨重现期达到 5～10 年一遇，1～3 日暴雨从作物受淹起 1～3 日排至田面无积水；水稻区农田排水设计暴雨重现期达到 10 年一遇，1～3 日暴雨 3～5 日排至作物耐淹水深。

4. 田间道路整治

田间道路布置应按照区域生产作业需要和农业机械化要求，优化机耕路、生产路布局，整修田间道路，充分利用现有乡村公路，因地制宜地确定道路的密度、宽度。机耕路宽度宜为 3～6 m，生产路宽度一般不超过 3 m，大型机械化作业区的路面可适当放宽。其中，平原地区要求田间道路适应大型农机具的田间作业要求，机耕路的路面宽度宜为 4～6 m，生产路的路面宽度控制在 3 m 以内；山地丘陵地区要求田间道路适应农业现代化需要，与田、水、林、电、路、村规划相衔接，统筹兼顾，满足中型农机的田间作业要求。

合理配套建设农机下田坡道、桥涵、错车道和末端掉头点等附属设施，提高农机作业便捷度。倡导建设生态型田间道路，因地制宜减少硬化路面及附属设施对生态的不利影响。建成后，在集中连片耕作田块中，田间道路直接通达的田块数量占田块总数的比例，平原区达到 100%，山地丘陵地区达到 90%以上，满足农机作业、农资运输等农业生产活动的要求。

5. 农田防护和生态环境保护

根据因害设防、因地制宜的原则，对农田防护与生态环境保护工程进行合理布局，与田块、沟渠、道路等工程相结合，与村庄环境相协调，完善农田防护与生态环境保护系统。以受大风、沙尘等影响严重区域、水土流失易发区为重点，加强农田防护与生态环境保护工程建设，完善农田防护林体系。在风沙危害区，结合立地和水源条件，兼顾生态和景观要求，确定树种、修建农田林网，对退化严重的农田防护林抓紧实施更新改造；在水土流失易发区，合理修筑岸坡防护、沟道治理、坡面防护等设施，提高水土保持和防洪能力。建成后，区域内受防护的农田面积比例一般应不低于 90%，防洪标准达到 10～20 年一遇。

6. 输配电设施建设

对适于电力灌排和信息化的农田，铺设高压和低压输电线路，配套建设变配电设施，为泵站、机井以及信息化工程等提供必要的电力保障。根据农田现代化建设和管理要求，输配电设施的布设应与田间道路、灌溉与排水等工程相结合。建成后实现农田机井、泵站等供电设施完善，电力系统安装与运行符合相关标准，用电质量和安全水平显著提高。

7. 科技服务

按不低于每 3.5 万～5 万亩（1 亩≈667 m^2）设置 1 个监测点的密度要求，建立高标准农田耕地质量长期监测点。监测点对农田生产条件、土壤墒情、土壤主要理化性状、农业投入品、作物产量、农田设施维护等情况开展监测，并跟踪监测耕地质量变化情况，及时发现耕地生产障碍因素与设施损毁情况，开展针对性的培肥改良、治理修复与设施维护。

推广免耕少耕、黑土地保护等技术措施，保护和持续提升耕地质量。推进数字农业、良种良法、科学施肥、病虫害综合防治等农业技术，科学合理利用高标准农田。建成后，田间定位监测点布设密度符合要求，农田监测网络基本完善，科学施肥施药技术基本全覆盖，良种覆盖率、农作物耕、种、收综合机械化率明显提高。

4.3.3 高标准农田评价与管理

根据《高标准农田建设评价规范》（GB/T 33130—2024），结合高标准农田建设的实际情况，以“旱能浇、涝能排、机能耕、产能增”为基本要求，突出“一平”（田块平整），“两通”（通水、通路），“三提升”（提升地力、产量、效益）要求，设置了田、水、土、路、粮、其他基础设施在内的评价指标，以赋分方式对高标准农田进行综合评价。评价结果按照质量等级分为优、良、中、一般、不合格五等，有效衔接《高标准农田建设通则》（GB/T 30600—2022）所指导的建设技术标准。

高标准农田建成后，应将项目信息统一上图入库，实现有据可查、全程监控、精准管理、资源共享。在高标准农田处设立统一标识，落实保护责任、实行特殊保护，确保高标准农田数量不减少、质量不降低。同时,建立政府引导,行业部门监管,村集体组织、受益农户、新型农业经营主体和专业管理机构、社会化服务组织等共同参与的管护机制。此外,加强管护资金使用监管,研究制定高标准农田管护投入成本标准,对管护资金实施全过程绩效管理。及时修复损毁工程,确保建成的高标准农田持续发挥效益,按照"谁受益谁管护,谁使用谁管护"的原则,落实管护主体,压实管护责任,办理移交手续,签订管护合同。

✣专栏 4-2　安阳县瓦店乡广润坡高标准农田示范区规划

安阳县瓦店乡广润坡按照标准化建设、现代化装备、智能化应用、规模化经营、规范化管理的标准,对 5.6 万亩农田进行了集中连片、节水高效、技术集成、绿色生态的高标准农田建设。该项目主要规划建设内容包括:智能节水灌溉工程、灌排两用生态沟渠及建筑物工程、田间生产道路工程、农田防护林网工程、农田输配电工程等(图 4-3)。其中,土壤改良 5.6 万亩,规划机井 41 眼,地埋管道 13.833 km,地埋电缆 16.605 km,渠系建筑物 142 座(其中桥涵建设 133 座、节制闸 6 座、提灌站 3 座),硬化沟渠 25.578 km,道路建设 17.951 km,植树 2700 株。

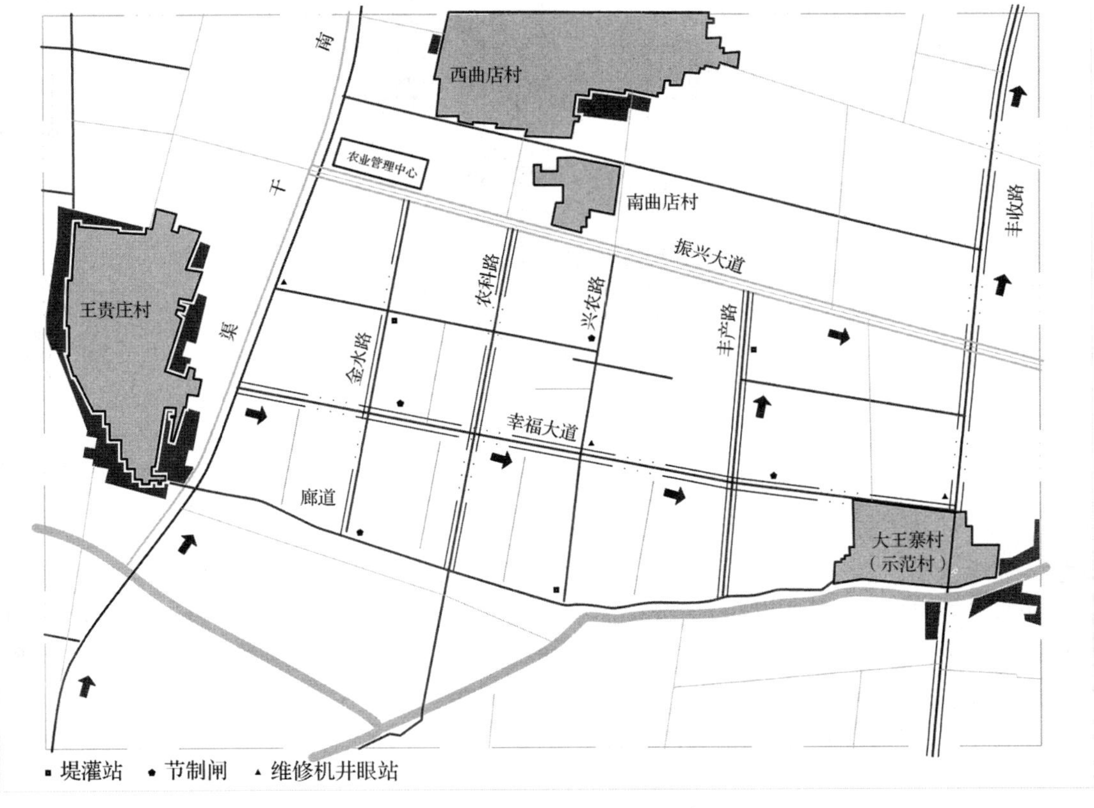

图 4-3　安阳县瓦店乡高标准农田示范区规划

建成后,绵延 15 km 的"两横四纵"生态道路四通八达,两侧的沟渠全部为灌排两用生态沟渠,旱可浇、涝可排。特别是在沟渠内增设了智能物联网节制闸,通过智慧农业指挥调度中心可调节沟渠内的水位,在快速排除洪涝的同时,还可形成以地表水为主、地下水为辅的"双水源"灌溉体系,有效降低了农作物因旱涝灾害造成的受损程度。

此外,示范区还充分利用数字技术,推动农田建设、生产、管护相融合,提高了全要素生产效率。项目重点推进物联网、大数据、移动互联网、智能控制、卫星定位等信息技术在农田建设中的应用，配套耕地质量综合监测点，构建天空地一体化的农田建设和管理测控系统（图4-4），对建后管护和农田利用状况进行持续监测，实行农田灌溉排水等田间智能作业，提升生产的精准化、智慧化水平。

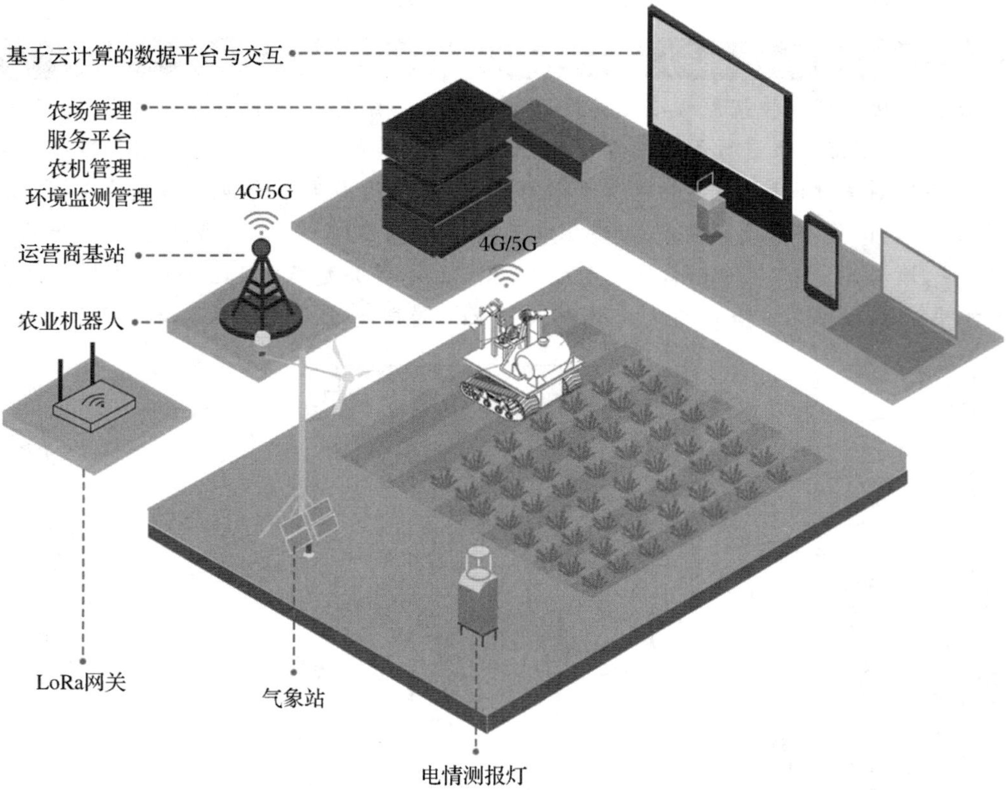

图4-4 数字农田示意图

小结

自然环境、资源禀赋决定了农业生产的内容与耕作方式，并影响着产业链延伸方向与空间布局模式。因此，乡村产业规划需要以农业生产条件、产业政策目标为基础，进而确定乡村一二三产业融合发展的结构与内容，用以指导产业用地的比例与布局。而作为提高农业综合生产能力的关键，高标准农田的规划、建设、管理、维护日益成为乡村产业振兴的重要保障，需要在乡村规划中充分了解田块整治、灌排体系、道路、电力、智慧生产系统等配套设施的布局方式，并协调其与生活空间、生态空间的相互关系。

思考题

1. 在进行乡村产业规划时，需要重点考虑的因素有哪些？
2. 乡村产业发展的核心竞争力是什么？
3. 乡村产业实现良性循环的关键环节有哪些？
4. 高标准农田的核心设施包括哪些？

参考文献

董翀.产业兴旺:乡村振兴的核心动力[J].华南师范大学学报(社会科学版),2021(5):137-150,207-208.

戈大专.新时代中国乡村空间特征及其多尺度治理[J].地理学报,2023,78(8):1849-1868

顾朝林,张悦,邵磊,等.县镇乡村域规划编制手册[M].北京:清华大学出版社,2016.

郭芸芸,杨久栋,曹斌.新中国成立以来我国乡村产业结构演进历程、特点、问题与对策[J].农业经济问题,2019(10):24-35.

郭珍,郭继台.乡村产业振兴的生产要素配置与治理结构选择[J].湖南科技大学学报(社会科学版),2019,22(6):66-71

姜长云.关于构建乡村产业体系的思考[J].山西师范大学学报(社会科学版),2022,49(2):34-41.

李开明,耿慧志.面向国土空间规划体系的农业产业空间管控策略——基于上海市的经验分析[J].城市规划学刊,2023,(1):87-95.

罗其友,刘洋,伦闰琪,等.农业高质量发展空间布局研究[J].中国农业资源与区划,2021,42(10):1-10.

苏东水.产业经济学[M].北京:高等教育出版社.2010.

第5章 乡村生态环境规划

本章简介:本章重点讲解乡村地区生态空间的规划、整治和修复。乡村生态空间不仅承载着落实生态保护红线的重要任务,也是强化生态修复和环境治理、促进农业农村绿色可持续发展、提升与乡村生活相关的生态空间品质、建设美丽中国的重要载体。乡村生态环境规划的重点在于根据资源本底条件和发展定位,分区分级制定差异化保护对策和空间布局,科学实施乡村生态环境的保护与修复工程。

通过本章内容的学习,掌握"双评价"、生态系统服务等乡村生态环境的分析与评价方法,了解乡村生态环境保护与修复的内容及实施方法。

5.1 乡村生态环境

5.1.1 乡村生态环境特征

乡村的主体是农业,各种农业物种以其生物学特点和生态学习性在适宜的生境进行生命活动,并形成经济产量。可见,乡村生态环境是乡村经济产业发展的基础,与乡村产业开发、农民脱贫致富、区域经济发展息息相关。乡村生态环境的形式和内涵丰富多元,最直观的体现就是自然与人工环境相结合的乡村生态景观系统,其具有独特的生态、经济和社会价值,并具有如下特征。

(1)空间广阔性　相较于城市建成区和人迹罕至的自然地域,乡村拥有最广阔、最开放的物质环境,乡村生态景观也展现出地域辽阔、自然开放的空间特征。

(2)要素多样性　乡村既有山地、林场、草地、河湖湿地等自然生态系统,也有农田、果园、牧场、鱼塘等生产生态系统,还有传统文化、民俗风情等人文生态系统。多元要素使得乡村生态景观呈现出丰富的风貌特征。

(3)场景生产性　乡村生态景观多为农业生产的溢出效应,不用特别培育,也不额外占地。在规模化生产的背景下,田园风光在生长季、收获季各具特色,如绿油油的麦田、金灿灿的水稻、红彤彤的高粱、成群的牛羊等,都是好风景。

(4)生境自然性　乡村环境容量较大,可以通过完整的生态循环处理污染,保障了生态环境的自然良好特性。例如,田野农作物在光合作用下既释放了氧气,又通过植物蒸腾效应清洁了空气;乡村康养业态的兴起,也反映了人们对乡村生态环境的向往。

(5)乡土文化性　我国自古以农立国,从农业生命活动特点出发,不断丰富"天地与我并生，而万物与我为一”等天人合一的乡土文化思想，维系着乡村生态价值。保护自然植被、神山圣水、风景名胜、野生生物，发展生态产业合理开发利用自然资源，如稻作梯田、旱作农业、农林牧渔复合农业系统常用常新，为今天发展自然保护地体系，特别是保护生物多样性打下了良好基础，也使乡村生态环境得到了持续发展。

(6)服务全能性　乡村生态环境是自然、半自然生态系统的有机集合，产品供给、生态调节、生命支持、精神文化等生态服务功能较为全面。农业生产过程使用有机肥处理废弃物、消除污染，保护性耕作模式保护农田生物、涵养水源，同时发展生态产业循环利用资源，形成碳汇效应。

5.1.2　乡村生态环境的问题及对策

改革开放后，快速的城镇化、工业化给乡村生态环境带来了巨大冲击，深刻影响着乡村地区的生产生活方式、土地用途和社会结构。首先，乡村的生态环境正在遭受各种各样的破坏和污染，一方面，工业和城市污染向农业农村转移排放，生态用地受到侵占，面积大幅缩减；另一方面，农业高度集约化生产带来了化肥农药的不合理施用，以及秸秆、禽畜粪便等的不合理处置。其次，土地的过度开发和不合理利用引起的自然生境减少，以及农业的规模化发展带来的各类半自然生境减少，导致农田多样性降低、环境及生物多样性衰退。第三，在目前的农业农村基础设施建设过程中，由于没有充分把握地域环境特征和生态系统结构，加之过分遵循均一化的规划建设标准，使得各种要素之间的相互联系和有机共生关系被削弱，生态环境系统遭到破坏。

近年来，乡村生态环境保护、景观风貌提升越来越受到关注，保护和建设乡村生态环境，已成为实现乡村经济可持续发展、建设美丽中国的关键举措。乡村生态环境建设的本质是生态环境保护、改良与合理利用，在保护措施制订与实施过程中，应坚持统筹规划、突出重点、量力而行、分步实施，坚持以预防为主，治理与保护、建设与管理并重，除害和兴利并举，实行“边建设，边保护”，使各项生态环境工程发挥长期效益。

伴随生态环境工程技术的不断进步，对于乡村生态格局的规划充分考虑了斑块密度和斑块之间的连通性，通过地形地貌、土地利用状况和水文条件等的分析和监测，寻找“大集中小分散”的最优格局；同时，注重对污染环境的治理，以及绿色基础设施建设的多样性，从而建设更加稳定和健康的乡村生态系统。

5.2　乡村生态环境分析方法

5.2.1　资源环境承载能力和国土空间开发适宜性评价

资源环境承载能力和国土空间开发适宜性评价(以下简称“双评价”)是编制国土空间规划、完善空间治理的基础性工作。资源环境承载能力是指基于特定发展阶段、经济技术水平、生产生活方式和生态保护目标，一定地域范围内资源环境要素能够支撑农业生产、城镇建设等人类活动的最大合理规模；国土空间开发适宜性是指在维系生态系统健康和国土安全的前提下，综合考虑资源环境等要素条件，在特定国土空间进行农业生产、城镇建设等人类活动的适宜程度。“双评价”的评价目标是分析区域资源禀赋与环境条件，研判国土空间开发利用问题和风险，识别生态保护极重要区，明确农业生产、城镇建设的最大合理规模和适宜空间，为编制国土空间规划，优化国土空间开发保护格局，完善区域主体功能定位，划定三条控制线，实施国土空间生态修复和国土综合整治重大工程提供技术支撑。

依据《资源环境承载能力和国土空间开发适宜性评价指南（试行）》，生态保护重要性评价分为省级和市县评价两级。其中省级评价从区域生态安全底线出发，在陆海全域评价水源涵养、水土保持、生物多样性维护、防风固沙、海岸防护等生态系统服务功能的重要性，以及水土流失、石漠化、土地沙化、海岸侵蚀及沙源流失等生态脆弱性，综合形成生态保护极重要区和重要区（表 5-1）。市县评价在省级评价结果的基础上，根据更高精度数据和实地调查进行边界校核。从生态空间完整性、系统性、连通性出发，结合重要地下水补给、洪水调蓄、河（湖）岸防护、自然遗迹、自然景观等方面进行补充评价和修正。

表 5-1 “双评价”省级生态评价方法

<table>
<tr><th>类别</th><th>分类</th><th colspan="2">内容</th></tr>
<tr><td rowspan="8">生态系统服务功能重要性</td><td rowspan="2">水源涵养功能重要性</td><td colspan="2">通过降水量减去蒸散量和地表径流量得到的水源涵养量，评价生态系统水源涵养功能的相对重要程度</td></tr>
<tr><td>极重要区</td><td>累积水源涵养量最高的前 50％区域</td></tr>
<tr><td rowspan="2">水土保持功能重要性</td><td colspan="2">通过生态系统类型、植被覆盖度和地形特征，评价生态系统土壤保持功能的相对重要程度</td></tr>
<tr><td>极重要区</td><td>坡度不小于 25°（华北、东北地区可适当降低）且植被覆盖度不小于 80％的森林、灌丛和草地</td></tr>
<tr><td rowspan="4">生物多样性维护功能重要性</td><td colspan="2">生态系统、物种和遗传资源三个层次</td></tr>
<tr><td>生态系统层级：生物多样性维护极重要区</td><td>原真性和完整性高，需优先保护的森林、灌丛、草地、内陆湿地、荒漠、海洋等生态系统</td></tr>
<tr><td>物种层级：生物多样性维护极重要区</td><td>极危、濒危物种的集中分布区域，极小种群野生动植物的主要分布区域（参考国家重点保护野生动植物名录、世界自然保护联盟濒危物种及中国生物多样性红色名录，确定具有重要保护价值的物种为保护目标）；省级重点保护物种等其他具有重要保护价值物种的集中分布区域</td></tr>
<tr><td>遗传资源层级：生物多样性维护极重要区</td><td>重要野生的农作物、水产、畜牧等种质资源的主要天然分布区域</td></tr>
</table>

续表 5-1

<table>
<tr><th>类别</th><th>分类</th><th colspan="2">内容</th></tr>
<tr><td rowspan="6">生态系统服务功能重要性</td><td rowspan="3">防风固沙功能重要性</td><td colspan="2">通过干旱、半干旱地区生态系统类型、大风天数、植被覆盖度和土壤沙粒含量，评价生态系统防风固沙功能的相对重要程度</td></tr>
<tr><td>防风固沙极重要区</td><td>土壤砂粒含量不小于 85%、大风天数不小于 30 d、植被覆盖度不小于 15%(青藏高原可调整为 30%)的森林、灌丛、草地生态系统</td></tr>
<tr><td>防风固沙重要区</td><td>土壤沙粒含量不小于 65%、大风天数不小于 20 d、植被覆盖度不小于 10%(青藏高原可调整为 20%)的森林、灌丛、草地生态系统</td></tr>
<tr><td rowspan="2">海岸防护功能重要性</td><td colspan="2">通过识别沿海防护林、红树林、盐沼等生物防护区域以及基岩、沙质海岸等物理防护区域，评价海岸防护功能的相对重要程度。</td></tr>
<tr><td>海岸防护极重要区</td><td>原真性和完整性高、需优先保护的区域</td></tr>
<tr><td colspan="3"></td></tr>
<tr><td rowspan="7">生态脆弱性</td><td rowspan="2">水土流失</td><td>极脆弱区</td><td>水力侵蚀强度为剧烈和极强烈的区域</td></tr>
<tr><td>脆弱区</td><td>水力侵蚀强度为强烈和中度的区域</td></tr>
<tr><td rowspan="2">石漠化</td><td>极脆弱区</td><td>石漠化监测成果为重度及以上的区域</td></tr>
<tr><td>脆弱区</td><td>石漠化监测成果为强烈和中度区域</td></tr>
<tr><td rowspan="2">风力侵蚀强度</td><td>极脆弱区</td><td>风力侵蚀强度为剧烈和极强烈的区域</td></tr>
<tr><td>脆弱区</td><td>风力侵蚀强度为强烈和中度的区域</td></tr>
<tr><td>海岸侵蚀及沙源流失</td><td colspan="2">基于海岸底质类型、风暴潮增水、侵蚀速率等因素</td></tr>
</table>

(引自：自然资源部.资源环境承载力和国土空间开发适宜性评价指南(试行).2020).

5.2.2　乡村生态系统服务评价

乡村生态系统服务评价是对乡村地域内生态系统所维持人类生存的自然条件和功能(包括供给、调节、文化和支持功能在内)，以及为人类提供直接或间接利益而进行价值评定的一种手段。生态系统服务价值可以分为使用价值和非使用价值，包含生态价值、社会文化价值、经济价值 3 个方面。目前评估的主要是使用价值，包括直接利用价值和间接利用价值。

乡村生态系统服务评价在构建指标系统时应遵循 3 项原则：①科学性。核算指标应从乡村生态环境的实际情况出发，借鉴生态敏感性评价方法，在保证其科学性的同时，充分考虑数据的可获取性。②可操作性。所选取的指标应在数据收集上具有现实统计基础、可比性、可测性，数据能够被准确收集并尽可能量化，对当前认识水平下难以量化且意义重大的指标，可以用定性指标来描述。③系统性。指标之间要具有逻辑关系，能从不同侧面反映出乡村生态环境的经济价值、生态价值、社会价值的主要特征。

针对乡村生态系统结构简单、与土地关系密切等特点，结合乡村社会经济对生态系统服务的重点需求，一般通过以下指标进行评价(表 5-2)。

表 5-2 乡村尺度生态系统服务价值评估指标框架

生态系统服务类型	生态系统产品或服务功能	内容	备注	市场化属性
供给服务	01 提供生物质产品	木材蓄积	山林林木蓄积年增长量	是
		提供生物质产品	当地耕地、园地等提供粮食、蔬菜、水果、干果的量	是
支持与调节服务	02 气体调节	吸收 CO_2		非
		释放 O_2		非
		吸收 SO_2		非
		滞留粉尘		非
	03 气候调节	调节小气候	夏季局部降温、增湿、增雨效应	非
	04 水源涵养	涵养水源	生态系统调蓄水源总量	非
	05 土壤形成与保护	保持土壤肥力	通过减少土壤侵蚀,保持土壤肥力和减少泥沙淤积	非
		减少泥沙淤积		非
	06 废弃物处理与营养循环	固体废弃物分解	生态系统降解的固体废弃物量	非
		生活污水净化	生态系统净化当地村民的生活污水量	非
	07 生物多样性	维持生物多样性		非
文化服务	08 娱乐休闲	生态旅游	当地生态旅游、农业旅游年收入	是
	09 科研教育	科研价值	研究机构在当地的年科研投入	是

(引自:丁彬等,2016)

评价时按照以下步骤进行:①确定核算范围。依次确定行政单元、功能相对完整的生态系统单元、由不同生态系统类型组成的特定单元。②明确生态系统分布。根据调查分析,明确研究范围内生态系统的类型、面积与分布,绘制生态系统分布图。③编制生态产品清单。调查分析研究范围内的生态产品种类,明确供给服务产品、调节服务产品、文化服务产品三大类别的具体科目与产品清单。④核算生态系统服务功能量。采用能够反映生态产品潜在功能量的方法核算研究范围内不同类型生态产品的功能量。⑤确定生态系统服务价格。运用市场价值法、替代成本法等价值核算方法,采用当年价格确定每一类生态产品的参考价格,涉及多年比较时,可以采用基准年不变价。⑥核算生态系统服务价值。采用适宜的方法核算物质产品、调节服务产品、文化服务产品、生态产品的市场价值。⑦核算生态系统服务总值。对供给服务价值总量、调节服务价值总量和文化服务价值总量进行加总得到生态系统服务总值。

5.2.3 乡村景观格局评价

乡村景观格局是指乡村景观的空间结构特征,包括景观组成单元(如斑块、廊道、基质等)的多样性和空间配置。乡村景观格局评价是用来研究乡村景观结构特征和空间配置关系的分析方法，一般通过将收集到的踏勘、遥感、测量、图像等乡村景观信息数字化（栅格化或矢量化），并对分析结果加以解释得到。

在分析乡村景观格局时，要用到能够高度浓缩乡村景观格局信息、反映其空间结构的定量指标，即乡村景观格局指数。一般来说，景观特征可以从单个斑块、由若干单个斑块组成的斑块类型、包括若干斑块类型的整个景观镶嵌体三个层次展开分析。乡村景观格局分析一般聚焦第三个层次，因此景观格局指数也相应地分为斑块水平指数与景观水平指数。常用的景观格局指数包括：斑块形状指数、景观丰富度指数、景观优势度指数、景观均匀度指数、景观破碎化指数、景观聚集度指数、分维、景观要素面缘比、景观要素的面积优势度及功能优势度、廊道密度、人为干扰指数等。

基于乡村景观格局分析思路，也延伸出了一些相近理论。例如，在识别维持乡村聚落生态安全和居民健康的生态基础设施方面，一般借鉴生态敏感性的评价方法，借助 RS 和 GIS 手段，根据数据的可获取性，构建乡村聚落关键生态空间评价体系（表 5-3）。而"源-汇"理论则将景观格局与生态形成过程有机融合在一起，基于过程的、复杂的和动态的景观过程模型，模拟生态演变过程中景观要素可能起到的正向推动或负向滞缓作用。"源-汇"理论常应用于缓解非点源污染、土壤侵蚀，识别亟须修复的乡村景观，为乡村景观提供生态调控引导的研究与实践当中。

表 5-3　乡村聚落关键生态空间评价体系

目标层	项目层	指标层
关键生态空间综合指数	水资源安全系数	距河湖水系的距离
		水体分布情况
		水源保护区类型
	生物保护系数	植被覆盖指数
		植被类型
		生境敏感性指数
	灾害防护系数	距地质灾害危险区距离
		坡度
		土地利用类型
	人类干扰系数	主要交通干线影响强度指数
		村镇建设用地影响强度指数
		人口聚集度

（引自：刘黎明，2022）

5.3　乡村生态环境的保护与修复

5.3.1　保护与修复的背景

1. 国土空间生态修复

国土空间生态修复是指遵循生态系统演替规律和内在机理，基于自然地理格局、适应气候变化趋势、符合国土空间规划，对生态功能退化、生态系统受损、空间格局失衡、自然资源开发利用不合理的生态、农业、城镇国土空间，进行统筹和科学开展山水林田湖草沙一体化保护修复的活动。国土空间生态修复是维护国家与区域生态安全、强化农田生态功能、提升城乡生活品质的重要举措。

由国家发展改革委和自然资源部印发的《全国重要生态系统保护和修复重大工程总体规划（2021—2035 年）》，以“两屏三带”及大江大河重要水系为骨架，构建国家生态安全战略格局基础，突出对国家重大战略的生态支撑，统筹考虑生态系统的完整性、地理单元的连续性和经济社会发展的可持续性，为国土空间生态修复工作提供了实质性指导。

为了在国土空间规划体系中发挥支撑作用，国土空间生态修复规划本身也需要建立与行政治理体系相衔接的规划系统，主要围绕省、市、县三级展开规划编制工作，并可根据需要编制跨行政区的区域（流域）规划（图 5-1）。其中，省级规划是一定时期内省域国土空间生态修复任务的总纲和空间指引；市级规划是一定时期内市域国土空间生态修复工作的总体安排，是对国家级、省级国土空间生态修复目标指标、空间布局、工程项目的落实与安排；县级规划需要结合本地实际，对山水林田湖草沙一体化保护修复、土地综合整治、矿山生态修复等各项活动进行具体安排，确定生态修复项目、位置和时序。区域（流域）性规划则是以大江大河或重大自然地理单元为依托，针对区域（流域）存在的重大系统性生态问题和风险，遵循自然规律进行总体谋划，促进各类生态系统耦合。

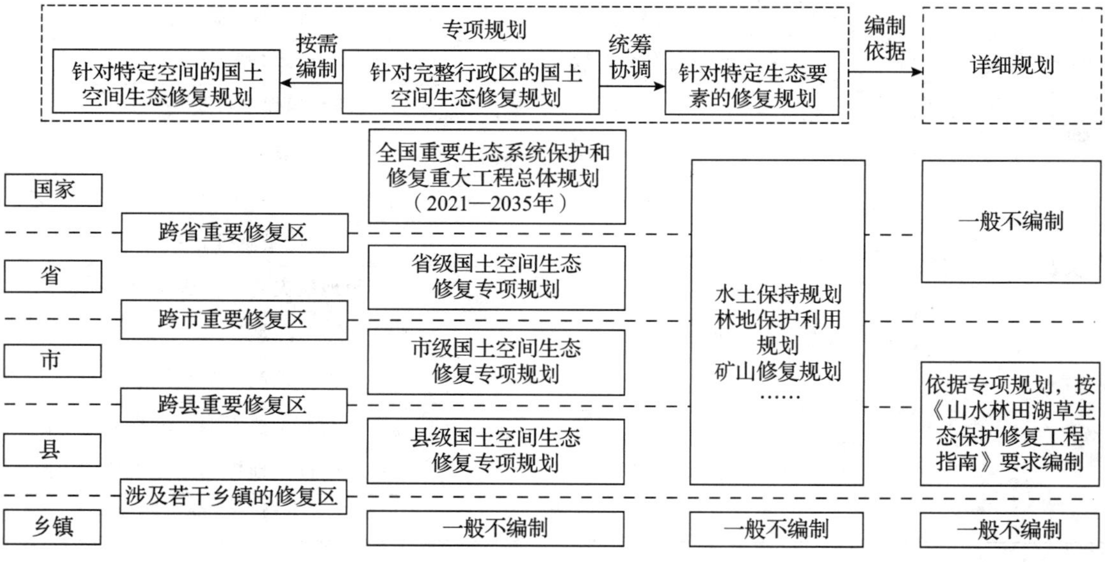

图 5-1 国土空间生态修复规划编制体系框架

国土空间生态修复规划与发改、生态环境、住建、水利、农业农村等部门牵头的相关规划既有联系，又有所区别。在空间类别方面，国土空间生态修复规划面向国土空间全域，而规划仅针对生态空间，高标准农田建设规划、耕地草原河湖休养生息规划仅针对农业空间，城市双修规划仅针对城镇空间；问题类型方面，国土空间生态修复规划面向所有类型生态问题，水土保持规划仅针对水土流失问题，流域综合规划主要涉及水沙调控、水土保持、水资源和水生态保护、岸线利用等方面；规划属性方面，国土空间生态修复规划是国土空间类专项规划且在生态修复方面具有总体规划属性，而生态保护与建设规划、城市生态保护与建设规划、农业可持续发展规划、农业资源与生态环境保护工程规划等规划部署的工程项目只有任务内容而缺少空间指引;重点任务方面,国土空间生态修复规划是对所有国土空间安排部署生态修复任务,这与生态脆弱区保护规划、污染防治规划等关注的重点任务有明显区别(表 5-4)。

表 5-4　国土空间生态修复规划与相关规划的内容比较

部门	规划名称	空间类别		问题类型		规划属性		重点任务	
		三类空间	个别空间	所有类型	个别类型	空间类	非空间类	生态修复	其他任务
自然资源部门	国土空间生态修复规划	●		●		●		●	
	国土空间总体规划	●				●			●
	地质灾害防治规划	○			○	●			●
发展改革部门	“双重”规划		●	●		○		●	
	生态保护与建设规划		●	●		○		●	
	耕地草原河湖休养生息规划		●		●	○		○	
	高标准农田建设规划		●		●	○			●
生态环境部门	污染防治规划	○			○		●		●
	生态脆弱区保护规划		●	●		○			●
住建部门	城市生态保护与建设规划		●		●		●	○	
	城市双修规划		●		●		●	○	
水利部门	水土保持规划	○			●	○		○	
	流域综合规划		●		●	○			●
农业农村部门	农业可持续发展规划		●		●		●		●
	农业资源与生态环境保护工程规划		●		●		●	○	

注:●表示完全符合;○表示部分符合。

2. 山水林田湖草生态保护修复工程

2020 年 8 月,自然资源部办公厅、财政部办公厅、生态环境部办公厅联合印发了《山水林田湖草生态保护修复工程指南(试行)》。山水林田湖草生态保护修复工程(以下简称“山水工程”)是按照山水林田湖草生命共同体理念,依据国土空间总体规划或国土空间生态保护修复专项规划,在一定区域范围内,为提升生态系统自我恢复能力,增强生态系统稳定性,促进自然生态系统质量的整体改善和生态产品供应能力的全面增强,遵循自然生态系统演替规律和内在机理,对受损、退化、服务功能下降的生态系统进行整体保护、系统修复、综合治理的过程和活动。

与国土空间生态修复规划重视省、市、县行政单元的生态可持续发展不同,“山水工程”主要以江河湖流域、山体山脉等相对完整的自然地理单元为基础确定工程实施范围和规模,工程实施范围可细化到县、乡镇、村(组)尺度。涉及乡村生态系统的保护修复方面,主要结合村庄整治、工矿废弃地治理,维护农田原有生境,保护生物多样性,将耕地、林地、草地整治与建设用地布局优化相结合,形成规模相对集中连片的耕地、草地、湿地、林地等生态系统复合格局。

在分级目标和任务方面，区域（或流域）尺度主要开展工程规划、诊断重要生态问题、制定总体保护修复目标、确定保护修复单元和工程子项目布局；生态系统尺度主要开展工程设计、诊断各保护修复单元的生态问题、制定相应的指标体系和标准、确定保护修复模式和措施；场地尺度则开展子项目施工设计并推动实施。在模式和措施方面，根据现状调查、生态问题识别与诊断、生态保护修复目标与标准，因地制宜、针对性地采取保护保育、自然恢复、辅助再生或生态重建等保护修复技术模式。在体制机制方面，建立跨部门工作机制，对每个山水工程均成立由所在省、市、县政府牵头，财政、自然资源、生态环境等相关部门参与的工作领导机构，建立联席会议制度，打破部门界限、协同推进工作。在监测和评估方面，开展适应性管理、全过程动态监测和生态评估，对可能导致偏离目标甚至造成新的破坏和损害的技术措施、子项目的空间布局和时序安排等，及时进行调整修正。

3. 全域土地综合整治

全域土地综合整治是对乡村地域内山水林田湖草沙全要素的系统治理，涉及田、水、路、林、矿、村等乡村空间组成部分。依据自然资源部发布的《关于学习运用"千万工程"经验深入推进全域土地综合整治工作的意见》，全域整治活动旨在基于合理的科学规划，以县域为统筹单元、以乡镇为基本实施单元，综合运用耕地占补平衡、城乡建设用地增减挂钩、农村集体经营性建设用地入市等政策工具，通过整体推进农用地整理、建设用地整理、乡村生态保护修复、乡村历史文化保护等一系列整治工程，对闲置、低效利用、生态退化及环境破坏的区域实施国土空间综合整治。

全域土地综合整治的重要目标是对乡村地域进行全要素管控和整治，以形成生产空间集约高效、生活空间宜居适度、生态空间山清水秀的空间格局为导向，塑造人地关系协调的高品质国土空间格局（图 5-2）。

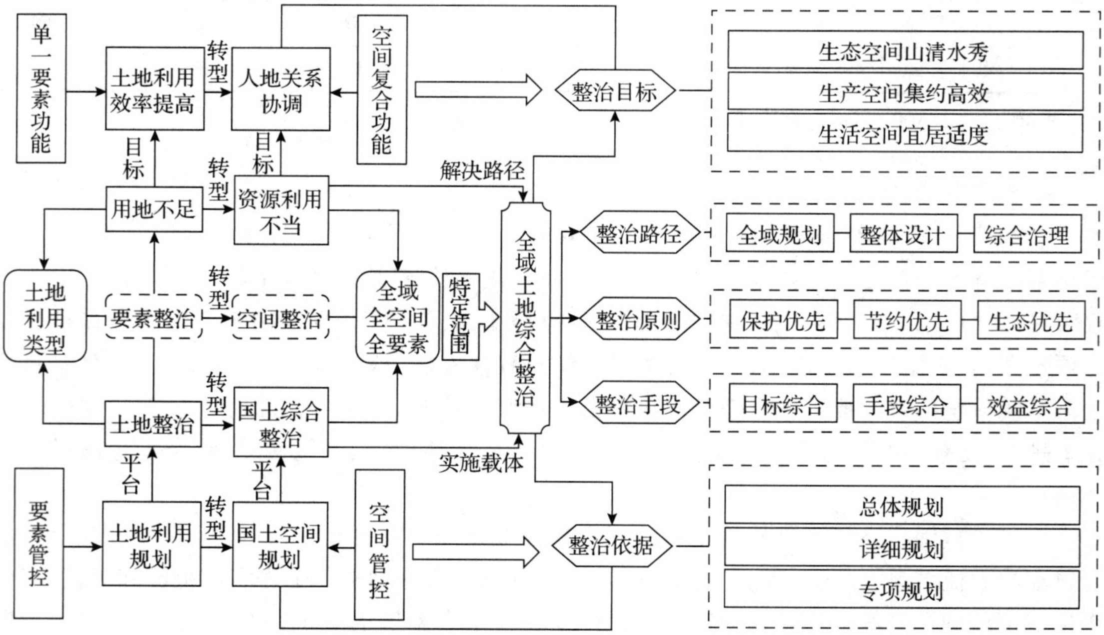

图 5-2　全域土地综合整治的科学内涵

（引自：金晓斌等，2022）

5.3.2 保护与修复的目标、原则

乡村生态环境的保护与修复主要按照山水林田湖草沙一体化保护和系统治理要求，优化、调整生态用地布局，恢复、增强乡村生态功能，保护乡村自然生态景观，提升乡村系统韧性。乡村生态保护修复工作的主要任务是守住自然生态安全边界、改善生态系统服务功能、提高农村土地集约利用水平、提高生态廊道连通性等。从具体工程项目来看，乡村生态环境保护修复不仅包括农田生态环境治理、矿山环境治理、历史遗留损毁土地治理，还包括河湖湿地整治、沿江沿河流域生态保护和地质灾害综合防治等，为乡村生态空间的绿色可持续发展提供保障。

乡村生态保护与修复应遵循以下原则。

(1)生态优先，绿色发展　树立"绿水青山就是金山银山"的理念，立足整治区域内的山水林田湖草沙及村庄全要素，统筹考虑人与自然的关系。

(2)确保生态安全、突出生态功能、尊重自然风貌　合理配置自然资源和生态要素，优化生态空间格局，注重自然生态系统的完整性、连通性和多样性，加强整体保护和格局塑造，提升服务功能。

(3)自然恢复为主，人工修复为辅　根据生态系统退化、受损程度和恢复力，合理选择保育保护、自然恢复、辅助再生和生态重建等措施，恢复生态系统的结构和功能，增强生态系统的稳定性和生态产品的供给能力。

(4)地域适宜原则　结合国家、行业及地方相关标准，充分考虑需要修复的生态系统本底状况，参照生态系统的属性特征以及未来环境变化因素等，优先选择适于本地的修复措施、技术，原则上使用本地物种。按照植被地带性分布规律，遵循以水定绿、量水而行的原则，避免大规模使用单一物种。

(5)统筹规划，综合治理　按照整体规划、总体设计、分期部署、分段实施的思路，科学确定生态保护修复目标、合理布局项目工程、统筹实施各类工程，协同推进山水林田湖草沙一体化保护和修复，增强保护修复的效果。

(6)多方参与原则　统筹考虑当地的人口状况、居民生活习惯和文化传统，充分征求当地群众和地方管理部门的意见，综合运用多学科知识，制定实施方案与保护修复技术措施，参与或协作施工、监测、管护等生态保护修复活动。

5.3.3 保护与修复内容

1. 生态空间

自然保护地核心保护区(核心保护区)按照禁止开发区域管控要求，加大封育力度，因病虫害、外来物种入侵、维持主要保护对象生存环境、森林防火等特殊情况，经批准可以开展重要生态修复工程，以及物种重新引入、增殖放流、病害动植物清理等生态保护修复活动。

生态保护红线内其他区域(一般保护区)按照禁止开发区域管控要求，尽量减少人为扰动，除必要的地质灾害防治、防洪防护等安全工程和生态廊道建设、重要栖息地恢复和废弃修复工程外，原则上不安排人工工程。

一般生态空间(生态利用区)按照限制开发区域管控要求，调整优化土地利用结构布局，开展生态保护修复活动，鼓励探索陆域、海域复合利用，发挥生态空间的生态农业、生态牧业、生

态旅游、生态文化等多种功能。

2. 生产空间

生态基础网络修复主要包含农田网络和生物网络两种类型。其中,农田网络作为乡村生态基础网络的核心部分,其生态修复目标即实现“田成方”,通过农用地整理、垦造水田、拆旧复垦、高标准农田建设等手段促进农田集中连片和耕地质量提升,形成规模扩大、水渠联通的农田基础网络。生态网络主要是修复和改善乡村生态空间的格局与连通性,增强生态系统服务功能,对乡村河流、水库、地下水等水体进行修复和治理,并划定乡村林地的保护红线,优化乡村水系、林网等生态空间格局。

3. 生活空间

公共空间营造和基础设施建设是乡村景观的直接体现,修复利用应与乡村产业发展紧密结合,并抓好河旁、路旁、宅旁、村旁“四旁”绿地景观营造,提升乡村生活环境质量。

此外,还应从城乡生态网络这一广域视角开展保护与修复工作。结合自然地理资源、景观资源以及重要的公共基础设施,构建市域绿地网络系统,并与相邻城镇对接,保证区域绿地系统的完整性(图 5-3)。

5.3.4 保护与修复策略

乡村生态环境的保护与修复策略,可以分为农田面源污染防控、水环境综合治理、水土流失防治、矿山生态修复、石漠化治理、生物多样性保护、绿色基础设施建设 7 个方面。

(1)农田面源污染防控　按照“源头控制、过程阻控、受体保护”思路,将治水与治地联动起来布局面源污染防治措施,整体防止面源污染的扩散。农田面源污染源头控制主要包括化肥减量化、节水灌溉、农作物秸秆利用、农药减量化与残留控制、畜禽粪污循环利用等措施;污染过程阻断主要包括设置生态田埂、生态植被缓冲带等措施;受体保护则通过建设生态坡(植物型护坡、生态石笼护坡、植被型生态混凝土护坡、生态袋护坡、多孔结构护坡、原位土固化型生态护坡等),保护污染收纳水体。

(2)水环境综合治理　采取减少污染物进入水体、利用工程措施恢复水体生态系统等方法解决水体富营养化、黑臭水体、水体污染、生物多样性差等问题。通过水陆统筹,分类、分区、分期治理,以水环境容量为本,改善水力条件、截污优先,将污染源治理(包括点源污染控制、农业面源污染控制、内源污染治理、生态修复技术、水动力改善及水力调控、坡岸生态化改造、构建自然型生态缓冲带等措施)和生态修复相结合。

(3)水土流失防治　以水体流域为单元,采取“坡上、坡中、坡下”分区布设措施:坡上以“生态修复”为主、坡中以“综合治理”为主、坡下以“生态保护”为主;针对坡度大于 25°或近远期人类生产、生活活动较少的山林地,进行封育保护,设置封禁标牌和拦护设施;在土层较厚、土质较好、便于经营管理的坡耕地、经济林地或已破损的梯田区域,进行坡改梯;对于水土流失严重的坡耕地、经济林地等区域,按“高水高排、低水低排、以排为主、排蓄结合”的原则,布设截水沟、排水沟、沉沙池、蓄水池等坡面排蓄工程措施;对水土流失严重的经济林地,结合工程措施和植物措施进行治理;在大面积裸露的荒山、荒坡、火烧迹地、采矿迹地等区域,采取乔—灌—草结合方式恢复植被;河(库)滨带宜种植适生植物,形成植被缓冲带固土护坡;护岸工程按照“防冲不防淹”的原则布设,断面结构设计按照堤防工程相关要求执行,布设在河(沟)道有岸坡

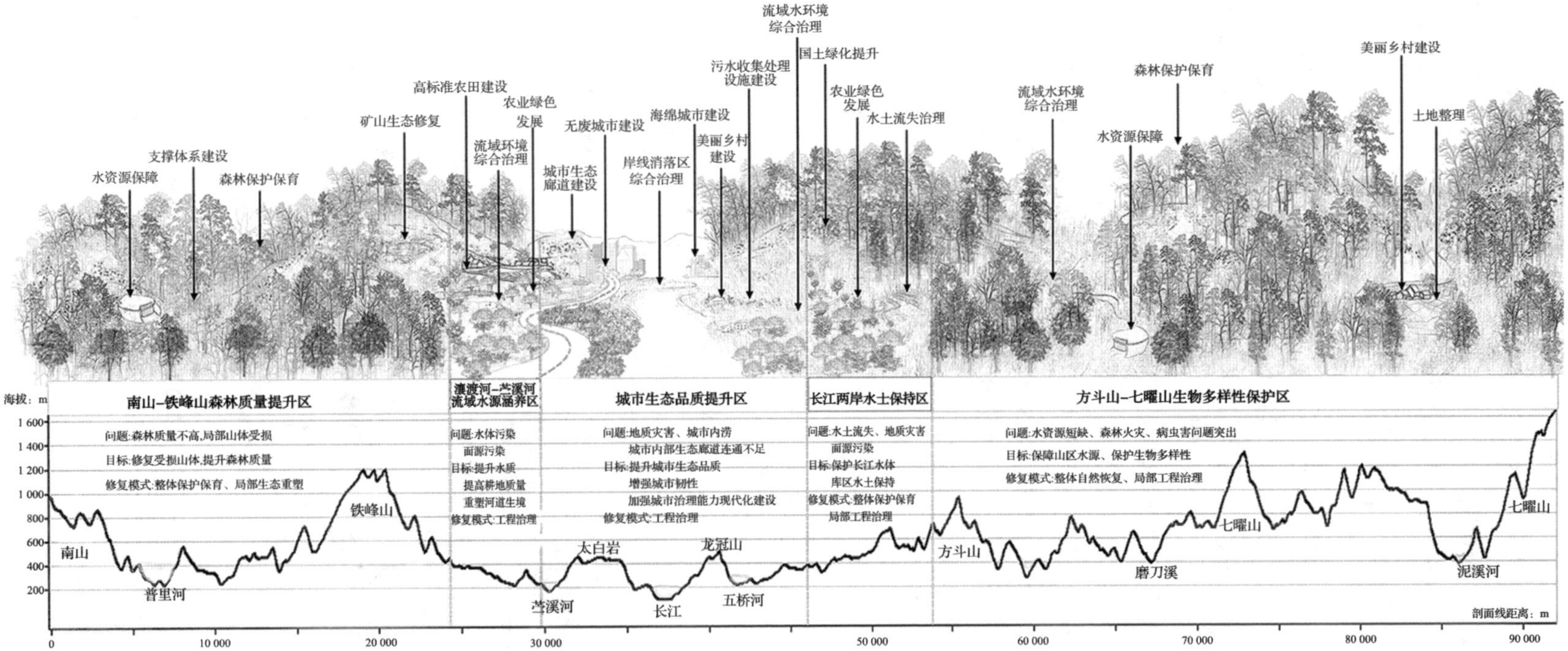

图 5-3　重庆市万州区生态保护与修复分区图示

(引自:重庆市规划和自然资源局,2021)

冲刷、坍塌，并影响农业生产安全的区段。在满足防洪、稳定、结构安全的前提下，结合水文、地形、地貌、地质、河床形态、建筑材料、施工条件等因素，选用植物、松木桩、卵石、块石、生态混凝土预制构件、格宾、混凝土生态砌块等生态护岸材料；在上游有大面积裸露山体或植被破坏严重的河（沟）道内，宜根据河（沟）道走势及两岸地形逐级布设拦沙堰。堰址选择应满足河槽纵向连续性需要，与周围农田、道路、护岸、灌溉渠道等衔接，并与当地生产生活用水、生态旅游、新农村建设相结合。

（4）矿山生态修复　充分征求土地权益人意愿，结合矿山未来用地规划、开发利用方式和土地用途等综合确定。位于国土空间规划农业空间区域内的矿山，修复利用方向应优先考虑恢复农业生产功能，宜耕则耕、宜园则园、宜水则水；位于国土空间规划生态空间区域内的矿山，应优先考虑恢复生态系统功能，宜林则林、宜草则草。

（5）石漠化治理　遵循“水土保持，因地制宜”的原则，坚持以水土流失综合治理为核心，以提高水土资源的永续利用为目的，结合退耕还林、防护林种植、水土保持、人畜饮水、耕地建设等生态工程，开展综合防治。综合治理适用于石漠化较严重，坡度较大的石漠化区域；“石转沙，沙转土”技术则适用于石漠化程度为轻、中度，坡度在25°以下的石漠化区域。

（6）生物多样性保护与恢复　根据问题诊断与保护恢复目标，采取保护保育、自然恢复、辅助再生或生态重建4种技术模式（图5-4）。

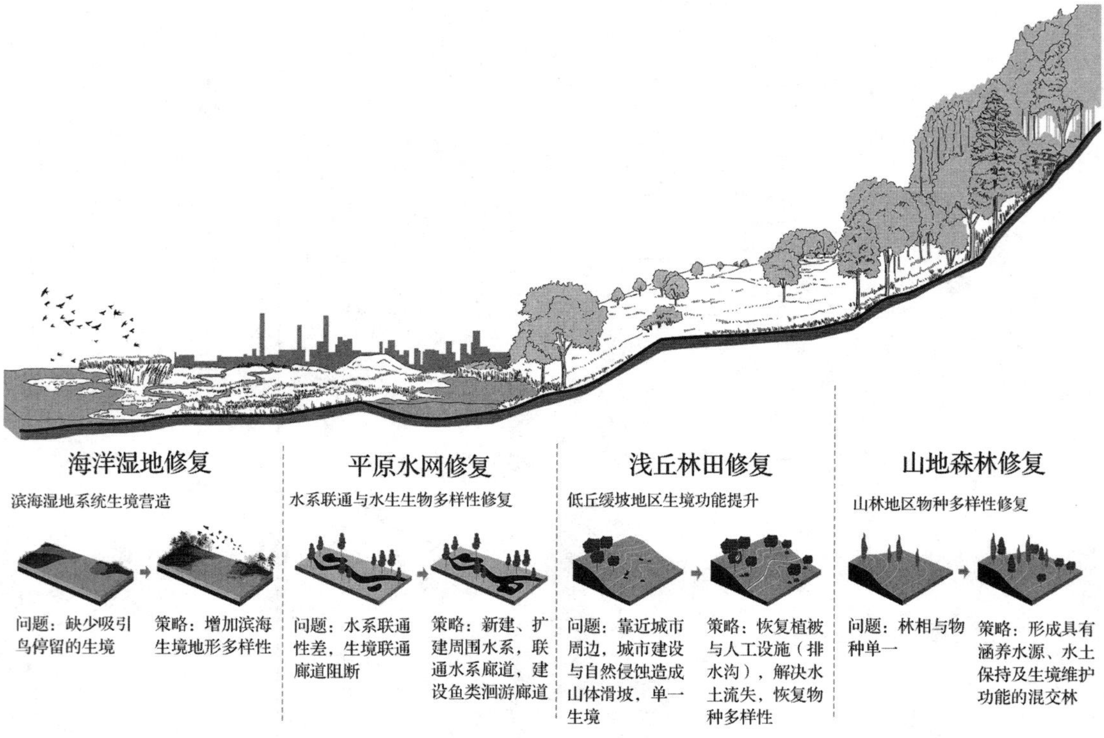

图5-4　不同生态环境问题与修复路径

（改自广州市规划和自然资源局（广州市海洋局）《“百县千镇万村高质量发展工程”技术指引之四——全域土地综合整治指引》，2024）

①保护保育。对于代表性自然生态系统及珍稀濒危野生动植物物种及其栖息地，应采取建立自然保护地、去除胁迫因素、建设生态廊道、就地和迁地保护、繁育珍稀濒危生物物种等途径，保护生态系统的完整性，提高生态系统质量，保护生物多样性，维护原住民的文化与传统生活习惯。②自然恢复。对于轻度受损、恢复力强的生态系统，主要采取切断污染源、禁止不当放牧和过度猎捕、封山育林、保证生态流量等消除胁迫因子的方式，加强保护措施，促进生态系统的自然恢复。③辅助再生。对于中度受损的生态系统，结合自然恢复，在消除胁迫因子的基础上，采取改善物理环境、参照本地生态系统引入适宜物种、移除导致生态系统退化的物种等中小强度的人工辅助措施，引导和促进生态系统逐步恢复。④生态重建。对于严重受损的生态系统，要在消除胁迫因子的基础上，围绕地貌重塑、生境重构、恢复植被和动物区系、生物多样性重组等方面开展生态重建。生境重构需要消除植被(动物)生长的限制性因子；植被重建需要构建适宜的先锋植物群落，在此基础上不断优化群落结构，促进植物群落正向演替进程；生物多样性重组需要引进关键动物及微生物，实现生态系统完整的食物网构建。

(7)绿色基础设施建设　绿色基础设施主要包括生态缓冲带、生态道路、生态沟渠、生态河溪 4 类。生态缓冲带建设应与其他半自然生境整合，形成缓冲带系统，提升景观连通性的同时，从整体上优化布局。植物的选择和搭配应因地制宜，采用“乔—灌—草”模式，适度利用自然生长杂草，并利用多年生开花植物和连续开花植物组合提供持续的花粉蜜源，实现缓冲带的多功能性。

生态道路建设应调查分析现有公路、干道、支道、田间道、生产路等各级道路的密度、空间结构和未来需求，合理确定新建道路的位置、建设等级和硬化方式，根据道路类型选择合适的路面。道路绿化遵循“先保护乡土古树名木、后绿化”的原则，兼顾树种多样、乡土为主、色彩丰富，合理搭配乔灌草，形成道路植被缓冲带。通过修建生态绿桥、道路涵洞等工程连接生境，促进两侧生物交流，维持生物活动范围，减少因修建公路造成的生境破碎化。停车场位置可自上而下设置乔木庇荫层、灌木隔离层、草本绿化层，地面铺置透水性良好的草坪格，适当种植植物。道侧绿地覆盖层采用草皮为主，用于保持土壤湿度，避免因土壤板结而造成土壤渗透性能下降，同时利于雨水下渗。

生态沟渠在设计时应尊重原有自然环境，保障田间生物自由通行不受阻碍，设置栖息避难及多孔质空间，营造多样化水流环境。生态沟渠的线路布设宜随弯就弯，避免裁弯取直，减少水流直接冲刷，增加水流与水生植被的停留接触时间，最大限度发挥植被的净化能力。生态沟渠的结构设计应在装配式、模块化的结构基础上，增设逃生步梯、保育池等结构。沟壁可采用缓坡、混凝土与块石结合等方式，沟底可种植能拦截农田径流污染物，以及吸收径流水、渗漏水中氮磷养分的植物。

生态河溪建设主要涉及水体驳岸的处理。水体驳岸由水体常水位至驳岸 60 m 可分为三级进行治理：水体常水位至驳岸 10 m 以内以湿生植物为主，种植具有净化水体功能的水生植物；驳岸 10～30 m 内以小乔木和灌木为主；30 m 以外以高大乔木和草本为主。生态湿地建设需维护自然水流，维持排水的自然模式，从边缘土堰到水体间宜构建连续缓坡，土堰宜采用土桩、树枝栅、沙袋、石块等天然材料，结合植物缓冲区开展水体修复。

5.4 乡村生态环境利用与景观营建

乡村生态环境利用与景观营建应当基于绿色发展理念和乡村振兴战略，统筹农业环境、人居环境和生态环境，尊重既有的山、水、林、田、湖、草等自然景观格局以及农业生产的自然肌理，强化对山体、林地、水域、田园的保护，保持自然的大地田园景观，突出村庄的原生态之美。实践中，应以乡村生态环境保护为前提，以资源的合理、高效利用为出发点，优化乡村“三生”空间格局，为乡村生产、生活等各项活动的开展提供决策依据。

5.4.1 乡村生态环境利用与景观营建规划策略

1. 生活空间

生活空间应满足现代乡村生活与休闲的需要，加强路、河、沟、渠两侧的景观整治，有条件地设置一定宽度的绿化休闲带；突出村庄入口、街巷交叉口和重点地段的景观特征，尽可能恢复村庄的良好生态环境。

2. 生产空间

生产空间的规划营建策略还是以体现农业生产景象为主，如农田景观、园地景观、庭院景观、农林复合景观，以及以农业为基础的休闲农业与乡村旅游景观、农业园区景观等。从景观生态学的角度来看，生产空间可根据作物类型、种植规模、分布格局，视为一种或数种斑块，突出整体风貌和作物生长的分季节景观，使乡村生产空间兼具生态价值与美学价值。

3. 生态空间

生态空间包括斑块景观和廊道景观。斑块景观主要有自然水塘或湖泊、河滩湿地、山地等，廊道景观主要指具有通道或屏障作用的线状或带状镶嵌体。其中，自然廊道多是乡村生态景观系统中物质、能量和信息渗透、扩散的通道，是促进生态景观相互融合、丰富生物多样性的重要因素；而人工廊道则以通道或屏障作用为主。

(1)斑块的保护、利用与景观营建　乡村地区自然斑块的类型主要有：洼地积水形成的水生(湿生)植物斑块、水塘或湖泊、河滩湿地、林地斑块、山地林地、自然保护地等。

其中，水生(湿生)植物斑块是汇集来自降雨、农田灌溉、地下水外渗、溪流等多种补给水而形成的水层较浅和水面开阔的湿地区域。此类斑块在乡村生态景观格局中不仅呈现出景观多样化、物种多样性的特点，也是生物避难的主要场所，还是稳定农田生态系统的重要因素。

水塘或湖泊主要包括自然水塘、人工水塘、水库和湖泊，是以水体、水生动植物、湿生植物等为核心的生态环境系统，不仅能够有效调节乡村小气候，还可以通过蓄水调节实现农业生产对灌溉水需求的时间差异，从而保障农田生态系统生产的稳定性和乡村抵御自然灾害的能力。

河滩湿地的范围随河流的季节性、年际变化而变化。受季节性水体影响较小的河滩地通常具有比较稳定的生态条件，从而能够形成河滩林地生态系统，成为乡村重要的景观生态斑块。河滩林地可以在平水年对河道起到保护作用，但在洪水年也会对河道行洪造成一定的阻碍。

乡村山地林地和自然保护地是依托大型自然斑块而形成的兼具自然生态功能与文化脉络

的斑块，可以揭示不同历史时期人们对利用与改造自然的理解。

斑块的保护、利用与营建应注意以下事项：保护大型自然斑块的完整性，严格限制乡村土地拓展对自然斑块的蚕食和沿沟谷形成的溯源侵蚀；保护自然斑块物种和生境的原生性，严格限制大型自然斑块的农业化和自然植物的人工化导致植物生境特征发生改变；依照农田景观与自然景观的相互作用规律，规划大型自然斑块与农田景观相互作用的过渡地带；大型自然斑块的规划要严格限制道路建设造成的破坏，以保护自然斑块的完整性格局为导向；严格限制大型自然斑块内部的人类活动，对因历史形成的居住、农业生产、采石、开矿、工厂建设等进行有效清退。

(2)廊道的保护、利用与景观营建　廊道是乡村景观生态格局中比例较小但极为重要的生态通道，其主要类型包括河流溪流、大型林带、公路网络、高压通道、农田防护林带等。

自然形成的廊道中，河流和溪流是最主要的形式，包括季节性河流，常年径流量河流和改道废弃河流等，主要承担乡村水源、泄洪通道、排放通道、游憩休闲通道等功能，深刻影响着乡村的生产生活。大型林带有人工林带和自然林带两种。其中，人工林带主要是基于特定功能的人工建设，如基于洪水防护或风沙防护的林带；自然林带主要是自然河流、溪流、断裂带或低地沿线出现的林带。

人工建设的廊道中，各级公路、铁路在产生了要素隔离的同时，沿线林地也形成了较为完整的廊道。高压通道是对乡村生产生活影响较大的廊道类型，高压通道两侧各 50 m 的空间范围内，生产生活受到严格的限制。农田防护林带将农田分割成大小相近、形态规则的农田斑块，对作物起到防护作用的同时，林带相互连接所形成的林带网络，若具有一定的宽度，也具有良好的生态通道作用。

廊道的保护、利用与营建还应注重以下事项：保护廊道的完整性和连通性，在规划中保持廊道的宽度，自然廊道还应尽可能保护其自然性和原生性；建设灵活适度、顺应自然、功能多元、舒适宜游的乡村绿道体系(田边、河边、湖边、园边、林边)，串联乡村公共空间、历史古迹、农业基地等，成为具有景观游憩功能的线性开敞空间；廊道需要担负起自然与乡村相互连接的桥梁，保障乡村区域景观格局中生物的完整性；河流廊道的规划设计既要注重其防灾功能，又要发挥其生态功能与安全功能；充分利用廊道的延伸性，将沿线分散的斑块或小型廊道通过人工途径进行连接，将其生态作用沿纵深、横向两个维度扩散。

5.4.2　乡村生态环境利用与景观营建技术指引

(1)山景　须消除地灾隐患，清除危石，降坡缓坡，对需要保持原有风貌的边坡实施复绿；全方位污染防治，排查废渣、废气、废水等的排放情况；采用人工与自然相结合的生态修复方式，通过覆土种植、崖壁修整、石缝固土种植等方法恢复植被，逐步增加场地的植物群落、丰富景观层次。

(2)水景　护岸宜以自然生态化的景观处理方式为主，河道及水面应尽量采用自然生态驳岸，个别冲刷严重的水岸可采取少量的砌筑护坡，并做景观处理；自然式驳岸宜采用格宾网、木桩、卵石、植物群落组合造景；岸边可种植喜水特性的植物，通过发达的根系来稳固堤岸。水面宜种植多种挺水、浮水及沉水植物；可采用生态清淤、水生植物净化等方式提升水质、改善环境；不得进行填塘、改渠、大量硬化护岸等破坏乡村风貌和自然生态的行为(图 5-5)。

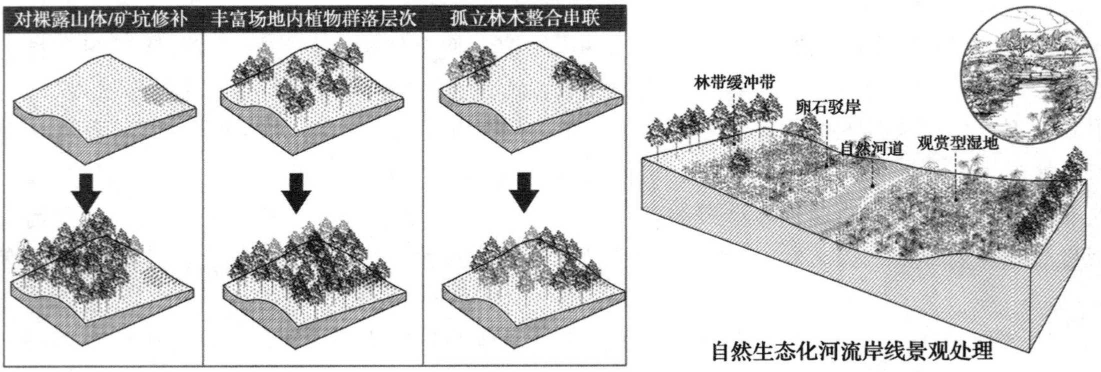

图 5-5 山景与水景景观营建引导

（改自重庆市规划和自然资源局，2021）

（3）林景 引导林地布局，丰富林地景观和功能，以“添绿、优绿、多样”为核心，打造点、线、面相结合的林地网络；按照“乡土树种为主、外来树种为辅”的原则，推广有价值、有特色的乡土林种。林水相依，结合岸坡稳定、生态修复和自然景观要求，构建河流、湖岸林带；预留林带内的亲水设施空间，营造“近水见水”的景观氛围，保障临水一侧的开敞性和景观走廊的通透性。林田交织，在不适于规模化耕作的山顶、水边、路边宜种植带状色叶乔木形成林网；乔木选择应尽量减少对农田的遮阴，不得破坏农田生产的公用设施，并满足农业生产大型机械作业的要求。镇村绿链，绿化和美化主要路段风景林、宅前屋后花果林、村旁防护林、村中休憩林，营造居民能接触到绿、享受到荫、观赏到景的舒适环境。成片植林，保护古树名木、现有高大乔木和自然植物群落，在重要的山体观赏面、生态廊道、减量化区域优先成规模地种植色叶乔木、花灌木，提升林地景观环境品质与风貌，以自然养护为主，不宜采用人工草坪、灌木修剪等城市园艺手法，着重打造“看得见、进得去”的开放式林地景观。完善林地综合功能，采用低碳技术措施建设生态步道、休闲运动设施，结合树林、果林、竹林等林地发展林下经济、森林旅游、森林康养、自然教育等，发挥林地的休闲游憩功能（图 5-6）。

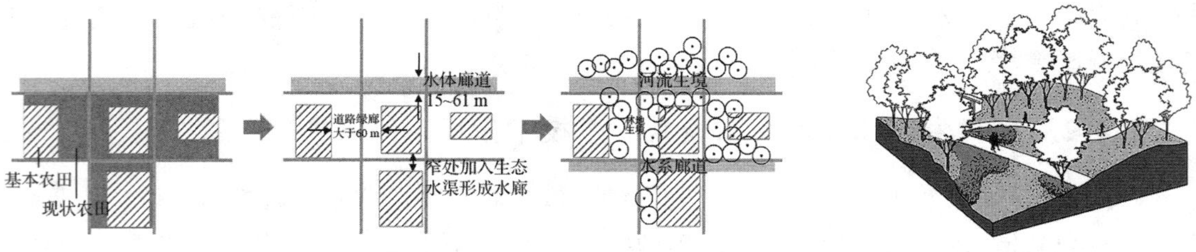

林水相依、农田林网建设模式图　　开放式林地景观模式图

图 5-6 林景景观营建引导

（改自重庆市规划和自然资源局，2021）

（4）田景 对单一农田采用肥沃有机土壤改良提升耕地地力和土壤生态环境的措施；在适宜的田边、路边建设生态型沟渠，改善农田湿地生态系统的生物多样性；科学轮作打造色彩丰富的农田大地景观，经过多年自然演替实现田林交织、田林共生；采用生态友好的田埂路、栈道、艺术装置等方式丰富农田的观赏效应，展现“风景中的耕作”，实现生产与艺术的融合（图 5-7）。

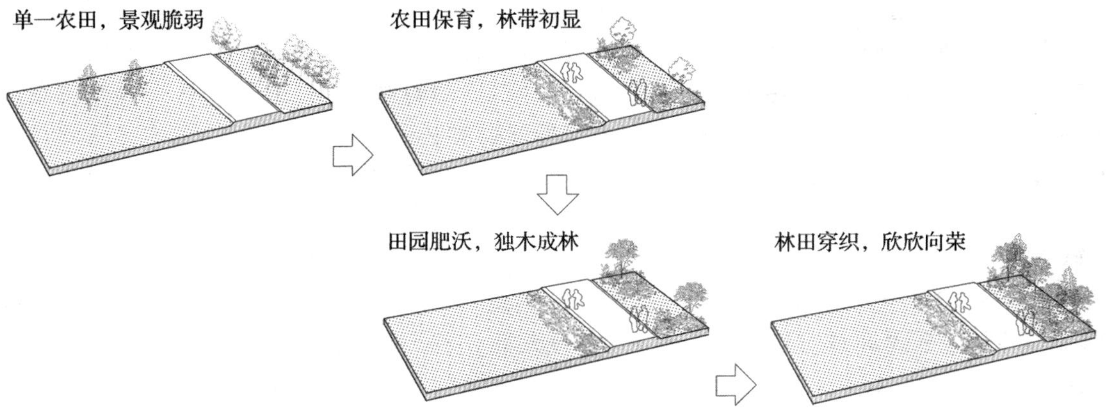

图 5-7　田景景观营建引导

（改自重庆市规划和自然资源局，2021）

（5）湖景　营造水陆交错、野趣盎然的韧性绿洲。宜在现状湖岸线和水中广植低维护的水生、湿生植被，种植高大乔木林带使视线通透；鼓励设立湿地岛屿、密植耐水湿乔木，以净化水质；可利用道路与湖面高差设计多级梯田，轮作丰产的作物和花卉，如春季的油菜花、夏季的向日葵、秋季的粉黛乱子草等；宜采用渗透性好的碎石路面或悬空的木栈道系统，连接乡村道路并穿越于湿地、树丛和梯田之中，提供浸入式体验；可设置木平台、风雨亭等亲水设施于湿地岸线边（图 5-8）。

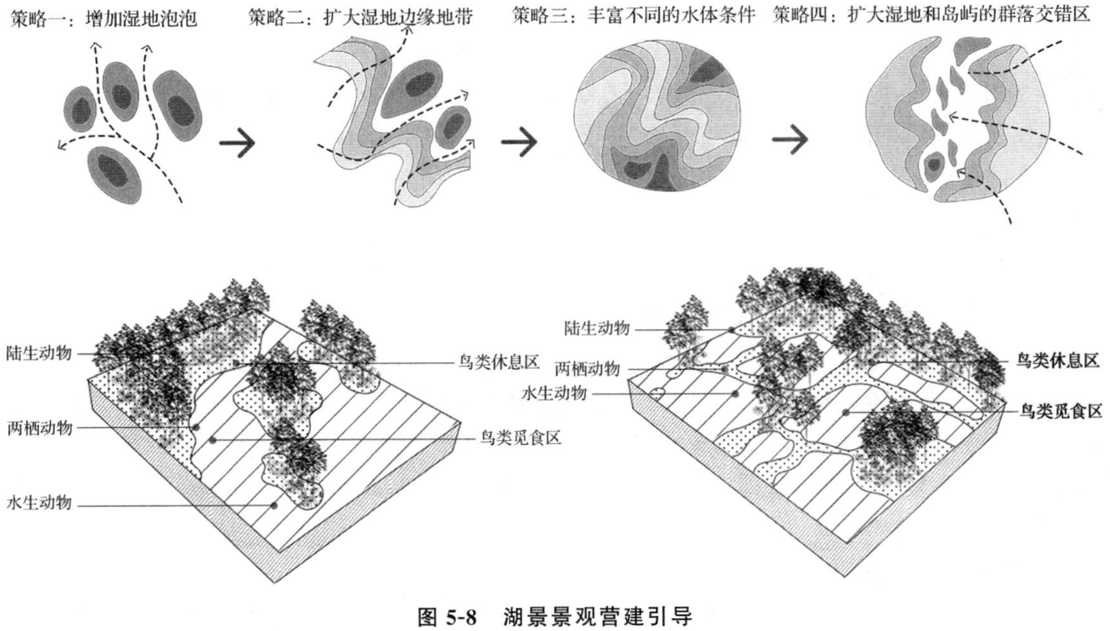

图 5-8　湖景景观营建引导

（改自重庆市规划和自然资源局，2021）

（6）草景　①林下种草。即在新造林、未成林、经济林、通道防护林等林下间隙，选择种植多年生浅根型草种，利用其良好的固氮优势、水保作用、牛羊适口性良好等特性，改善林地土壤环境并提供充足的水分。②荒山荒滩种草。即按照“宜林则林、宜草则草”的原则，在荒山、荒沟、荒丘、荒石等生态脆弱区，选择本地抗旱、抗寒、耐践踏、水保作用显著的草种进行大面积种植，有效改善土壤环境，促进生态环境不断趋好；荒滩等水土流失明显的地段，应选择种植喜湿且根系发达的草种。③退耕还草。对 25°以上的陡坡耕地、陡坡梯田和撂荒弃耕地实施有序退耕还草；对因实施脱贫攻坚移民搬迁等国家政策造成的村落范围内的闲置地块及未利用地，则应当种草复绿，有序激活生态效益。④草种补播组合。宜采用深根型与浅根型草种组合，豆科与禾本科草种组合，耐旱品种与喜湿品种组合，一年生与多年生草种组合，形成四季色彩变化的草甸景观。

小结

生态环境是乡村存在的基础与乡土文化的载体。乡村生态环境的分析主要包含三种思路：基于乡村资源与环境可持续发展的资源环境承载力和开发适宜性分析，基于保障村民生存与发展的生态系统服务价值分析，以及基于乡村景观空间配置的乡村景观格局分析。在乡村规划中，需要综合利用三种生态环境分析方法，确定乡村生态系统的保护和修复内容，制定保护和修复策略，并实现健康的生态环境利用与景观系统营建。

思考题

1. 常用的乡村生态环境分析与评价方法有哪些？
2. 简述国土空间生态修复专项规划的概念、目标与层级。
3. 简述乡村生态环境保护与修复的目标、原则与内容。
4. 简述乡村生态环境利用与景观营造的内容与策略。

参考文献

重庆市规划和自然资源局. 万州区国土空间生态保护修复规划(2021—2035)[R]，2021.

重庆市规划和自然资源局. 重庆市全域土地综合整治项目规划设计导则(试行)YGZB08—2022.[S]. 2022.

重庆市规划和自然资源局. 重庆市乡村规划设计导则 YGZB01—2021.[S]. 2021.

丁彬，李学明，孙学辉，等. 经济发展模式对乡村生态系统服务价值保育和利用的影响——以鲁中山区三个村庄为例[J]. 生态学报，2016，36(10)：1-11.

广州市规划和自然资源局(广州市海洋局). "百县千镇万村高质量发展工程"技术指引之四——全域土地综合整治指引[R]. 2024. 金晓斌，罗秀丽，周寅康. 试论全域土地综合整治的基本逻辑、关键问题和主要关系[J]. 中国土地科学，2022，36(11)：1-12.

刘黎明. 乡村景观规划[M]. 2 版. 北京：中国农业大学出版社，2022.

刘新卫，黎明，吴悠，等. 国土空间生态修复规划：内涵体系、编制逻辑与实施路径[J]. 中国土地科学，2023，37(3)：11-19.

杨忍，刘芮彤. 农村全域土地综合整治与国土空间生态修复：衔接与融合[J]. 现代城市研究，2021(3)：23-32.

宇振荣，郑渝，张晓彤，等. 乡村生态景观建设理论和方法[M]. 北京：中国农业大学出版社，2022.

朱志兵，刘奇志，徐放，等. 市级国土空间生态修复规划编制体系构建与传导机制探索——以武汉市为例[J]. 城市规划学刊，2023(5)：62-70.

Jodi Hilty, Graeme L. Worboys, Annika Keeley, et al. 通过生态网络和生态廊道保护连通性

的指南[M]. 武建勇，叶鹏程，王爱华等，译. 北京：中国环境出版集团，2020.
Chiarucci A, Bacaro G, Scheiner S M. Old and new challenges in using species diversity for assessing biodiversity[J]. Philosophical Transactions of The Royal Society, Party B, 2011, 366: 2426-2437.

第6章　乡村公共基础设施规划

本章简介：本章主要介绍了乡村地区由政府修建并负责维护、管理，供乡村民众使用的公共基础设施的规划内容和技术标准。其中，乡村基础设施是指为保障乡村生产、生活而提供的各项工程设施，主要包括道路、供水、排水、能源、信息等内容；乡村公共服务设施是指为乡村社会公众提供非营利的公共服务产品的设施，主要包括行政管理、教育、医疗、文体、养老、集贸市场等内容；农村人居环境设施是指与乡村生产、生活、生态相关的环境类设施，主要用于满足污水处理、垃圾收集、公共卫生等环境治理要求，以及景观风貌、文化保护等方面的需求。

通过对本章内容的学习，了解乡村地区公共基础设施配置的目的和内容，掌握规划布局的原则和方法，以及开展农村人居环境整治的手段和方式。

6.1　乡村基础设施规划

6.1.1　发展现状与规划原则

乡村基础设施是指为发展乡村生产和保证农民生活而提供的各项物质工程设施的总称，是乡村经济社会发展的基础，一般包括道路、给水、排水、电力、电信、燃气、防灾等内容（农田水利、防灾减灾设施已在其他章节讲解，本章不再赘述）。

进入21世纪后，我国乡村基础设施建设取得了突破性进展。截至2023年，通硬化路的行政村数量占比达到99.7%，实现入户道路硬化的农户数量占比达到92.9%；供水保障能力持续提升，各地加大城乡供水一体化和规模化供水工程建设力度，实现了93.7%的行政村通自来水；电力保障能力巩固提升，全国乡村平均供电可靠率超99.8%，97.4%的行政村通生产用电；数字基础设施建设加快推进，全国行政村通宽带比例达到100%，基本实现城乡“同网同速”。

不过，与城市相比，乡村基础设施发展仍然存在不小的差距，供给不足已成为城乡发展不平衡、乡村发展不充分的直观体现。以道路交通为例，尽管“两通”目标，即具备条件的乡镇、建制村“通硬化路”和“通客车服务”基本实现，道路宽度和质量也有了较大提升，但自然村内部的道路硬化和路网建设以及交通道路养护运营的制度设定与实施仍不完善，“重建轻养”问题依然存在；乡村饮水安全、电网改造、网络通信普及率等方面，也存在着一些亟待解决的短板弱项。

乡村基础设施具有网络化、系统化的特点，其规划遵循如下原则。

(1)以城带乡、共建共享　以县域为基本单元，统筹配置乡村基础设施，发挥城市、县城、小城镇对乡村的辐射作用，积极推进村庄之间基础设施的共建共享，避免重复建设造成浪费。

(2)需求导向、适当前瞻　乡村基础设施规划应当重点关注目前亟待解决的问题，充分尊重村民意愿，并发挥村民的主体作用。同时要有一定的前瞻性，根据乡村资源环境条件和区域比较优势，充分评估基础设施的需求与潜力，以基础设施建设引领乡村的社会经济发展。

(3)因地制宜、集约节约　根据地方实际情况，兼顾经济合理性和规模适宜度，采用合适的实用技术、建设方式和运营模式，科学、合理地指导乡村基础设施的规划建设。落实“节水、节地、节能、节材”方针，充分立足现有设施进行改造升级，防止大拆大建造成浪费。

(4)建管并重、注重长效　乡村基础设施建设不能一味地以新建、增建为主要方向，而是应当在系统思维下协调好新增建设与存量提升的关系，尤其需要关注既有设施的后期运维和服务质量。避免盲目、大量地一次性建设，造成后期维护费用过高、难以正常运营，导致公共资源浪费的情况发生。

6.1.2　规划内容与技术标准

1. 乡村道路系统规划

乡村道路系统是建立城乡之间以及乡村地域之间交通联系，由乡村地域内不同功能、不同等级的道路所组成的整体。与城市相比，乡村的居住密度较低，出行距离较远，道路交通系统在生产生活中占据重要地位。

乡村道路系统规划包括道路现状调查、道路走向与技术等级确定、现场选线、详细设计等内容。乡村道路系统规划应结合地形和村庄空间格局，采用适合村庄环境景观特征与人文环境需求的布局方式，并满足村民的生产、生活需要。

从功能视角来看，乡村道路系统可以分为乡村公路、田间道路、村庄道路三个类别。其中，乡村公路是我国公路网的重要组成部分，包括县道、乡道和村道三个层级；田间道路是为满足农田作业、农业物资运输等农业生产活动所修建的交通设施，同时起到联系乡村居民点与农业生产区的作用；村庄道路可以对外联系居民点、对内联结村庄设施，起到组织村庄各类功能用地的“骨架”作用。三类乡村道路的规划要求如下。

(1)乡村公路　应根据所在地区公路网规划及经济发展状况，按照使用功能和远景交通量来综合确定公路等级。乡村公路一般采用二级、三级和四级 3 个技术等级。其中，县城通达镇乡公路采用二级或三级公路，镇乡之间的连接公路采用三级或三级以上公路，镇乡通达行政村和行政村之间的公路采用四级或四级以上公路。通村公路中的特殊困难路段和交通量较小的路段可适当降低技术标准，重点实施路面工程、排水、桥涵、挡防和必要的安保工程，保证车辆的顺利通行。乡村公路应依据《公路工程技术标准》(JTG B01—2014)、《小交通量农村公路工程技术标准》(JTG 2111—2019)的技术要求进行规划设计。

(2)田间道路　机耕路路面宽度宜为 2.5～3.5 m，路肩宽度宜为 25～40 cm；错车道的间距可结合地形、视距等条件确定；断头路应设置末端掉头场地，兼有交通功能的机耕路宜采用硬化路面；生产路路面宽度应为 2～2.5 m；其余梯、坎、径、埂等服务于村庄农户生活与农业生产的道路，可根据需要对路面进行防滑、透水、防尘、降尘处理。具体技术标准可参考《高标准农田建设通则》(GB/T 30600—2022)中的技术要求。

(3)村庄道路　依据《乡村道路工程技术规范》(GB/T 51224—2017),结合村庄道路在路网中的定位、交通功能及对沿线居民的服务功能,村庄道路可分为干路、支路、巷路3级。

其中,干路以机动车通行功能为主,兼有非机动车交通、人行功能;过境道路不应作为干路使用;规模较大村庄的干路宜采用单幅双车道形式,其他村庄可以以单幅单车道为主,少数村庄根据其特点和生产需求可采用双幅路;双车道宽度不应小于6 m,单车道宽度不宜小于3.5 m;当道路宽度小于4.5 m时,可结合地形分别在两侧间隔设置错车道,在有需求和符合安全条件的地段设置公交车站。

支路应以非机动车交通、人行功能为主,同时应起到集散交通的作用。道路宽度宜为3.5 m,同时应根据需求设置地下管线、垃圾回收站、错车道等。

巷路以步行功能为主,应便于与支路连接,紧急时可作为消防安全通道使用,宽度宜为1.0～2.0 m。

村庄道路路面材料需要综合考虑道路的等级、功能,以及经济性、乡土性、生态适应性。其中,干路承担的交通量和荷载较大,路面材料宜采用硬质材料,如沥青混凝土、水泥混凝土、块石等;支路承担的交通量较小,路面铺装可采用沥青混凝土、水泥混凝土、块石路面或者混凝土砖等硬化或半硬化材料;巷路承担的交通量最小且以人行为主,应优先考虑选用合适的天然材料,如卵石、石板、砂石路面等,以加强村庄道路的乡土性和生态性。

村庄停车场规划建设应结合当地的社会经济发展实际,按照方便、经济、安全、生态的原则,合理布局和确定规模。应按照集中与分散相结合的方式,充分利用房前屋后的空地、闲置地、晒场等现有资源,不得占用基本农田。鼓励私家农用车、小汽车结合宅院分散停放;宅院确无停放条件的,可在宽度满足要求的村内道路两侧适当考虑部分占道停车;有条件的村庄可结合活动广场、公共绿地等统筹设置小汽车停车场。有旅游等功能的村庄应主要考虑停车安全并避免对村民的干扰,结合旅游线路在村庄周边设置车辆集中停放场地。同时注意综合考虑停车的安全性和便利性,并可以与健身场所建设等相结合。停车场的建设应体现生态化、乡土化、景观化,杜绝过度硬化。在建设材质的选择上要坚持本土化,多选用当地的块石、卵石、砂石等透水性铺装,避免使用裸露土地或大面积的水泥浇筑地面,防止“水泥化、园林化”。

2.乡村供水系统规划

乡村供水系统主要为乡村居民提供高质量的生产生活用水,提高村民的生活水平,并为乡村经济发展创造必要条件。乡村地区用水一般包括4种类型:①综合生活用水,包括生活饮用水,洗衣、洗澡、冲洗厕所用水,以及公共建筑用水;②生产用水:村镇工业、农业用水;③消防用水:扑灭火灾用水;④清洁与绿化用水:浇洒道路、绿化植被等用水。当前,我国乡村饮水安全已得到基本保障,正稳步从饮水安全向供水保障转变,应进一步提升乡村饮水、供水标准,补齐乡村饮水工程水源、工程建设短板,推进城乡供水一体化,提升乡村供水管护水平,满足乡村振兴需要。

乡村供水系统规划包括用水量预测、水质标准、供水水源、输配水管网布置等内容。应在科学选定各项用水量标准的基础上,预测村镇用水总量;合理评估区域水资源的开发利用情况,做好乡村用水的供需平衡,符合可持续发展的要求;选择合理的水源地,确定取水口位置、取水方式和卫生防护方案;合理布局水厂位置,确定水厂规模和水质处理工艺;合理布置输配水干管和主要供水设施。

乡村地区综合用水指标可根据《村镇供水工程设计规范》(S 310—2019)、《生活饮用水卫生标准》(GB 5749—2022)等确定。乡村供水水质应符合《生活饮用水卫生标准》(GB 5749—2022)的规定，并做好水源地卫生防护、水质检验及供水设施的日常维护工作。选择地下水作为给水水源时，不得超量开采；选择地表水作为给水水源时，其枯水期的保证率不得低于 90%。

应建立水源保护区，保护区内严禁一切有碍水源水质的行为和建设任何可能危害水源水质的设施，现有水源保护区内所有污染源应进行清理整治；加强对分散式水源(水井等)的卫生防护，水源周围 30 m 范围内不得有污染源。在保证水量的情况下，可充分利用水塘等自然水体作为消防用水，或设置消防水池安排消防用水。

乡村地区给水方式分为集中式和分散式两类。靠近城市、县城或集镇的聚居点，优先选择城市、县城或集镇的配水管网延伸供水；距离城市、集镇较远的聚居点，优先选择联村、联片供水或单村供水；无条件建设集中式给水工程，可选择手动泵、引泉池或雨水收集等单户或联户分散式给水方式。

现有供水不畅的输配水管道应进行疏通或更新，供水管道在户外必须埋入地下，管顶埋设深度 0.5～0.7 m；穿越道路、农田或沿道路铺设时，供水管道埋深不得小于 1.0 m。供水管道与排污管、渠不应布置在一起，如有交叉，供水管道要布置在排污管、渠之上。供水管道宜沿现有道路或规划道路敷设，尽量缩短线路长度，避免急转弯、较大的起伏和穿越不良地质地段，减少穿越铁路、公路、河流等障碍物。

3. 乡村排水系统规划

乡村排水系统主要收集、输送、处理和利用各种废水，保障居民的健康和正常生活，保护环境免受污染。一般来说，排水系统通常由排水管网、污水处理设施、出水口等几部分组成。根据乡村排水的来源和性质，可分为生活污水和降水两类。其中，生活污水为居民日常生活中使用过的水，水中含有大量有机物和细菌，必须经过处理后再排放；降水主要包括雨水、雪水，可直接排放。

乡村排水系统规划包括确定排水体制、排水量预测、排水系统布置、污水处理方式等内容，按照以下步骤开展工作。第一步，合理估算包括生活污水量、生产污水量和雨水量在内的乡村总排水量，污水量可按用水量的 75%～90%进行计算，雨水量可参考附近城镇的暴雨强度公式计算。第二步，确定排水体制、排水范围和排水方向，排水体制一般包括分流制和合流制两种方式。当生活污水和雨水采用不同的排水灌渠系统来汇集和输送时称为分流制，分流制又分为完全分流制和不完全分流制，完全分流制分别设污水和雨水两个排水系统，不完全分流制只设污水系统，雨水沿地面或通过道路边沟或明渠排入天然水体。生活污水和雨水用一个排水灌渠来汇集和输送时称为合流制。排水体制应尽量选择雨污分流制，条件不具备的小型乡村居民点可选择合流制，但在污水排入系统前，应因地制宜地采用化粪池、生活污水净化池、沼气池、生化池等污水处理设施进行预处理。第三步，确定排放标准、处理方法以及污水处理设施规模、雨水排放与收集设施规模。第四步，布置污水和雨水管网，规划各类排水管线、沟渠走向，计算雨水管渠、污水管道的管径或断面尺寸，确定排水管道的敷设方式、埋深及管材。

乡村生产、生活污水宜经集中处理后排放，从而减轻水环境污染。有条件的居民点，污水集中处理应达到《城镇污水处理厂污染物排放标准》(GB 18918—2002)三级标准；污水处理后用于农田灌溉时，应符合农田灌溉水质标准的有关规定。距离城镇较近的居民点，宜充分依托城镇污水处理系统进行集中处理；位于城镇污水处理厂服务范围外的居民点，可采用沼气池、生化池、双层沉淀池或化粪池等进行处理(净化率应不小于50%),再利用人工湿地、生物滤池等对污水进行后续深度处理达标后排放。污水处理设施的位置应选在村镇河流的下游和主导风向的下风位处,并靠近受纳水体和农田灌溉区,经过处理后的污水可便捷地排入水体。污水处理厂或集中污水处理设施要与村镇居民有一段防护距离,以减小对居民点的污染。

排水管渠布置一般遵循以下原则:应以重力流为主,宜顺坡敷设,不设或少设排水泵站;排水干管应布置在排水区域内地势较低或便于雨污水汇集的地带;排水管道宜沿规划道路敷设,并与道路中心线平行;截流式合流制的截流干管宜沿受纳水体岸边布置;布置排水管渠时,雨水应充分利用地面径流和沟渠排出,污水应通过管道或暗渠排放;位于山边的居民点应沿山边规划截洪沟或截流沟,收集和引导山区洪水排放。

雨水排放一般遵循以下原则:根据当地条件,采用明沟或暗渠的收集方式;应充分利用地形,及时就近排入池塘、河流或湖泊等水体;雨水排水沟渠的纵坡不应小于0.3%,雨水沟渠的宽度及深度应根据各地降水量确定,沟渠底部宽度不宜小于150 mm,深度不宜小于120 mm;雨水排水沟渠砌筑可选用混凝土或砖石、条石等地方材料。

4. 乡村能源系统规划

传统的乡村能源供应以电力、燃气、散煤、薪柴等为主,用于生产、照明、炊事和采暖等方面。其中,乡村电网为工农业生产提供动力,是村民生活的重要能源;燃气作为一种清洁、优质、使用方便的能源,在技术和经济条件允许的乡村地区得到了越来越广泛的应用;散煤、薪柴主要用于炊事和取暖,但容易带来比较严重的环境污染和高碳排问题。未来,随着绿色、多元的乡村能源体系逐步完善,风电、太阳能、生物质能、地热能等的比重将会持续提升。

乡村供电工程规划包括预测供电负荷、确定电源和电压等级、布置供电线路、配置供电设施等步骤。电力设施的布局应充分考虑运行噪声、电磁波对村民生活的干扰和影响。供电变压器的选择,应根据服务范围内的生活用电、生产设施用电和农业用电负荷确定,其中,人均生活用电量指标按250~1000 kW·h/(人·年)计算,农业用电负荷可按每亩用电负荷计算。电力走廊不应穿过住宅、危险品仓库等地段,并避开易受洪水淹没、河岸塌陷、滑坡的地区,且应减少交叉、跨越,避免对弱电的干扰,10 kV电力线杆设置间距宜为50~100 m;村庄供电线路宜沿公路、村庄主要道路布置,因地制宜架空或地下埋设;架空线路布置有序,无私拉乱接现象、无安全隐患, 0.38 kV电力线杆设置间距宜为40~60 m。变电站或开闭所出线宜将工业线路和农业线路分开设置。

乡村生活用能应密切结合居民点规模、生活水平和发展条件,因地制宜、统筹规划。坚持能源多元化、集中与分散供给相结合、政府引导与本地建设相结合的原则。距气源近、用户集中的居民点应依托城镇供气,距气源较远的大、中型居民点的燃料可以罐装液化石油气为主,散居农户和偏远地区的居民点提倡使用沼气、太阳能等清洁能源。应逐步取代燃烧柴草与煤炭,减少对空气环境的污染和对生态资源的破坏。同时,加快推动乡村新能源利用,大力推广节能新技术,实行多种能源并举,积极推广使用沼气、太阳能和其他清洁型能源,构建节约型社会。

在确定燃料需求标准时,应结合当地经济和社会发展需要,村民天然气生活用气量指标为0.5~0.9 m^3/(户·d),液化石油气生活用气量指标为0.4~0.8 kg/(户·d)。供应设施选址应避开易受洪水淹没、河岸塌陷及滑坡地区。采用管道供应的居民点,管道布置宜采用环状与树状相结合的方式。

5. 乡村信息系统规划

传统的乡村电信工程包括有线电话、有线广播和有线电视等，是方便人们进行信息传播与沟通、提高生活水平与效率的重要手段。随着网络化、信息化和数字化的广泛应用，数字乡村建设愈发重要，涉及的信息基础建设重点转向网络基础设施、信息服务基础设施以及传统基础设施数字化升级 3 个方面。其中，网络基础设施包括 4G/5G 移动网络、光纤网络、卫星等；信息服务基础设施包括村级政务服务代办站(点)、益农信息社、农村电子商务服务站等；传统基础设施数字化升级包括乡村公路、物流、水利、电网等传统基础设施的数字化、智能化改造而形成的融合型基础设施。

补齐乡村数字基础设施短板是数字乡村建设的必要前提，先进的信息基础设施是数字乡村建设的基础和保障。主要措施包括：推进乡村信息基础设施优化升级，持续实施电信普及服务，开展 4G 基站补盲建设，逐步推动 5G 和千兆光纤网络向有条件、有需求的乡村延伸；推进城市、乡村“同网同速”，优化提升乡村宽带网络质量；探索运用卫星等多种手段，提升乡村及偏远地区学校、医院网络接入的水平和质量；深入实施智慧广电建设工程，依托有线电视网络承载智慧乡村服务。优化广播电视业务网络，推动广播电视服务走向“终端通、人人通”；优化信息服务基础设施建设，有序推进商务、民政、邮政、供销等部门乡村信息服务站点的整合共享，推广“多站合一、一站多用”；鼓励开发适应“三农”特点的信息终端、技术产品、移动互联网应用(App)软件，不断丰富“三农”信息终端和服务供给。

推动乡村传统基础设施数字化改造升级的措施包括：提升乡村公路管理的数字化水平，推动“四好农村路”高质量发展；加快电网的数字化改造，实施乡村电网巩固提升工程，补强农网薄弱环节；加快乡村水利工程智慧化、水网智能化，推动各类信息共享和联动更新。

6.1.3　规划案例

下面以四川省凉山州西昌市白庙片区为例，说明乡村基础设施规划的具体做法。

1. 白庙片区道路系统规划(图 6-1)

白庙片区内现有主要机动车行车道路“西巧路(国道 G248)”，其他道路均为村道，路况较差，片区外围有环邛海的主要游览通道“环海路”与西巧路相接。西巧路承担着过境、景区旅游、乡村服务等多项功能，交通混杂，导致景区的游览体验差、过境不通畅等问题。

规划维持现有地形地貌，主要对已有道路进行改造、硬化。新建道路选线考虑现有建设条件，减少填挖方，道路坡度控制在 0.3%～8%；局部地段因地形等因素道路坡度超过 8%的，增加了必要的道路指示牌，并采取防滑措施以确保行车安全。

对外交通方面，对国道 G248 进行了提升改造，对过境和旅游交通进行有效引导，增加通道连接白庙互通以缓解国道通行压力；国道道路断面形式为一块板，红线控制为 14 m。内部交通方面，兼顾乡村居民出行需求和旅游发展需求，完善道路体系，形成层次清晰、快慢结合的旅游交通网络。突出自行车游览、环保型游览观光车、旅游公交等特色交通方式，加强对景区道路的交通换乘和静态交通管理。

(1)车行路　规划串联各个彝族村寨、景点和旅游服务中心的道路，总长 10.4 km。其中，西巧路南侧需要服务旅游与本地村民，断面形式为一块板，道路红线控制为 8 m；西巧路北侧仅服务景观需求，道路红线控制为 7 m。

(2)慢行路　自行车、步行游览路,在西巧路以北形成完整的环状绿道,服务游人,道路总长 5.8 km。断面形式为一块板,道路红线控制为 3.5 m。

登山骑行游览路,从钟楼居民点东侧到大麦顶布置一条登山骑行游览路,同时兼有行车功能,道路总长 2.4 km,断面形式为一块板;西巧路以北道路红线控制为 7 m,以南道路红线控制为 8 m。

(3)其他游览路　包括景区道路以及居民点内部道路,以人、车混行为主,断面形式为一块板,道路红线控制为 5～7 m。

(4)交通设施　在车行游览路线上配置景区专用旅游公交,以便串联各个出入口。在 G248 通道主要节点设置 3 处公交车站,分别位于踏沟河处、游客中心和大麦顶入口;规划停车场 4 处,共计占地 2.56 hm^2,车位 1000 个。

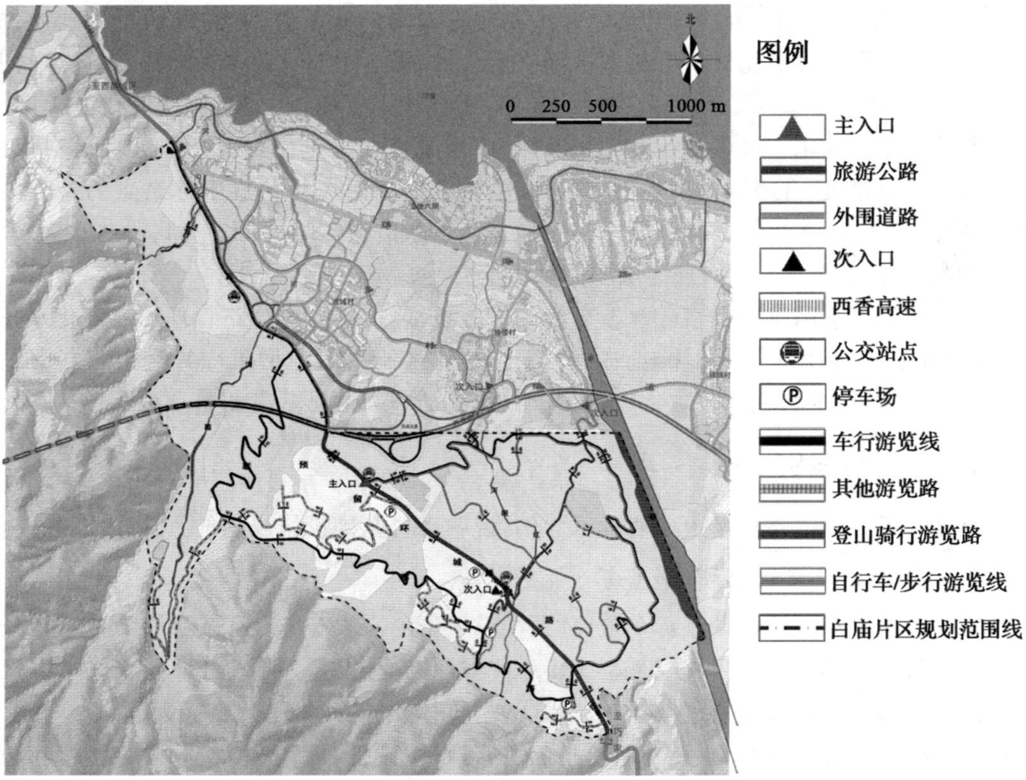

图 6-1　白庙片区交通系统规划图

2. 白庙片区供水系统规划(图 6-2)

采用单位建设面积用水量指标法对片区用水量进行预测。为满足未来居民生活及旅游观光、生活休闲的用水需求,根据《西昌市大箐乡总体规划及集镇建设规划》,并参照《城市给水工程规划规范》(GB 50282—2016)及西昌市城区的单位建筑面积用水量指标,结合现状用水水平,预测白庙片区最高日用水量为 1215 m^3/d;按时变化系数 1.6 计算,最高日最高时设计流量为 22.5 L/s。

结合现状水源及大箐乡供水规划,由规划拟建的乡集中供水厂供水。拟建乡供水厂的供水规模为 2200 m^3/d,水源为鹅掌河及上游山泉水。为节约用水,道路及绿地浇洒全部采用地表水和雨水，并配建雨水利用设施。另外，为保障供水安全，宜在相邻的缸窑村供水管网间建立联系管线作为应急水源。

给水管网布局方面，新建自乡供水厂至白庙的两条 DN200 供水主干管，其他供水管线管径一般为 DN100～DN200。管网最不利点不得低于 0.18 MPa，满足三层房屋的用水要求。为保证供水安全，给水管网采用环枝结合形式，一般沿规划道路敷设，配水管管径一般为 DN25～DN80。

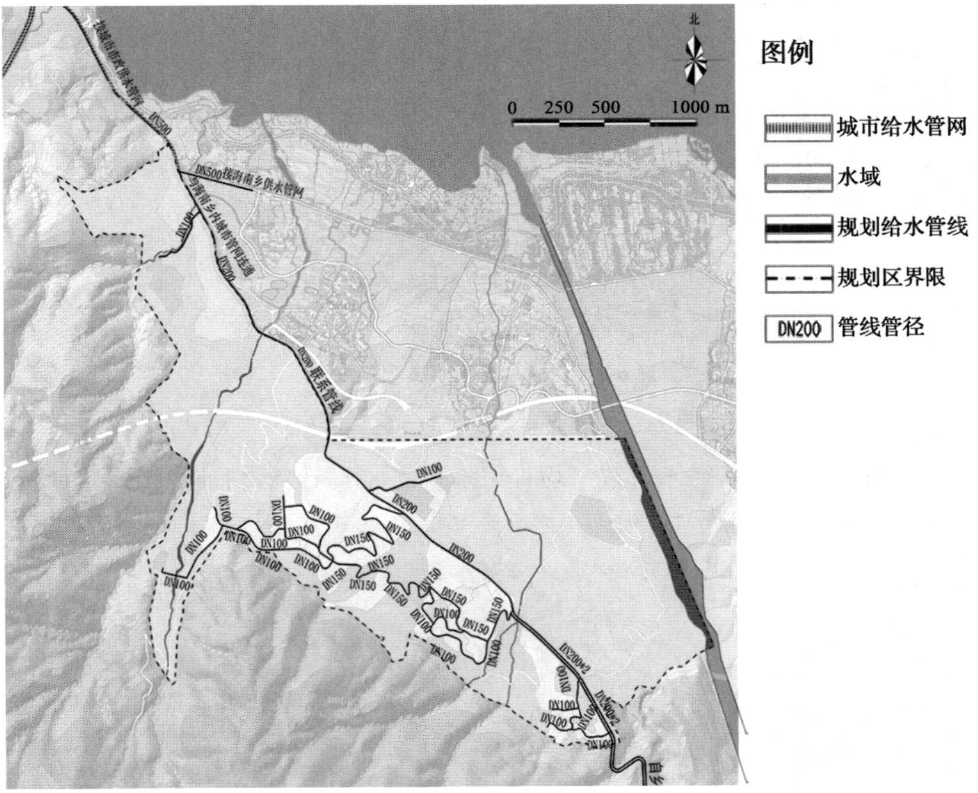

图 6-2　白庙片区给水工程规划图

3. 白庙片区排水系统规划

采用雨污分流排水模式，建设分立的雨水排放系统和污水收集系统，雨水经管渠就近排入沟渠、水域，污水收集处理达标后排放。西巧路沿线污水收集后，最终汇入环邛海污水截流总干管，送往邛海污水处理厂进行集中处理。

1）雨水工程规划（图 6-3）

（1）雨水量计算

雨水设计流量：$Q=P\cdot\psi\cdot F$

式中，Q 为雨水设计流量（L/s）；ψ 为径流系数，F 为汇水面积（hm^2）。

设计暴雨重现期 P 一般取 2 年，重要干道和低洼地段按 3～5 年考虑。

（2）雨水管渠布局　根据雨水利用和排放要求，在道路两侧设置雨水管沟，收集的雨水或汇入池塘调蓄作为农业用水，或排入冲沟水系。要协调好雨水调蓄与排放的关系，既要尽力提高雨水的资源化利用率，又要避免发生洪涝灾害。

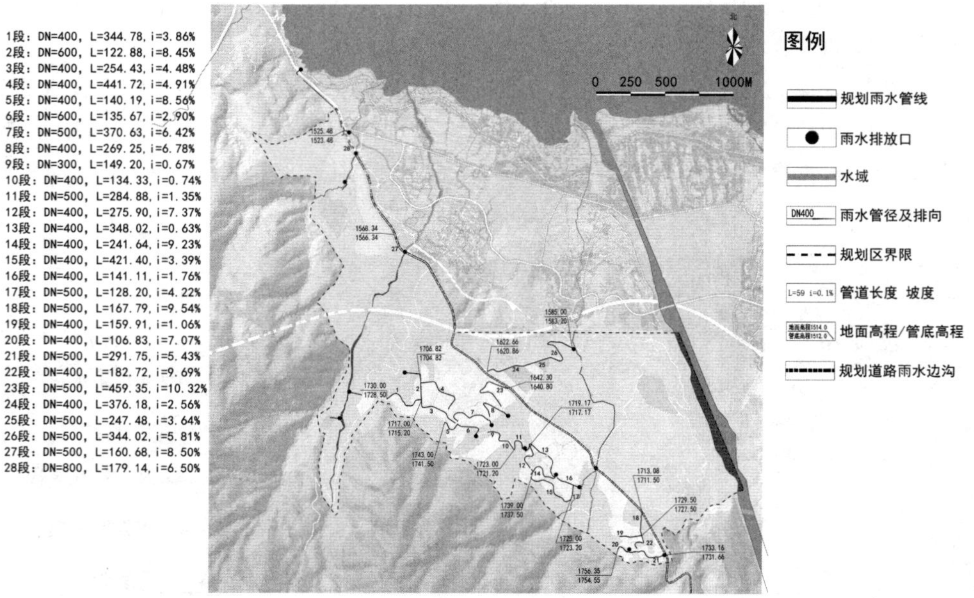

图 6-3　白庙片区雨水工程规划图

2)污水工程规划(图 6-4)

(1)污水量测算　生活污水量按平均日用水量的 85%计算,白庙片区产生的污水量为 574 m^3/d(日变化系数取 1.8)。

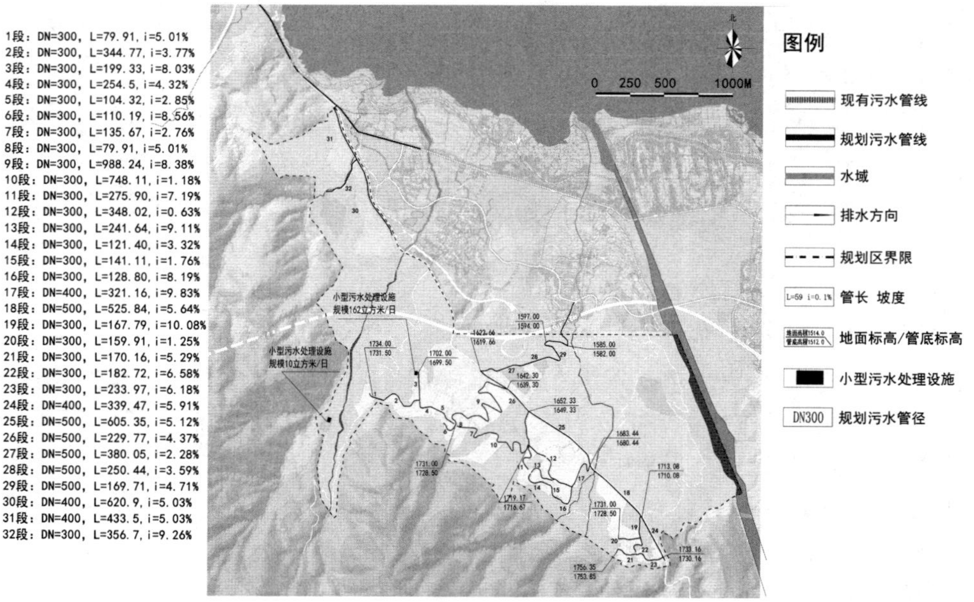

图 6-4　白庙片区污水工程规划图

(2)污水处理　采用以集中处理为主、分散处理为补充的方式。白庙片区地形复杂,根据区域排水条件可分为 3 个污水分区分别收集处理:西北部旅游点用地集中区,因邻近邛海西岸截污干管,其污水纳入城市污水处理系统,由邛海污水处理厂统一处理;中南部小寺上(东部)、大麦顶、油普石 3 个村寨及西巧路以东区域，污水汇入海南乡污水管网，经环邛海截污干管输送至邛海污水处理厂集中处理；踏沟河两侧以及小寺上村寨西部片区，因地形复杂，收集困难，规划采用自建小型污水处理设施或一体化处理设施处理污水，并尽量采用地埋式，避免对景观产生影响。另外，结合白庙地区村寨生产生活特点，适于建设沼气池的农户，宜采用人畜粪便与洗涤水分开收集处理的模式，使污水处理与农业生产有机结合。

(3)污水管网布置　污水干管沿西巧路布置，污水次干管布置在各村寨主干路下。村寨内污水分支管道宜沿规划道路铺设。本区污水收集后，除部分就地处理外，大部分经海南乡污水管网进入环邛海截污总干管输送至邛海污水处理厂集中处理。结合地形合理确定管道埋深，处理好污水管道与其他管线交叉及与街坊内污水管道的衔接问题。

4. 白庙片区能源系统规划

(1)供电工程规划　白庙片区由区外 35 kV 大营变电站供电，中压供电电压为 10 kV。规划遵循电力工程设施与周边城乡基础设施相衔接的原则，加快规划区供电网络的建设完善。采用负荷指标法预测本区用电负荷，其中，居住用地、旅游服务设施及公共管理用地采用单位建筑面积负荷指标法预测，道路及绿地广场等用地采用单位用地面积指标法预测。参考西昌城区用电负荷标准并结合规划区用电状况，选取用电负荷指标并预测用电负荷，结果详见表 6-1。按照计算结果，并考虑各类负荷间 0.75 的同时系数，预测白庙片区最大用电负荷为 0.35 万 kW；最大负荷利用小时数按 4000 h 计，则年用电量为 0.14 亿 kW·h(图 6-5)。

表 6-1　白庙片区用电负荷计算表

用地性质	用地面积/hm^2	建筑面积/万 m^2	负荷指标/(W/m^2)	负荷预测/kW	需求系数
村庄建设用地	29.48	23.38	40	2805.6	0.3
旅游点建设用地	8.91	3.2	60	1056	0.55
游娱文体用地	4.42	1.16	50	290	0.5
野外游憩用地	8.33	0.83	50	207.5	0.5
其他观光用地	3.21	/	1.5	38.5	0.8
游览道路与交通设施用地	24.46	/	1.5	293.5	0.8
合计	/	/	/	4691.1	/

电源选择采用 10 kV 线路供电，仍以现有 35 kV 大营变电站作为供电电源。规划在西巧路南侧新建一座 10 kV 开关站，转供容量 10000 kVA，按两回路进线，8～12 回出线设置，占地面积约 200 m^2。公用配电设施按负荷分布，深入组团负荷中心布置，每个配电设施有明确的供电区域。

根据负荷预测结果，本区共配置 10 kV 变压器 32 台，变压器总容量约 9400 kVA。设计时，一般宜选取变压器功率因数 0.85、经济运行系数 0.65；变压器应布置在所服务片区的负荷中心附近、方便电源接入处；10 kV 变配电设施应采用户内型或箱式，公建的配电室一般附建在大型建筑物底层，每处配置两台变压器；单独建设时建筑面积一般为 100～150 m^2。

电力线应沿规划道路架设，在旅游点及重点景观地段应考虑采用地下电缆敷设。低压线路供电半径一般不超过 250 m，保证末端电压质量满足国标要求；低压 380/220 V 出线采用放射式和树干式接线，配电到户，一户一表。此外，改造、更换现有老旧线路及不规范线路以提高

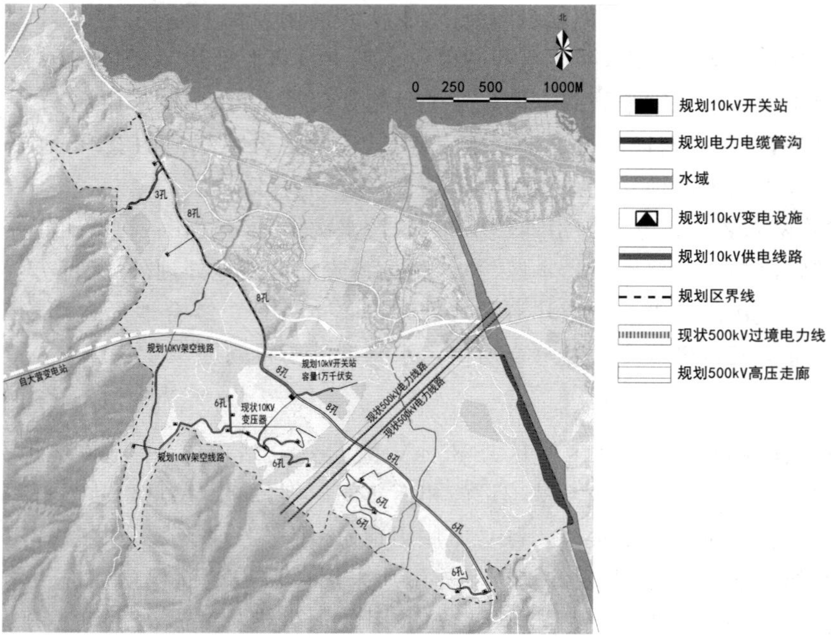

图 6-5 白庙片区供电工程规划图

供电安全,并保留现有过境双回 500 kV 高压电力走廊,控制宽度 150 m。

(2)燃气工程规划 规划坚持能源清洁化、供应管道化的原则,依托城市气源条件及供气管网系统的规划建设,因地制宜发展建设燃气工程,燃气普及率达到 100%。根据规划人口规模,预测白庙片区年总用气量为 31.1×10^4 m^3,平均日用气量 852.24 m^3,高峰日用气量 1176 m^3,高峰小时用气量 147.01 m^3(表 6-2)。气源选择以城市管道天然气供气为主,以沼气、瓶装液化石油气为辅。将规划中的西昌市城市天然气管网系统延伸至本区,作为本区的主要气源。

表 6-2 白庙片区用气量预测表

用气类型	年用气量/(10^4 m^3)	平均日用气量/(m^3/d)	高峰小时用气量/(m^3/h)
居民生活用气	14.14	387.4	66.83
旅游服务及管理用气	15.55	426.1	73.50
其他及未预见气量	1.41	38.74	6.68
合 计	31.10	852.24	147.01

注:月高峰系数 $K_m=1.2$;日高峰系数 $K_d=1.15$;时高峰系数 $K_h=3.0$;天然气热值取 39.6 MJ/m^3

管网布置方面,由片区西北部邛海西岸规划的天然气中压干管接入气源。中压 A 级燃气管道直接送气至用气单位、村寨及各商服用户点,在各用气单位、居民区通过中低压调压器,将中压燃气调成低压后供至各用户。中压起点压力为 0.4 MPa、调压器出口压力 2600 Pa,设置中低压调压器 5 个。沿规划道路敷设天然气管道,采取环状与环枝结合的管网结构,入户管道可采用埋地和架空相结合的敷设方式,燃气管道与其他管线及建筑间的距离应满足相关安全规范要求(图 6-6)。

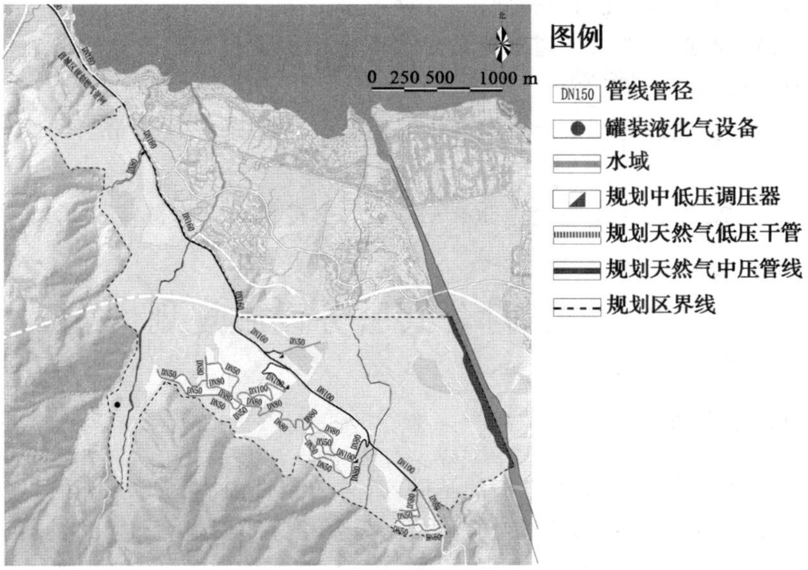

图 6-6　白庙片区燃气工程规划图

5. 白庙片区信息系统规划（图 6-7）

采用单位建筑面积指标法预测固定电话用户数量，并使用居住人口数据进行校核。根据本次规划的建设用地规模，预测白庙片区电话装机量约 0.22 万部。

通信设施布局方面，在白庙片区街道办驻地，新建通信机房 1 处，建筑面积 200 m^2 左右。在各村寨及旅游接待点等用户集中区域设置交接箱，向居民及用户提供语音、数据、视频及多媒体等服务。

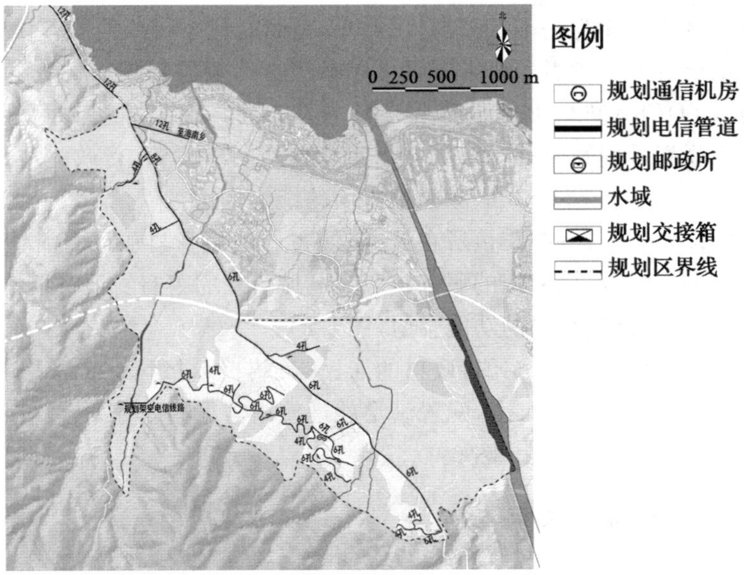

图 6-7　白庙片区电信工程规划图

通信及有线电视线路沿规划道路敷设，近期可采用架空方式，远期应结合实际发展情况逐步变为地下暗管敷设方式，在村庄道路建设时预留电信通道位置。改造现有通信网和有线电视网，实现光缆进村、入户。

新建邮政所1处，选址为街道综合服务中心附近，建筑面积约100 m^2，并同址设置有线电视光节点机房。

增建移动通信基站，站间距一般为500～800 m，实现信号无缝覆盖。

6.2 乡村公共服务设施规划

6.2.1 规划原则

乡村公共服务是乡村社会事业发展的基础，具有公益性、社会服务性等特点，主要包括行政管理、教育、医疗、文体、养老、集贸市场等内容，需要相应的设施承载上述功能。

乡村公共服务设施一般通过辐射半径来衡量公共服务的供给水平，服务半径的空间全覆盖是城乡公共服务设施布局所追求的目标。而公共服务设施的辐射半径与其所在地区的人口密度、经济水平相互关联。因此，应当立足所在乡村地区的实际特征，按照适宜标准，在公共服务设施的类别、服务半径、设施规模等方面进行统筹规划。

此外，公共服务设施配置应兼顾政府和市场的双重作用，区分不同主体对公共服务投资的影响，鼓励政府以外的社会资本对部分公共服务设施进行投资建设和运营管理。为此，可以将公共服务划分为公益性、偏公益性和市场性3个类型，规划对公益性公共服务设施进行政府强制性配置，对偏公益性公共服务设施进行政府为主体的部分强制性配置，对市场性的公共服务设施鼓励以社会资本为主体的配置。

以居民点或社区生活圈为基础、面向村民需求，是新时代乡村公共服务设施配置的重要方向。乡村社区生活圈的布局指引和要素配置可以参照自然资源部发布的技术指南《社区生活圈规划技术指南》(TD/T 1062—2021)，以及各地方发布的具有地方适应性的设计导则(如《上海乡村社区生活圈规划导则》)，总体而言，应当重点构建“乡/集镇，行政村/自然村”两个生活圈层级，并发挥县域在乡村基本公共服务供给方面的统筹作用。

(1)乡、集镇层级　宜依托乡、集镇所在地，统筹布局满足乡村居民日常生产、生活所需的各类服务要素，形成乡村社区生活圈的服务核心。县城可在完善自身服务要素配置的同时，强化综合服务能力，实现对周边乡村的功能辐射(图6-8)。

(2)行政村、自然村层级　宜依托行政村的居民点或自然村组，综合考虑乡村居民常用交通方式，按照15 min可达的空间尺度，配置满足就近使用需求的服务要素，并注重相邻村庄之间服务要素的错位配置和共享使用(图6-9)。

6.2.2 规划内容与技术标准

1. 乡村行政管理设施

乡村行政管理设施主要指镇、村两级政府和企事业单位的党、政、生产管理部门办公用房，一般由办公室、会议室、值班室等房间组成，为供多职能部门使用的综合办公用房。村民委员

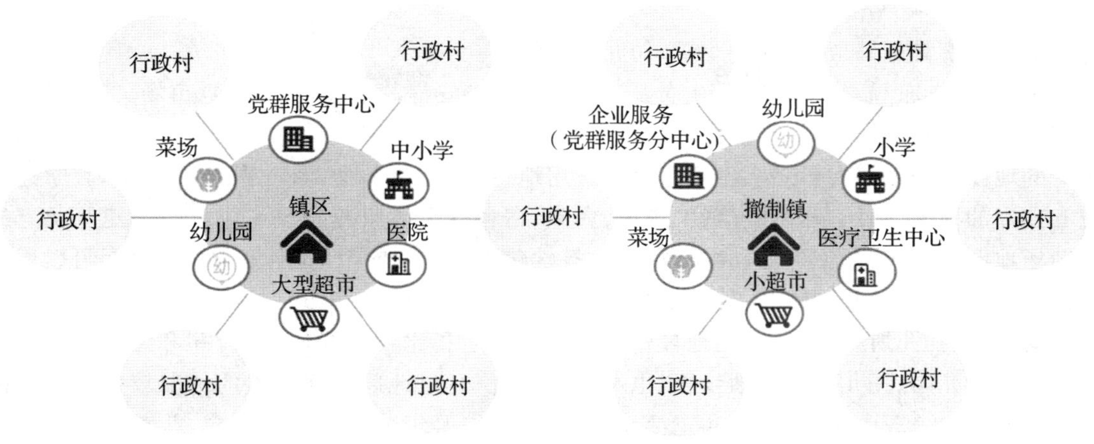

图 6-8　镇区和撤制镇层级设施布局示意

（图片来源：上海市规划和自然资源局，2021）

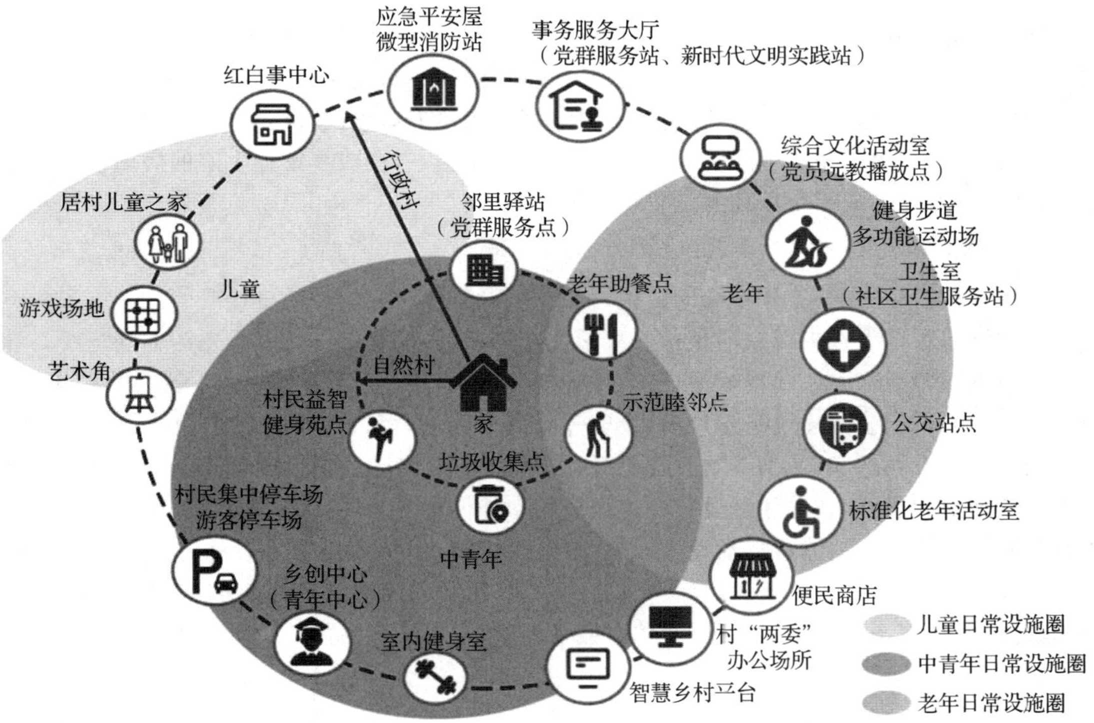

图 6-9　行政村和自然村层级设施布局示意

（图片来源：上海市规划和自然资源局，2021）

会的办公用房通常兼具文化活动功能。

办公建筑应选择在集镇、中心村的活动中心处或交通方便地段，以便联系和加强管理。乡政府办公用房常和机关食堂、招待所、大礼堂、宿舍组合在一起，分幢建造；有的集镇为满足街巷的布局规划要求，也会将各办公用房和相关功能集合在一幢楼房中。

2. 乡村教育设施

乡村教育设施一般由中学、小学、幼儿园等组成。

中学、小学布局：小学应布置在次要道路边缘比较安静的地段，不宜邻近市场、交通干道或铁路布置；应注意学校的活动对居民的干扰，与住宅建筑保持一定距离。中学可以布置在相对独立的地段，由教学建筑用地、生活服务建筑用地、室外活动场地3部分构成。其中，教学建筑应有良好的朝向、通风条件和安静的环境，食堂、宿舍等生活服务建筑不应与教学建筑及室外活动场地混杂在一起，室外活动场地最好在教学建筑的南侧向阳地段，三类用地之间可以用绿化做适当隔离，以便起到隔音、隔尘及美化教学环境的作用。

幼儿园、托儿所布局：托幼用地最好靠近公共绿地和比较安静的地带，并考虑幼儿接送的便利性。幼儿园、托儿所可单独设置，也可合并设置，乡村地区合并设置的情况较多。托幼机构的平面布置一般由主体建筑、儿童活动场地、杂物院等组成。主体建筑中，儿童使用部分应具有良好的朝向、通风和日照条件；儿童活动场地的布置也需要充足的日照，设备可根据场地实际情况设置。

3. 乡村医疗卫生设施

乡镇一般设有卫生院，行政村一般设有合作医疗站或卫生所。医疗卫生机构应设置在比较安静的次干道上，要求阳光充足、空气新鲜、通风良好，并与其他建筑保持一定距离。乡镇卫生院的规模应根据医疗网点的服务范围、服务对象、当地人口密度、发病率等因素综合分析、设置。中心镇、重点镇的中心卫生院一般设置病床50张左右，一般乡镇卫生院的病床在30张左右，村级合作医疗站或卫生所仅需设置少量简易病床。

4. 乡村文体设施

乡镇一般设有文化站、体育活动设施，行政村一般设有文化室、健身场所。

文化站是为广大乡村群众提供学习科学文化知识，开展文化、体育、娱乐活动的场所，一般包括阅览室、棋牌活动室、乒乓球室，有条件的地区还可以设置音乐茶座、电子游戏室、小型录放厅等。中心村的公共建筑受到规模、投资等的条件限制，可以将性质相近、联系密切的多用途公用项目结合在一起，达到节约投资、方便群众的效果。中心镇、人口规模较大的乡镇可以根据自身情况和需要，在居住区设置一定规模的室外体育活动场所，如篮球场、足球场等，也可以充分利用村镇已有的体育活动设施，如学校、机关单位的体育场所或设施等，在适当时间积极向群众开放。对用地、资金条件尚不成熟的村镇，可以结合其他设施，穿插设置一定的体育活动功能，如在广场、绿地等场所布置体育锻炼器材，或在文化站内开设室内体育活动用房等。

5. 乡村养老设施

随着乡村老龄化日益加重，乡村养老设施已成为推动农业农村现代化的核心公共服务内容之一。乡村养老设施通常包括养老院、日间照料中心、老年大学、老年驿站等形式。

根据《关于加快发展农村养老服务的指导意见》(民发〔2024〕20号)要求，每个县(市、区、旗)至少规划有1所以失能看护为主的县级特困人员供养服务机构，并根据需要设置失能或认知障碍照护专区，同时加强护理型床位建设。具备条件的乡镇可设置特困人员供养服务设施(敬老院)等机构，其应具有全日托养、日间照料、居家上门、服务转介等功能。

应将村级邻里互助点、农村幸福院等互助养老服务设施建设纳入村庄规划。结合实际需要，可以依托有条件的邻里互助点、农村幸福院等开办老年食堂、设置老年助餐点，探索邻里互助、设立“中心户”多户搭伙、结对帮扶等模式，灵活多样地开展助餐服务。结合村容村貌提升，开展乡村无障碍环境建设，实施特殊困难老年人家庭适老化改造。此外，推动养教结合，鼓励有条件的乡村养老机构建设老年教育学习点，定期开展乡村老年人喜闻乐见的文化娱乐活动，提高老年人的健康和生活素养。

6. 乡村集贸市场

集贸市场和乡村居民的生活关系非常密切，是人们购买生产、生活资料，以及日用品、农副产品等的主要场所。集贸市场的设置，应照顾当地居民采购习惯和销售习惯，一般要求设置固定场地，建设专用设施。依据《乡镇集贸市场规划设计标准》(CJJ/T 87—2020)，乡村集贸市场的选址及规划设计应遵循以下原则。

(1)交通便利、集散方便　应根据商品的种类、货源方向和人流集散方向选择合适的场所。一般靠近对外交通要道，便于货物运输和人流集散，但交通干线应尽量不穿过村镇内部。场地不要占用街道，以免妨碍交通。

(2)与公共活动中心联系便捷　集贸市场一般应靠近公共活动中心，便于赶集群众就近使用商业、服务业和文化娱乐设施。

(3)便于管理　规模小的集市，应尽可能集中布置；规模较大的集市，避免过于拥挤、货物搬运不便、影响市容；有碍卫生的集市，宜放在村镇的下风处；互相干扰的物品，可利用绿化分隔。

6.2.3　规划案例

以安徽省黄山市歙县为例，说明县域单元的乡村公共服务设施配置思路。

歙县地处皖南山区，县域面积 2122 km^2，2023 年末常住人口 35.1 万人，辖 15 个镇、13 个乡。在《安徽省黄山市歙县县域乡村建设规划(2016—2030 年)》中，由于不同地形条件下乡村人口的分布与流动特征、城镇化模式、乡村生产生活方式差异明显，因此首先按地形地貌将县域乡村划分为平坝、浅丘、深丘、山区 4 类地区，进而对不同类型区域的乡村公共服务设施配置提出差异化策略。

根据各行政村上报的数据，分析不同分区内公共服务设施的缺失情况(表 6-3)。

表 6-3　镇村主要公共服务设施缺失率分地形比较

项目	所在区域	文化活动	医务室	小卖店	幼儿园	小学	图书室
镇驻地村庄缺失比例	平坝	33%	33%	33%	33%	33%	67%
	浅丘	50%	50%	50%	50%	25%	25%
	深丘	18%	0%	0%	36%	36%	9%
	山区	44%	22%	11%	44%	22%	11%
非镇驻地村庄缺失比	平坝	6%	6%	11%	44%	22%	11%
	浅丘	24%	18%	18%	53%	24%	18%
	深丘	21%	7%	13%	39%	30%	11%
	山区	23%	16%	10%	48%	13%	10%

1. 歙县乡村公共服务设施配置思路

在地区配置标准方面，上位规划《安徽省美好乡村建设规划（2012—2020 年）》提出，中心村按照“11＋4”的模式完成公共服务与基础设施配置。其中，11 项公共服务设施包括：小学、幼儿园、卫生所、文化站、图书室、金融服务网点、邮政所、农资店、便民超市、农贸市场、公共服务中心（具有村“两委”及科技、就业、警务等便民服务功能）；4 项人居环境设施包括：公交站、垃圾收集点、污水处理设施、公厕。在此基础上，自然村按照“2＋1”的模式配置基本公共服务和基础设施，2 项公共服务包括：健身活动场地、便民超市，1 项基础设施为垃圾收集点。此外，《黄山市总规（2008—2030）》《歙县总规（2011—2030）》中还提出，按照镇村级别，即“县城—中心集镇—中心村—自然村”4 级，界定公共服务分级项目，公共服务设施根据所在居民点等级，按照刚性内容和可选择内容进行差异化配置。

综合来看，歙县乡村公共服务的配置思路可以总结为以下 3 点。

（1）高效性　符合歙县城乡经济社会发展水平，建立面广、高效、便捷的乡村公共服务体系，因地制宜布局公共服务设施，满足各个层面的公共服务需求。

（2）公平性　对需要政府管控的公共服务内容进行界定，鼓励经济较好地区实行市场化调节，扶持经济较差地区的部分公共服务内容。

（3）特色性　适应不同区域村民的差异化需求，突出公共服务的重点与特色。

2. 歙县乡村公共服务分级内容

在兼顾“公平与效率”、满足不同层级、频率、质量的公共服务需求原则下，以镇村公共服务网络建设为重点，将县域镇村公共服务中心细化为 4 级，即提升型、改善型、基础Ⅰ型、基础Ⅱ型。其中，提升型公共服务设施指向 1 小时公共生活圈，改善型、基础Ⅰ型公共服务设施指向半小时基础生活圈（表 6-4）。

表 6-4　歙县乡村公共服务中心分级一览表

公共服务内容			提升型	改善型	基础Ⅰ型	基础Ⅱ型
公益性	行政管理	派出所/执勤点	√	√	√	√
		行政服务	√	√	√	√
	邮政金融	邮政支局/邮政所/邮筒	√	√	√	
		乡村金融服务点	√	√	√	
	文体活动	健身活动场地	√	√	√	√
	教育	小学	√	√	√	
		初中	√	√		
		劳动就业培训站	√	√	○	
		图书室（小型图书馆）	√	√		
		农业技术服务站	√	√	○	
	医疗	卫计院/室	√	√	√	√

续表6-4

公共服务内容			提升型	改善型	基础Ⅰ型	基础Ⅱ型
偏公益性	教育	幼儿园	○	○	√	○
	福利	敬(养)老院	○	○	○	
		老年公寓	○	○	○	
	文体	文化(活动)站/室	○	○	√	○
市场性	便民服务	农贸市场	○	○	○	
		便民超市	○	○	√	○
		农资店	○	○	√	

注:√为必设,以政府投资为主　○为可设,以市场投资为主

3. 乡村公共服务设施配置方案

1)平坝、浅丘地区

(1)基本配置模式　平坝地区紧邻黄山市区,主要集中在县城及县域副中心王村镇周边,与城镇关系紧密,人口密度较高、交通网络完善;浅丘位于平坝向深丘的过渡地带,受到城市辐射带动的同时,农业、旅游业发展较好,镇村体系亦呈现扁平化特征。以上两个分区城乡要素互动频繁,交通便捷,城乡一体化程度较高,因此公共服务设施配置应鼓励乡村居民点适度集中,充分利用社会资本及市场化配置手段,加强偏公益性公共服务设施的建设。

(2)公共服务中心布局方案

①浅丘地区。规划 1 个县域次中心深渡镇,布局提升型公共服务中心;其他乡镇政府所在地、潜力村特色产业集群配置基础Ⅰ型公共服务设施。

②平坝地区。县城设置城市型公共服务中心,县域次中心王村镇设置提升型公共服务中心。其他乡镇政府所在地、潜力村配置基础Ⅰ型公共服务中心,村庄原则上不新增基础公共服务设施,通过良好的交通联系支撑城镇型公共服务向乡村延伸。

2)深丘、山地地区

深丘、山区的乡村交通不便,受城镇功能辐射较弱,空心化严重。公共服务设施配置应有利于引导人口的适度集聚。由于经济发展相对落后,市场化程度较低,因此公共服务设施配置应以政府扶持为主,同时对部分偏远山区实行基本公共服务的政府补贴,以保障村民的基本生活需求。

具体来看,在一般镇、潜力村,配置改善型公共服务设施;在稳定村,配置基础Ⅰ型公共服务设施;在衰败村,配置基础Ⅱ型公共服务设施。

4. 歙县乡村公共服务设施建设标准

在参考国家、省、市已有公共服务标准的基础上,制定符合歙县乡村需求、与镇村分级体系相符的公共服务设施建设标准。该标准从“公益性设施单项建设保底,市场性设施用地总量控制”出发,规定了各级公共服务的最低建设标准,详见表 6-5。

表 6-5 歙县乡村公共服务建设标准一览表

公共服务类型		占村庄建设用地的比例/%				建筑/用地要求/m^2			
		提升型	改善型	基础Ⅰ型	基础Ⅱ型	提升型	改善型	基础Ⅰ型	基础Ⅱ型
行政管理	派出所/执勤点	>9		>6		40	30	20	20
	行政服务中心					350	300	250	200
邮政金融	邮政支局/村邮站/邮筒					40	30	20	/
	乡村金融服务点					40	35	30	/
文体	健身活动场地 *					800	600	500	300
	图书室(小型图书馆)					200	100	/	/
教育	幼儿园 *					1500	1200	1000	800
	小学 *					6000	4000	3000	/
	劳动就业培训站					80	50	/	/
	农业技术服务站					40	35	/	/
医疗	卫计院/室					120	100	80	80
福利	敬(养)老院					500～2000	/	/	/
	老年公寓 *					500～2000	/	/	/
交通	公交(路)站					50	30	20	20
便民服务	农贸市场 *	<10		<5		1000～5000	700～2000	500	
	便民超市					80	60	40	/
	农资店					80	60	40	/
总量控制范围		9～15		6～12					

备注:* 为占地面积

6.3 乡村人居环境建设

6.3.1 乡村人居环境的内涵与发展目标

广义的乡村人居环境,是指乡村居民生产劳动、生活居住、休闲娱乐和社会交往的空间场所,包括村民居住、生活和活动的自然环境、人文环境及人工环境,涉及乡村生产生活的各项物质环境和非物质环境。在国家政策文件和地方实际使用当中,乡村人居环境的语义范畴要略窄一些,主要指乡村基础设施和基本公共服务等,包括对居住条件、公共设施和环境卫生等方面的要求,未涉及太多的自然环境、社会环境等内容。因此,狭义的乡村人居环境基本聚焦与乡村生产、生活、生态相关的环境和设施，具体包括水、电、路、气、房等基本生活设施，污水垃圾处理、公共环境卫生，以及村庄景观、文化保护等风貌宜居条件。

6.3.2　乡村人居环境的分析与评价方法

基于《国务院办公厅关于改善农村人居环境的指导意见》《住房和城乡建设部等部门关于开展改善农村人居环境示范村创建活动的通知》《农村人居环境整治三年行动方案》等国家相关政策文件，提取我国乡村人居环境建设的评价指标主要包括：农房、饮水、道路、防灾、公共照明、生活垃圾治理、生活污水治理、农业废弃物治理、厕所改造、村庄绿化、公共空间、建筑风貌、生态保护、管理制度、长效机制等。从各地关于乡村建设和人居环境改善的各项政策文件、标准指南来看，在落实国家总体要求的同时，大多根据自身实际情况进行了目标分解和任务细化，以便充分体现地方特色。内容上主要从村庄规划、农房风貌、基础设施、公共服务、生态环境等方面出发，着重提升生产生活条件短板、聚焦关键性指标，形成有考核约束的评价指标体系（表 6-6）。

表 6-6　关于乡村建设和农村人居环境改善的部分地方标准梳理

地方规范	考核内容
福建省村庄环境整治	村庄规划好、建筑风貌好、环境卫生好、配套设施好、绿化美化好、自然生态好、管理机制好等 7 方面要求
成都“小组微生”建设	小规模聚居、组团式布局、微田园风光、生态化建设等 4 方面要求
安徽省美好乡村建设	覆盖规划编制、基础设施建设、公共服务设施建设、环境整治、兴业富民、基层组织和乡风文明建设等角度，量化考核指标体系
江苏省特色田园乡村建设行动	科学规划设计、培育发展产业、保护生态环境、彰显文化特色、改善公共服务、增强乡村活力
河北省农村面貌改造提升行动	厕所改造、生活污水垃圾处理、新民居设计方案、清洁能源开发利用等内容
美丽天津清洁村庄行动	整治村庄街道环境、整治农户庭院环境、清扫清理卫生死角、整治坑塘水环境、加强长效管护制度建设等内容

考虑到我国国情、地方差异性、指标获取的便利性，综合各地对乡村人居环境的评价项目，可以从安全保障、生活设施、产业经济、公共服务、卫生环境、景观风貌、建设管理 7 个方面构建乡村人居环境建设标准体系。

（1）安全保障　包括地质灾害隐患、危险品安全隐患、基本防灾减灾设施、应急避难场所、农房安全、道路桥梁安全等。

（2）生活设施　包括供水方式、饮水安全覆盖率、用电保障、道路硬化、公共交通覆盖、公共照明、信息化等。

（3）经济产业　包括集体经济、人均收入、恩格尔系数、农产品加工转化率等。

（4）公共服务　包括教育、医疗、文化体育、养老、便民服务等指标。

（5）卫生环境　包括生活垃圾、生活污水、农业废弃物治理，厕所改造等。

（6）景观风貌　包括村庄绿化、公共空间、建筑风貌、生态保护等。

(7)建设管理　包括管理制度、长效机制、建筑单体、绿色建筑等。

6.3.3　乡村人居环境设施建设内容

改善人居环境是实施乡村振兴战略的重点任务。近年来,我国乡村逐渐扭转了脏乱差局面,基本实现了干净整洁有序,群众的环境卫生观念也发生了可喜变化。不过也要看到,乡村人居环境的总体水平仍不高,且存在着区域发展不平衡、生活设施不完善、管护机制不健全等问题。因此,应当以厕所革命、生活污水垃圾治理、村容村貌提升等工作为重点,巩固拓展既有成果,全面提升人居环境质量,为推进乡村振兴、农业农村现代化、美丽中国建设提供有力支撑。以下对近期乡村人居环境提升的5项重点工程内容及要求展开说明。

1.厕所革命

在乡村逐步普及卫生厕所,要求新改户用厕所基本入院,有条件的地区要积极推动厕所入室,新建农房应配套设计建设卫生厕所及粪污处理设施设备。合理规划布局公共厕所,加快建设乡村景区旅游厕所,并落实公共厕所管护责任。

切实提高改厕质量,科学选择改厕技术模式,宜水则水、宜旱则旱。在水冲式厕所改造中积极推广节水型、少水型水冲设施;在干旱和寒冷地区应采用符合当地条件的卫生厕所技术和产品。

加强厕所粪污无害化处理与资源化利用,加强厕所革命与生活污水治理的有机衔接,因地制宜推进粪污分散处理、集中处理与纳入污水管网统一处理,鼓励联户、联村、村镇一体处理。有条件的地区可以开展卫生厕所改造与生活污水治理一体化建设,暂时无法同步建设的应为后期工作预留空间。统筹使用畜禽粪污资源化利用设施设备,逐步推动粪污就地就农消纳、综合利用。

2.生活污水治理

重点整治水源保护区和城乡接合部、乡镇政府驻地、中心村、旅游风景区等人口集中区域的乡村生活污水。对于山地、丘陵、缺水、高寒和生态环境敏感等特殊地区,应以资源化利用、可持续治理为导向,选择符合乡村实际、运行费用低、管护简便的生活污水治理技术,并积极探索人工湿地、土壤渗滤等生态处理技术的应用。

另外,需要加强黑臭水体治理,以房前屋后河塘沟渠及群众反映强烈的黑臭水体为重点,采取控源截污、清淤疏浚、生态修复、水体净化等措施综合治理,消除较大面积黑臭水体。将河长制、湖长制体系向村级延伸,建立健全促进水质改善的长效运行维护机制。

3.生活垃圾治理

健全生活垃圾收运处置体系,根据地方实际统筹县、镇、村三级设施的建设和服务,完善乡村生活垃圾收集、转运、处置设施和模式。因地制宜地采用小型化、分散化的无害处理方式,降低收集、转运、处置设施建设和运行成本。

加快推进乡村生活垃圾源头分类减量,积极探索符合乡村特点和村民习惯、简便易行的分类处理模式,减少垃圾出村处理量。有条件的地区基本实现可回收垃圾的资源化利用、易腐烂垃圾和煤渣灰土就地就近消纳、有毒有害垃圾单独收集处置、其他垃圾无害化处理。

协同推进乡村的有机生活垃圾、厕所粪污、农业生产有机废弃物资源化处理、利用,以乡镇或行政村为单位建设有机废弃物综合处置利用设施,实现就地就近就农处理。扩大供销合作社等乡村再生资源回收利用网络服务的覆盖面，积极推动再生资源回收利用网络与环卫清运网络合作融合，协同推进废旧农膜、农药肥料包装废弃物的回收处理。推动乡村建筑垃圾等就地就近消纳，鼓励将其用于村内道路、景观设施等的建设施工当中。

4. 村容村貌提升

改善村庄公共环境，清理私搭乱建、乱堆乱放，整治残垣断壁，通过集约利用村庄内部闲置土地等方式扩大村庄公共空间。科学管控生产生活用火，加强乡村电力线、通信线、广播电视线"三线"维护梳理，有条件的地方推动线路违规搭挂治理。整治户外广告，规范发布内容和设置行为。关注特殊人群需求，有条件的地方开展无障碍环境建设。

推进乡村绿化美化，突出保护乡村的山体田园、河湖湿地、原生植被、古树名木等，因地制宜开展荒山荒地荒滩绿化，加强农田(牧场)防护林的建设和修复。引导鼓励村民通过栽植果蔬、花木等开展庭院绿化，通过"四旁"(水旁、路旁、村旁、宅旁)植树推进村庄绿化，充分利用荒地、废弃地、边角地等开展村庄小微公园和公共绿地建设。支持条件适宜地区开展森林乡村建设，实施水系连通及水美乡村建设试点。

加强乡村风貌引导，推进村庄整治和庭院整治，编制村容村貌提升导则，优化村庄生产生活生态空间，促进村庄形态与自然环境、传统文化相得益彰。加强村庄风貌引导，突出乡土特色和地域特点，不搞千村一面，不搞大拆大建。弘扬优秀农耕文化，加强历史文化名镇名村和传统村落保护。

5. 建立健全长效管护机制

持续开展村庄清洁行动，清理乡村生活垃圾、畜禽养殖粪污等农业生产废弃物；突出清理死角盲区，由"清脏"向"治乱"拓展，由村庄面上清洁向屋内庭院、村庄周边拓展。引导村民逐步养成良好的卫生习惯，结合风俗习惯、重要节日等组织村民清洁村庄环境，通过"门前三包"等制度明确清洁责任；有条件的地方可以设立村庄清洁日，推动村庄清洁行动的制度化、常态化、长效化。

健全乡村人居环境长效管护机制。明确地方政府、职责部门、运行单位的责任，基本建立有制度、有标准、有队伍、有经费、有监督的村庄人居环境长效管护机制。利用好公益性岗位，合理设置乡村人居环境整治管护队伍。明确乡村人居环境设施的产权归属，建立健全设施建设管护标准规范化制度，推动厕所、生活污水垃圾处理设施设备和村庄保洁的一体化运行管护工作。

小结

基础设施与公共服务设施是落实乡村振兴战略、推动城乡融合发展的重要抓手。在开展相关规划时，应从区域视角思考城乡互联互通、乡村区域联动、村庄独立建设的基础设施布局模式；并从多级生活圈构建村民实际需求视角，结合相关标准、规范、导则，对各类公共服务、人居环境设施进行配置与设施设备选型。此外，需要充分考虑设施的运行与管护策略，在提升使用效率的同时，充分发挥其在带动乡村经济社会发展中的作用。

思考题

1. 简述区域基础设施网络与村庄基础设施的接驳方式。
2. 简述县、镇、村三级乡村公共服务设施体系的内容与配置标准。

3. 简述符合乡村实际需求的人居环境整治内容。

参考文献

安徽省歙县人民政府. 歙县县域乡村建设规划[R]. 2017. 孔祥智. 乡村建设行动手册[M]. 北京：东方出版社，2023.

吕勤智. 乡村景观设计[M]. 北京：中国建筑工业出版社，2020.

上海市规划和自然资源局. 上海乡村社区生活圈规划导则（试行）[S]. 沪规划资源乡[2021]450 号，2021.

西昌市自然资源局. 邛海-螺髻山风景名胜区泸山东坡及白届片区详细规划[R]. 2021.

朱朝枝. 农村发展规划[M]. 北京：中国农业出版社，2021.

第7章　乡村遗产保护与安全韧性

本章简介：本章聚焦乡村规划的两个重要专项内容：文化保护与安全韧性。文化保护方面，从乡村历史文化遗产的概念与价值入手，讲解了宏观视角下传统村落集中连片保护利用规划的目标、策略，以及微观视角下单个传统村落的保护规划技术方法。安全韧性方面，讲解了以安全韧性分区、应急疏散通廊、避难场所为主要内容的乡村安全韧性规划方法，以及乡村安全生活圈构建的模式与法律制度保障。

通过本章内容的学习，理解乡村文化保护和安全韧性对于乡村规划设计的基础作用，掌握相关专项规划方法，熟悉非物质文化遗产保护及乡村安全生活圈构建的思路。

7.1　乡村遗产保护

7.1.1　乡村遗产的概念、价值与评估方法

乡村遗产是人类与原生态自然环境和传统农业社会长期作用的产物，具有鲜明的世代延续特征和地域特色，承载着独特的乡土文化记忆。乡村遗产具有活态属性，它已内化于当地人的生产生活当中，并且仍发挥着实用功能，比如乡土建筑、传统习俗等。

乡村遗产可以分为物质文化遗产与非物质文化遗产。其中，物质文化遗产包括乡村聚落、不可移动文物、历史建筑、农业遗产等；非物质文化遗产包括民间文学、传统音乐舞蹈、传统技艺、民俗文化等。

乡村遗产的价值主要体现在以下方面。

(1)历史文化价值　作为历史见证，乡村遗产承载着丰富的历史信息和文化内涵，是研究乡村历史、传承乡土文化的重要资源。

(2)艺术、科学价值　许多乡村遗产在建筑设计、雕刻艺术、工艺制作等方面具有高超的艺术和科学水平，是人类智慧的结晶。

(3)社会、经济价值　乡村遗产的保护和利用可以促进乡村产业发展，带动乡村经济繁荣，同时也有助于提升乡村的社会形象、艺术品位。

(4)教育、传承价值　乡村遗产是传承和弘扬传统文化的重要载体，对培养青少年的文化自觉和文化自信具有重要意义。

(5)凝聚认同价值　历经千年积淀的乡村文化，具有凝聚乡村地域内社会成员的作用，使其产生文化认同感，有助于基层自治。

乡村遗产的调查评价内容应涵盖建筑空间、民俗文化、生态景观、经济产业等方面(图 7-1),主要有以下 3 种方法。

(1)文献查阅　通过查阅历史文献资料,了解乡村遗产的历史背景、文化内涵和艺术价值。

(2)现场勘查　通过现场勘查,了解乡村遗产的保存状况、建造方式、雕刻工艺等具体信息。勘查过程中应注意避免对遗产造成损害。

(3)专家评估　邀请不同领域的专家、技术人员,从历史、文化、艺术等多个方面对乡村遗产展开评估,并提出保护发展建议。

在评估乡村遗产价值时,应综合运用上述 3 种方法,并遵循客观、公正的原则,避免主观臆断和片面评价。

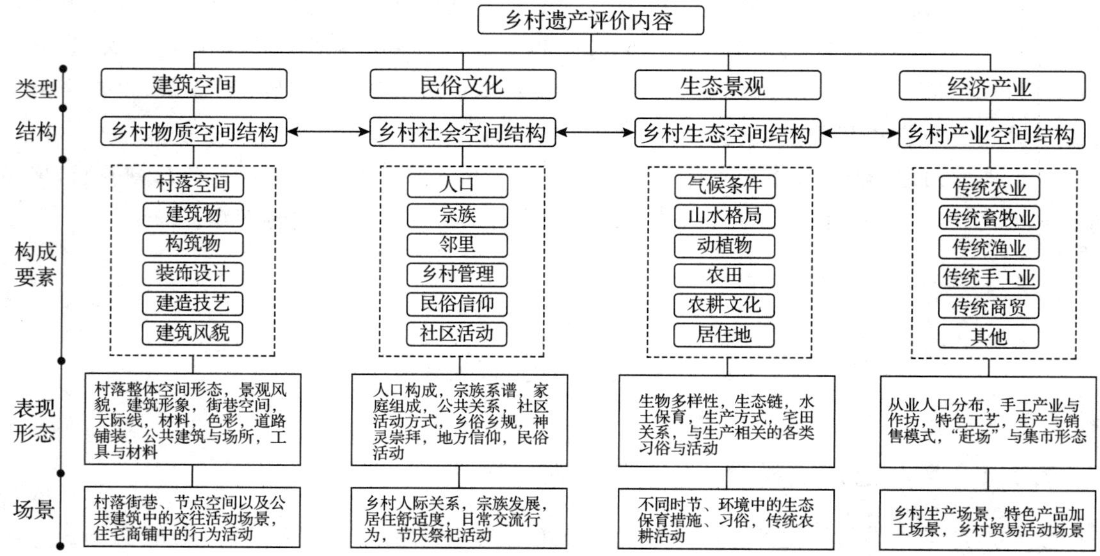

图 7-1　乡村遗产的调查与评估内容

(改自:胡斌等,2021)

7.1.2　传统村落保护制度

为了应对快速城镇化对乡村物质空间的侵蚀,加强乡村遗产保护工作,2003 年,原建设部和国家文物局共同建立了历史文化村镇保护制度。在《中国历史文化名镇(村)评价指标体系(试行)》要求下,按“价值特色(物质与非物质文化遗产)、保护措施(保护规划、修复与管理机制)”两大类十三个指标进行评价,筛选出八批次共 799 个名镇、名村。不过,历史文化村镇制度侧重历史文化遗存的久远度与稀缺性,延续着文物保护单位制度、历史文化名城保护制度的物质遗产保护主题。

随着保护工作的推进,蕴藏在历史遗存背后的乡村地域文化逐渐受到重视。2012 年,住建部、文化部、财政部、国家文物局联合发布了首批《中国传统村落名录》,并将对传统村落的保护工作提升至国家战略层面。依据《传统村落评价认定指标体系(试行)》,传统村落的筛选主要包括传统建筑、村落选址和格局、非物质文化遗产 3 类指标,相较历史文化村镇制度而言,传统村落的评价更重视村庄风貌的整体性、艺术性与文化价值,并加入了科学价值、艺术价值、活态利用及非物质文化遗产的量化评价内容。

在先后五批国家级传统村落的评选基础上，为了推动传统村落集中地区探索集中连片保护利用长效机制，财政部、住建部又组织开展了传统村落集中连片保护利用示范工作，迈入以县域为单元的集中连片保护阶段。在示范县评选时，要求县域内至少拥有 5 个国家级传统村落，保护理念也从单个村庄时期的“健全保护名录、摸清家底”，走向集中连片时期的“串线成片、以用促保”，强调传统村落保护利用的共通性与关联性。

依据历史沿革、村落肌理、建筑风貌、非物质文化遗产的丰富程度以及保存状况，一般将传统村落分为“国家级、省级、市县级”3 个等级实行分级保护。根据政策要求，国家级传统村落应制定详细的保护发展规划，明确保护范围、保护内容和保护措施，鼓励村民参与保护活动，提高村民的保护意识；省级传统村落参照国家级传统村落的保护措施，制定适合本地区的保护发展规划，推动传统村落与旅游、文化等产业的融合发展；市县级传统村落应制定适合本地区的保护规划和措施，确保传统村落的历史文化和建筑风貌得到保护。

另外，根据差异化保护、梯度推进原则，传统村落还可以分为抢救保护、整治提升以及融合发展等类型，实行分类保护。其中，抢救保护型主要针对地理位置偏僻、空心化严重、现状破败的传统村落，采取修缮或搬迁等方式进行保护，并建立测绘等数字影像档案；整治提升型主要指区位优势不明显、居住率较高、建筑风貌与村落格局保存较好，但人居环境较差的传统村落，实行整治提升建筑（民居）风貌，重视对空间格局和历史文化要素的保护，重视消防安全与防灾、人居环境改善；融合发展型主要指区位优势明显、地域特色突出、发展前景良好的传统村落，应在实现宜居的基础上，进一步传承地域文化、盘活优势资源，同时推进农文旅融合发展。

7.1.3 传统村落保护规划

传统村落保护规划应遵循以下原则。

（1）保护为先，利用为基，传承为本　全面加强传统村落文化遗产保护，合理发挥传统村落的文化、社会、经济价值，实现以保护促发展，以发展强保护。

（2）传承中华农耕文明　深入挖掘农耕文化中蕴含的优秀思想观念、人文精神、道德规范，充分发挥其在凝聚人心、教化群众、淳化民风中的重要作用。通过保留独特的乡村传统文化元素，创造富有品牌性的乡村文化产品，重塑乡村文化生态。

（3）尊重村民的主体地位　结合村民生产生活需要，注重传统民居宜居性改造、传统建筑活化利用、基础设施和公共服务完善提升，以及乡风民俗的挖掘传承，形成“政府、村支两委、设计师、建筑工匠、村民”共同参与的传统村落保护发展机制。

（4）因地制宜，因村施策　根据传统村落地域条件、分布特征、文化脉络、资源禀赋等方面的差异，指导资源调查、规划编制等工作，并注重建立传统建筑工匠名录。

在上述规划原则指导下，传统村落的保护规划主要包含以下 3 方面内容。

1. 历史文化遗存价值评价

基于以下内容与要素的梳理，开展历史文化遗存评价：传统村落（或集中连片保护区域）的区位、历史沿革，自然地理、生态环境，经济产业概况；历史文化资源、自然资源的内容与分布特征；村落空间肌理、院落形式、建筑特征（建筑结构、屋顶形式、装饰要素等），非物质文化遗产；基础设施、公共服务与防灾减灾情况。

在评价集中连片保护地区时，还需要对保护范围内的中国历史文化名镇名村、中国传统村落、中国少数民族特色村寨、非物质文化遗产等的内容、等级、数量、分布、文化联系（语言、风俗习惯等)进行分析与评价。

2.传统村落保护规划

1)保护分区划定

合理划定核心保护区、建设控制区、环境协调区,提出分区管控要求,是传统村落保护规划的核心内容。

(1)核心保护区　即空间格局和历史风貌较为完整、历史建筑和传统风貌建筑集中成片的区域,由该区域及周边的山体、农田、水域等构成。核心保护区内除必要的基础设施和公共服务设施外,不得进行新建、扩建活动;严格保护传统村落的整体格局、民居与街巷肌理,以及具有地域特征的景观环境,并在此前提下开展有序更新;严格保护具有文化内涵的轮廓线、制高点。

(2)建设控制区　即为保护核心区内历史文化遗存的安全与完整性,对核心保护区周边环境及风貌加以限制的区域。该范围内除必要的基础设施和公共服务设施外,不建议进行其他建设活动;保护村落的历史格局、街巷尺度、传统风貌和原住民生活方式,严格控制新建建筑的高度、材质和色彩;采取小规模、渐进式方式,引导和发展文化、休闲等公共活动功能;不得大拆大建,因地制宜地加强防灾体系建设,确保消防安全;维护建筑群的制高点、重要建筑在群体中的空间位置、具有观景作用的平台、屋顶等空间。

(3)环境协调区　即为核心保护范围和建设控制地带提供良好的保护屏障和景观背景,在建设控制区向外一定距离、结合村落四周山体及行政边界综合划定的区域。环境协调区内的新建、扩建、改建和加建活动应遵守规划引导措施,保证原有山水格局的完整性;新建建筑应结合自然生态环境、顺应山地地形地貌,做到显山、露水、透绿,避免对山水自然环境的遮挡和建设性破坏。

2)历史建筑的保护与利用

(1)分类保护与品质提升　综合考虑建筑风貌和建筑质量,对具有历史价值的建筑物、构筑物进行分类保护和整治;对一般建筑物、构筑物,根据对历史风貌的影响程度,分别提出保留、改造、拆除等措施,使其符合整体传统风貌要求。鼓励采用包括生土及石、木在内的传统建筑材料,改善提升室内采光通风、保温隔热等物理环境,并与现代设施设备、生活习惯有机结合,在保持风貌的前提下解决传统村落适应现代居住的问题。

(2)特色建造技艺传承　在建筑保护修缮过程中,应总结、提炼富有地域特色的传统建筑特征要素,归纳整理地方匠艺流程、民间营造智慧,规范传统建筑修缮材料与施工技术,建立传统村落建造技艺研习示范基地,加强对传统工艺、经验、技术的研习培训,探索可持续、可传承的工匠传习机制。

3)基础设施的改造与提升

(1)发挥乡土智慧,降低风貌影响　基础设施建设应符合传统村落的实际情况,不能盲目模仿城市。应充分利用已有的传统基础设施,既要延续历史风貌,又要符合当代生产生活需求。

(2)修复利用历史水系　调查传统村落内、外的水系状况,结合生态环境保护工作,定期清理河道、沟渠,保证水体的流动性;对于原有的可满足使用需求的给排水、泄洪设施,应注重维护、利用,并进行修缮与合理改造,使之成为传统村落给排水系统的组成部分。

(3)合理改善交通条件　在保护村落整体风貌和空间格局的前提下,梳理各个使用群体的交通需求，完善道路、停车、公交站等设施。保证村落内、外道路的有机衔接，满足村民生活、产业发展的交通需求。

(4)科学改善村落照明条件　以保障夜间交通安全为目的，尽量避免采用带巨大太阳能板的路灯或者高灯杆路灯，推荐采用与传统风貌相协调的路灯样式。街巷较窄的，推荐采用壁灯照明，以减少路灯设置对视觉与景观环境造成的负面影响。

(5)完善防灾避难设施　布局“防灾指挥中心、紧急避难场所、应急疏散通道”的防灾空间系统，针对常见的灾害类型，完善“防洪、抗震、消防、医疗、物资集散”的防灾设施内容，树立“宣传普及、日常自查、定期排查、村落共救”的主动防灾意识。

3. 非物质文化遗产的保护与传承

(1)识别和认定代表性传承人　通过访谈等形式开展对非遗传承人及其代表作的信息采集，并运用现代信息技术加以记载；收集传承人包括实物资料与电子资料在内的有关文献，并进行数字化处理与归档。设立专门的评审委员会或专家组，负责评选和认定代表性传承人；制定明确的评选标准，包括传承经验、技能水平、影响力等评价内容。

(2)建构非遗市场化的再生模式　鼓励非遗传承人运用其代表作与相关研究机构、企业展开进一步的研究合作与文化产品开发。根据研发成果的附加值及其市场接受度，拟定地方非遗传承专项基金的再投资计划。

(3)建立抢救性记录档案　定期组织抢救性记录活动，邀请代表性传承人参与，分享他们的技艺和知识。利用现代技术，如录音录像、虚拟现实等，保留非遗传承的效果展示。制作专业的抢救性记录材料，包括书籍、展览、纪录片等，用于宣传和教育。

(4)培育品牌、助力振兴　以各地独特的非遗、民俗文化为基础，有序开发优势特色资源。企业作为市场主体应发挥创新优势，在非遗政策支持下，丰富文化产品种类、开发文创产品、形成特色文化品牌，助力乡村振兴。

❖专栏7-1　重庆市黔江区传统村落集中连片保护规划

1. 背景

黔江区地处武陵山区腹地，以土家族、苗族为主，是典型的少数民族聚居区。全区面积2402 km^2，辖30个乡镇、街道，拥有8个中国传统村落、1个中国历史文化名镇、3个市级历史文化名村、4个市级传统村落和11处历史建筑，于2023年入选传统村落集中连片保护利用示范县(市、区)名单。

2. 传统村落集中连片保护规划

以实现传统村落可持续发展为目标，围绕“三廊”，即乌江—阿蓬江民俗文化走廊(提升文化内涵)、小南海民俗文化走廊(生态保护与研学科普)、盐丹烟墨古商文化走廊(文化挖掘、技艺体验)，形成传统村落集中连片保护发展格局。以较为成熟的黔江土家十三寨、濯水古镇、酉阳桃花源、秀山边城景区为核心，定向引导、辐射周边；促进现代农业产业片区与景区的联动发展，将一定区域内距离相近的传统村落相连，整合周边资源，形成主题鲜明的保护发展片区(图7-2)。

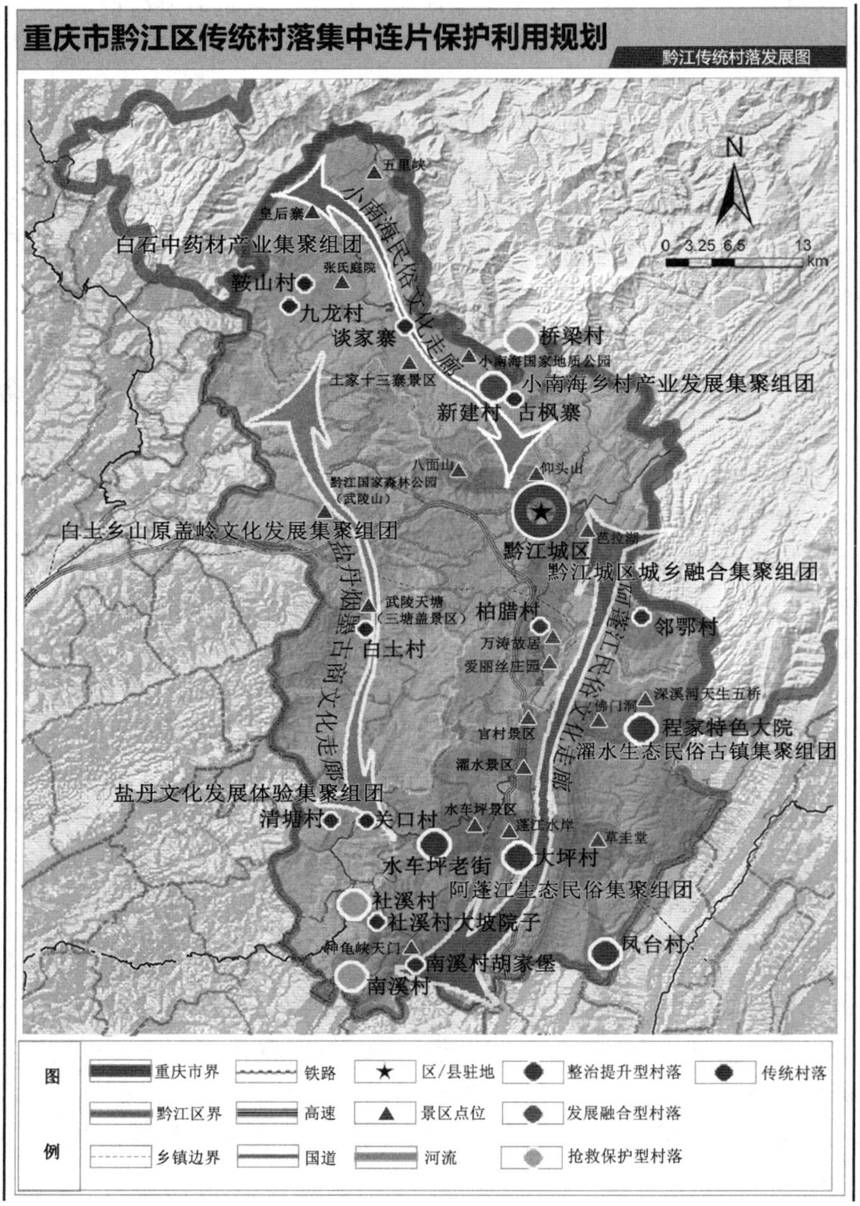

图 7-2 重庆黔江区传统村落集中连片保护图

3. 小南海镇新建村(谈家寨、张家寨)保护规划

新建村紧邻小南海国家地质公园,在集中连片规划中定位为整治提升型传统村落。在制定保护规划时,首先,依据自然环境、传统建筑、基础设施等的要素分析与评价,划定保护分区(图 7-3)、明确建筑分类(图 7-4),并制定分区、分类保护策略;其次,谋划与景区的联动发展,对板夹溪沿线进行生态治理与景观提升,依托自然资源和特色农业,发展休憩营地、精品民宿、生态采摘园等旅游项目;最后,依托土家三合院落、半干栏式民居建筑,培育艺术鉴赏、科普研学基地。

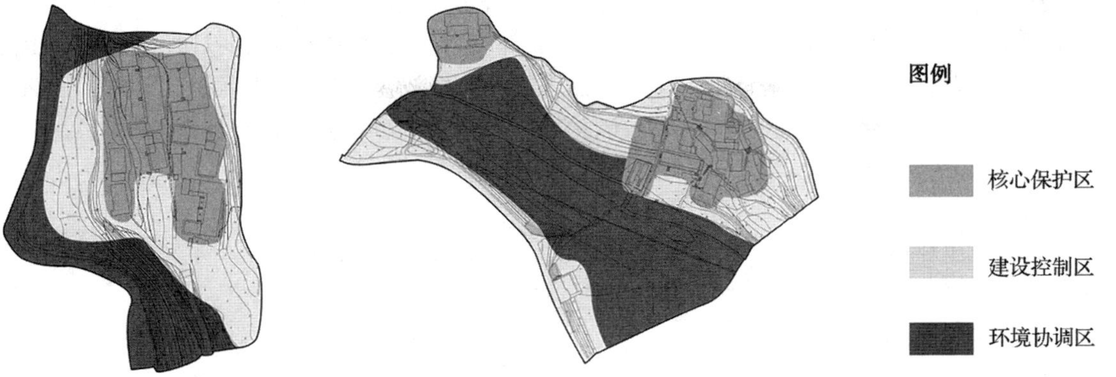

谈家寨保护区划定　　张家寨保护区划定

图 7-3　新建村(谈家寨、张家寨)保护分区划定

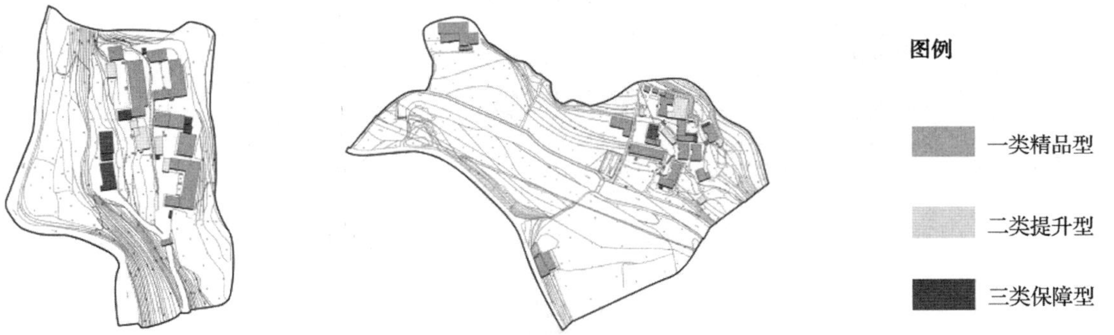

谈家寨建筑保护分类示意图　　张家寨建筑保护分类示意图

图 7-4　新建村(谈家寨、张家寨)建筑保护分类

7.2　乡村安全韧性

乡村安全韧性指面临外界突变或渐变扰动时，乡村具有抵抗变化、适应变化并产生更强生命力的能力。可以说，安全韧性是乡村存续发展的基础和保障，是乡村实现可持续发展的重要能力。乡村安全韧性营建涵盖社会、经济、环境等多个方面，在营建过程中应有意识地培育乡村系统抵御风险的能力，并体现在物质空间环境当中，成为乡村规划设计的重要任务。

7.2.1　乡村安全规划方法

在国土空间规划制度框架下，城乡安全韧性建设以综合防灾规划为核心支撑，该体系纵向贯穿国土空间总体规划、详细规划和专项规划三大层级，横向统筹安全防灾相关的用地布局、空间结构和设施网络等核心要素，并通过建立全过程规划管控机制，系统构建安全韧性规划范式。从综合防灾规划的内容来看，依据自然资源部发布的《国土空间综合防灾规划编制规程》(以下简称《规程》)，要求在规划编制中对各类主要灾害风险区、灾害风险控制线、防灾空间、防灾设施和灾害防治项目作出规划安排和管控要求。

此外，一些重要城市还根据自身的安全韧性提升需求，制定了相关规划内容，如北京市韧性城市空间专项规划、上海市综合防灾减灾规划、深圳市应急疏散救援空间规划等。综合上述规划的核心内容，涉及乡村地区的内容主要涵盖安全分区划定、疏散廊道组织、避难场所配置，从宏观安全体系规划到微观安全场所设计，构建了多层次的乡村安全韧性体系（图 7-5）。

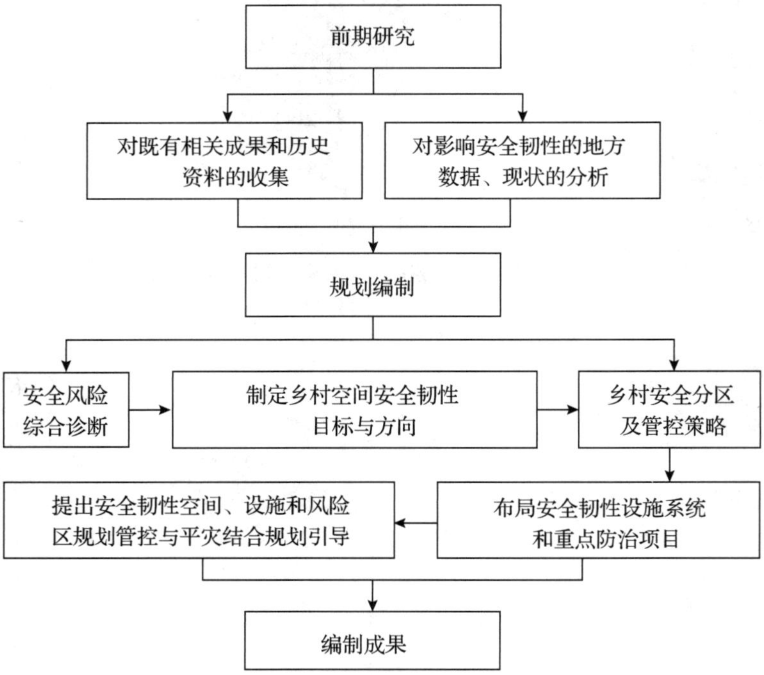

图 7-5　国土空间规划背景下乡村安全韧性规划框架

（资料来源：改绘自中华人民共和国自然资源部，2023）

1. 划定安全分区

风险区识别是乡村安全韧性规划的基础，可以采用划示和划定两种方式。划示一般用于划设县域及以上层级国土空间灾害风险区的位置和范围；划定一般用于划设中心镇区、村庄的国土空间灾害风险区的准确界线。有条件时，县域也可采用划定方式。

单灾种的国土空间灾害风险区由该灾种的灾害管理部门根据判识或评估划设，在统筹协调单灾种灾害风险区的基础上划设国土空间灾害风险区。国土空间灾害风险区通常由不同等级的灾害风险区构成，规划针对各级风险区提出相应的空间管控要求。对于各类灾害风险区在空间上的叠加区域，需考虑灾害链的影响范围和影响程度，提出对应的管控规则。

此外，规划应建立动态维护机制，结合各类灾害风险区和灾害风险控制线的评估结果，定期调整灾害风险控制线，并将调整后的成果及时纳入国土空间规划"一张图"实施监督信息系统。

在规划实施过程中，除了落实灾害风险区及管控要求外，还要考虑与乡村特点相符的技术指南，以及针对主要安全风险的行动计划，明确防治区域与优先工作。具体步骤如下。

（1）进行灾害风险评估　根据乡村地域特征及安全韧性目标，提取乡村主要灾害种类与风险内容，开展多灾种风险评估，形成安全底图，并适当进行补充调查和规划工程地质勘查。

(2)构建乡村安全格局　根据多灾种风险评估结果,在乡镇级总体规划和详细规划层面,控制土地利用关键边界和空间形态,并对主要街巷、设施、避难、应急保障等空间进行规划或布局优化。在安全格局的基础上,提出区域镇村体系、居民点安全布局要求,评估乡村既有建筑、重要基础设施等的防灾能力和恢复能力,合理安排安全设施的选址、布局和建设改造要求及时序。

(3)实施动态韧性管控　识别外部风险扰动敏感要素,调动数据平台应急备案记忆,整合多学科安全治理特点;针对灾后应对状况不断提升学习能力,动态适应各种安全风险以训练长期免疫能力,提升乡村空间安全韧性及治理能力。

2.组织疏散廊道

针对乡村地区居民在防灾疏散中存在的应急反应时间长、疏散路径选择盲目以及应急行动能力低下等问题,疏散通道应从组织科学合理的疏散路线、应急疏散导视系统设置两方面入手。同时,还需结合疏散路径,综合考虑冗余配置防灾基础及公共服务设施,缩短村庄(社区)应急响应时间,增强村民自救能力等方面。具体步骤如下。

(1)综合分析现状通道,预测基本疏散需求　乡村地区地理环境复杂多样,应首先对现有道路进行分析,包括长度、宽度、通行能力、标识设置等,以此评估现有通廊在紧急情况下的可行性和有效性。之后,根据对象区域的人口密度、建筑布局、交通状况、自然环境等因素,预测紧急情况下的人员疏散需求,包括疏散人数、疏散时间、疏散速度等关键指标。

(2)因地制宜规划路线,确保空间灵活便捷　首先基于现状分析和需求预测结果,设计科学合理的疏散通道方案,涵盖通道的布局、宽度、材料等内容,并考虑不同公共安全影响因素下的疏散需求;同时,疏散通道应便捷、直接,避免曲折与交叉,以减少疏散时间。其次,为确保疏散路线的可靠度,可采用多条路径并行的方式,设置主疏散路线和备用疏散路线。主疏散路线应尽量选择平坦、宽敞且易通行的道路,而备用疏散路线则可以在主路线受阻时提供替代选择,确保村民能够顺利疏散。在规划过程中,可以利用地理信息系统等技术手段,在对潜在疏散路线进行模拟和分析后选择最优路径。此外,还应定期对疏散路线进行评估和调整,以适应乡村地区的地理环境变化。

(3)明晰疏散关键节点,设置疏散指示标志　在疏散路径上设置清晰醒目且简明易懂的疏散标识标牌是缩短路径选择时间的关键。疏散标志应设置在人流汇集的道路交叉口以及村民日常聚集的祠堂、健身场所等公共空间处,包含明确的疏散方向、距离避难场所的剩余距离等信息。同时,标牌的设计也应考虑到村民的认知能力和阅读习惯,使用简单易懂的语言和图标,采用鲜艳的颜色、大字体、高亮度材料等显示方式,确保村民在紧急情况下能够迅速理解并作出正确判断。此外,还可以利用社交媒体向村民提供疏散路线的实时信息和演示教程,帮助其更好地了解和掌握疏散路径。

(4)冗余配置防灾设施,增强居民自救能力　在疏散路径的关键节点处冗余配置防灾基础及公共服务设施,能够有效缩短村庄或社区的应急响应时间。这些设施包括应急避难所、医疗救助点、消防器材存放点等,在灾害发生时为村民提供及时的援助和支持。同时,为了确保设施的有效性,应定期进行检查和维护,确保其始终处于良好的工作状态。此外,在具体实施过程中,还可充分发挥乡村地区的社会组织和志愿者的作用,组织志愿者在灾害发生时迅速响应,在防灾疏散过程中为村民提供必要的帮助和支持。

3.配置避难场所

1)避难场所规划依据

(1)协调不同层级、满足差异化需求　按照分级负责、属地为主、分级响应调度资源的原则,在遵循国土空间规划的前提下,以构建乡村安全生活圈为目标,合理设置应急避难场所。按照建筑场地类别和避难时长、避难种类、避难面积、避难人数、服务半径、设施设备物资配置等因素,设置单一性或综合性,并区分紧急、短期、长期的应急避难场所,还可根据特殊需求及功能需要设置特定的应急避难场所。

(2)统筹利用各类乡村应急避难资源　新建应急避难场所应与乡村公共设施、场地空间等同步规划、建设、验收和交付;改造应急避难场所应充分利用学校、广场,以及乡镇(街道)和村(社区)的办公用房、文化服务中心等公共设施、场地空间进行合理调整;通过政府组织评估、指定等方式,充分利用乡村集贸市场、福利院、空旷场地设置临时应急避难场所。新建和改造应急避难场所应结合乡村振兴需要,统筹防灾防疫防空等多功能兼用设计,或预留必要功能接口。

(3)满足乡村应急避难场所数量要求　加大灾害事故高风险地区和乡村集中居住地段的应急避难场所建设力度,一般情况下,1 个乡镇至少设置 1 个乡镇(街道)级应急避难场所,1 个行政村至少设置 1 个村(社区)级应急避难场所。

(4)满足乡村应急避难场所功能需求　根据应急避难场所的级别、类型定位,选择适于承担的功能,合理设置应急住宿、医疗救治和物资储备等功能,科学配置供电、供水和排污等设施设备物资。具备条件的应急避难场所还可配置文体活动和心理抚慰等功能。乡村应急避难场所内、外及周边区域规范设置指示标志,结合公共设施和场地空间的实际情况,考虑残疾人、老年人、幼儿、孕妇和伤病员等特殊群体的无障碍设计。

(5)考虑特殊条件下的应急避难需求　部分乡村地处高原、高寒、高温、高山峡谷等特殊环境,或靠近重大危险源、核设施等高风险区域,对应急避难有着特殊需求,应因地制宜进行应急避难场所功能设计,并配置相应的设施设备和防护保障物资。

2)避难场所规划步骤

(1)分析乡村应急管理、避难场所现状　提炼既有规划中与应急管理及应急避难相关的内容,把握与应急管理和应急避难相关的经济社会条件,以及制度、体系、资源需求。在应急管理和应急避难场所资源调查的基础上,评估应急避难场所的现状与问题。主要包括以下内容:①基本现状,包括应急避难场所的数量、规模、空间分布、抗灾能力等;②功能配置,包括避难时长、避难种类、避难面积、避难人数、服务范围、功能区和设施设备物资配置等;③应急通道,包括疏散道路及通道级别、宽度、建设方式,以及与应急避难场所的时空可达性等。

(2)评估乡村应急避难需求及可利用资源　首先,对乡村面临的主要安全风险及分布情况进行分析,主要内容包括:与乡村公共安全相关的自然灾害、事故灾难、公共卫生事件、社会安全事件的种类、风险大小、影响程度和空间分布等。其次,对乡村应急避难人员进行分析,重点把握应急避难人员数量、特征(年龄结构、避难需求、人员分布等)、避难种类、避难时长等。最后,对乡村应急避难资源进行调查分析,其中,应急避难资源数据信息包括:空间位置、类型、建筑场地条件、适于避难种类、可用避难面积和基础设施情况等;乡村应急避难的潜在资源(学校、广场、集贸市场、福利院、办公用房、文化服务中心等公共设施及场地空间与防疫防空资源等),与已建成的应急避难场所,共同构成所有应急避难资源。

(3)制定目标与指标　根据现状条件和乡村应急体系建设总体要求,在与经济社会发展目标相协调的基础上统筹考虑应急避难场所的建设任务,并提出分阶段建设目标。根据建设目标制定应急避难总体安排,主要包括不同灾害事故场景下的转移避险、安置避难群众的解决方案和应急避难场所的分级、分类布局策略。另外,还应结合相关规范标准,明确应急避难技术指标,包括:满足所需避难人口百分比,人均有效避难面积,不同级别、类型应急避难场所的比例和建设方式等。

(4)配置应急避难场所　在应急避难策略和指标的指导下,对乡村应急避难场所进行实际配置。首先,考虑易发多发安全事故特点、人口分布、地理地质环境、基础设施抗灾能力等,合理布局乡镇(街道)、村(社区)适宜级别和类型的应急避难场所。其次,根据应急避难场所体系及综合交通规划,选取安全性、连通性和可恢复性较好的道路,作为至应急避难场所的疏散通廊,并明确相关建设标准和要求。根据应急避难场所的功能需求,结合城乡基础设施体系,确定支撑应急避难场所服务功能的供水、供电、排水、排污等相关基础设施空间分布和建设要求,明确服务供应中断时的应急保障措施。

(5)设计要求指引　根据应急避难场所的级别和类型要求,对各个应急避难场所的场地建筑条件、服务范围、功能区、设施设备、物资储备和信息系统等提出设计指引。

4. 构建安全生活圈

在进行安全韧性相关公共服务设施配置时,需要综合考虑安全生活圈的构建以及国家关于"平急"功能复合的要求。

(1)"县-镇-村"三级安全生活圈结构　县域是统筹城乡的最佳空间单元,以县域尺度的城乡系统为载体,将城乡生活圈和防灾生活圈相融合,构建城乡安全体系,形成"县、镇(中心镇、一般镇)、村(中心村、自然村)"三级安全生活圈(图 7-6)。安全生活圈可根据乡村地区的自然环境特点形成多种结构模式,例如平原地区可以采用圈层式结构,山地地区可以采取多中心组团式结构;也可以沿交通干线形成带状结构,以此指导安全设施配置和管控策略制定(图 7-7)。

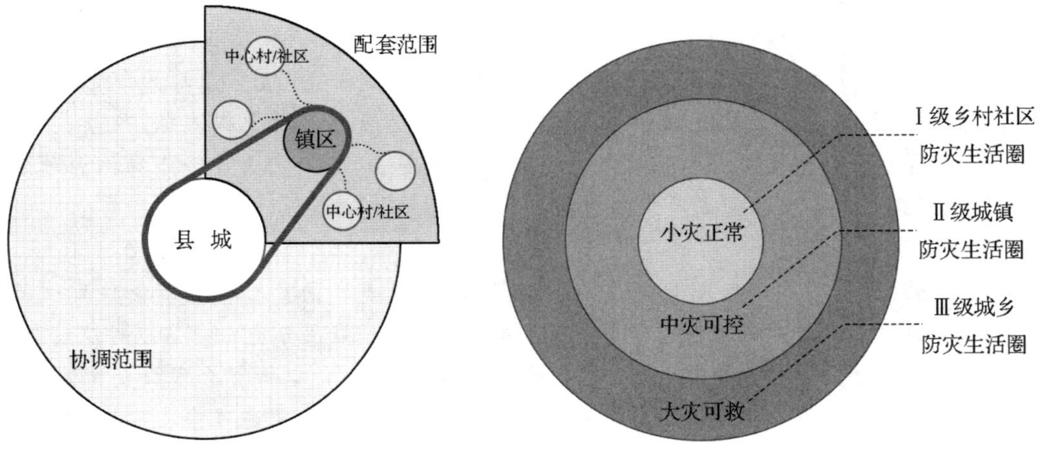

图 7-6　"县-镇-村"三级安全生活圈体系示意图

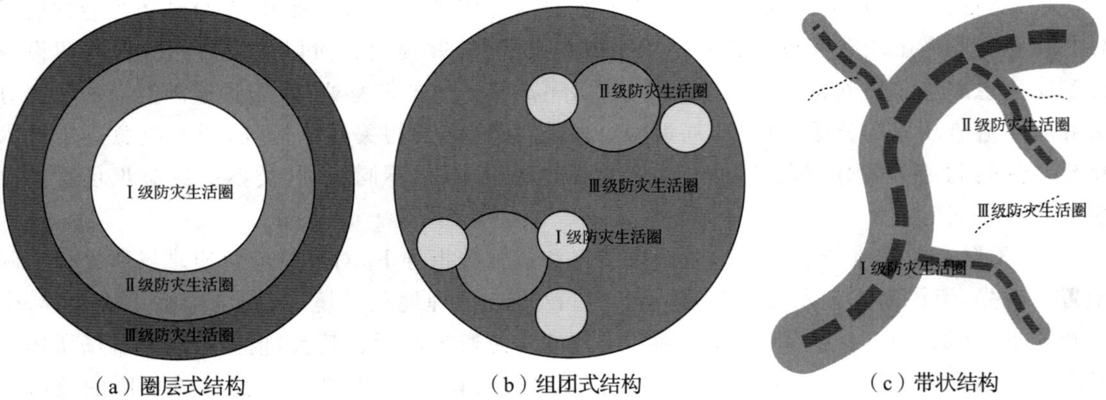

图 7-7 安全生活圈结构类型示意图

（改自：王志涛等，2021）

(2)乡村"平急两用"公共基础设施布局要求　自然资源部办公厅印发的《平急功能复合的韧性城市规划与土地政策指引》中，鼓励乡村从医疗救治隔离、避难安置、疏散救援、物资供应等"急时"功能保障需求出发，围绕"平疫、平灾、平赛、平假、平战"等不同"平急"情形，梳理各类"平急两用"的应用场景和空间需求，提出相应的土地政策、设施体系和管理内容，提高灵活转换、快速恢复的乡村治理能力。在平急功能复合理念下，总体规划要注重空间统筹安排，从优化全域村庄安全格局的角度，提出"平急"功能复合目标、工作重点和空间布局要求，充分利用乡村闲置资源植入"急时"功能；详细规划要落实细化"平急两用"空间资源的用地选址、承载规模、功能转换的要求，确定用地边界和功能转换的空间管控及使用要求。

专栏 7-2　重庆市璧山区健龙镇综合防灾规划

1. 划定灾害风险分区

综合运用指标权重法构建村落风险评价指标体系，结合风险矩阵法进行区域风险量化评估，综合划定风险等级与范围。

2. 构建应急疏散网络

基于健龙镇交通系统现状，将县乡道路作为主要疏散通廊，村道作为次要疏散通廊。同时，运用 AnyLogic 软件建立健龙镇的仿真疏散模型，开展应急疏散模拟演练，收集人群疏散行为数据，并通过社会力模型分析疏散路径的有效性及安全、防灾相关设施布局的合理性，识别应急疏散网络可能存在的问题及规划干预点。

3. 配置应急避难场所

结合健龙镇的空间风险地图与疏散网络格局，运用覆盖率法及社会力疏散仿真试验，对镇、村两级的避难场所进行初步选址。按照《应急避难场所分级及分类》标准，在村庄设立紧急避难场所，并在镇区设立短期避难场所，同时根据镇、村的服务人口情况合理设定避难场所规模。此外，在龙江社区和肖家嘴社区规划镇级医疗设施、应急储备及避难中心，完善综合防灾生活圈(图 7-8)。

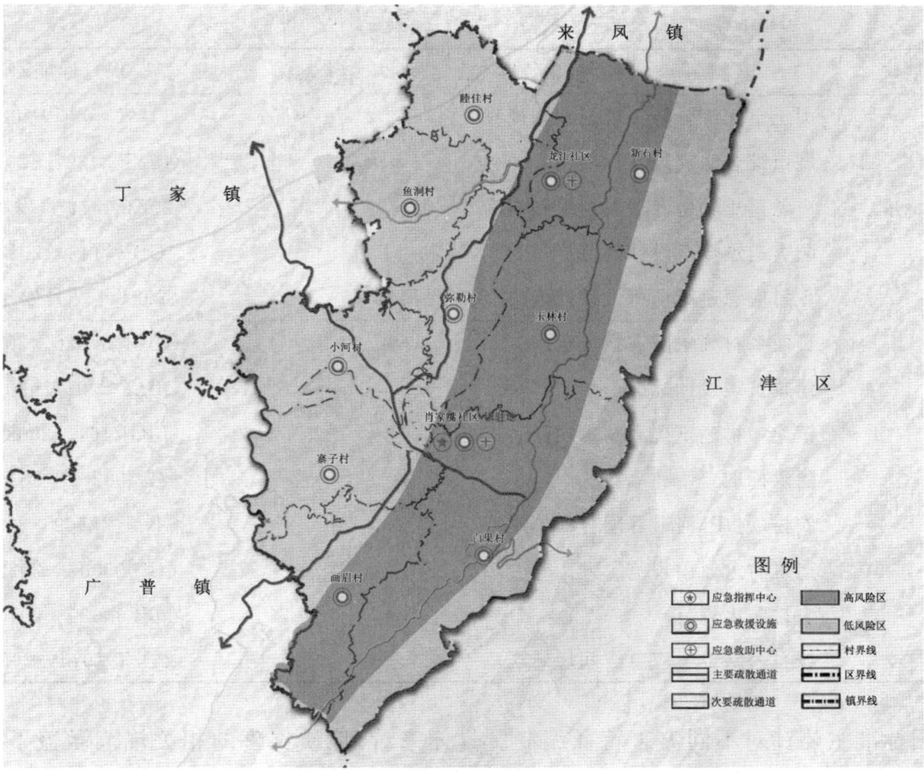

图 7-8　健龙镇综合防灾规划图

7.2.2　乡村安全韧性的法规体系与技术规范

党的十八大以来，党中央强调统筹发展和安全大局，不断推动国家安全地位提升与治理重心下移；2019 年国土空间规划制度确立，城乡安全韧性建设重点由城市地区拓展至城乡全域范围；2022 年，党的二十大报告提出要完善国家应急管理体系，夯实国家安全和社会稳定基层基础；之后，《国家乡村振兴战略规划》《"十四五"国家综合防灾减灾规划》《中共中央、国务院关于做好 2023 年全面推进乡村振兴重点工作的意见》(2023 年中央一号文件)等政策文件，提出加强乡村应急管理基础能力和应急保障能力建设，完善乡村基层灾害综合风险防范体系、突发事件应对协调机制，提升乡村治理效能。

现行与乡村安全韧性相关的法规、政策，多为应对不同灾害类型的城乡通用应急管理办法，例如《中华人民共和国防洪法》《中华人民共和国消防法》《中华人民共和国防震减灾法》《中华人民共和国传染病防治法》，以及《生产安全事故应急条例》《建设工程安全生产管理条例》《突发公共卫生事件应急条例》《地质灾害防治条例》等。在上述法规条例的基础上，各地方一般还会出台适合地方的公共安全与应急管理实施细则。

与乡村安全韧性相关的行业标准、技术规范可以分为通用标准、专用标准 2 类(表 7-1)。其中，通用标准主要包括《国土空间综合防灾规划编制规程》(TD/T 1086—2023)、《城市综合防灾规划标准》(GB/T 51327—2018)、《应急避难场所专项规划编制指南》(2023 年)、《防灾避难场所设计规范》(GB 51143—2015)、《乡村应急避难场所设计规范(征求意见稿)》(2024 年)。

表 7-1 乡村安全韧性相关规范标准

标准层次	标准名称	现行标准
通用标准	国土空间综合防灾规划编制规程	TD/T 1086—2023
	城市综合防灾规划标准	GB/T 51327—2018
	应急避难场所专项规划编制指南	2023 年 12 月发布
	防灾避难场所设计规范	GB 51143—2015
	乡村应急避难场所设计规范(征求意见稿)	2024 年 7 月发布
专用标准	美丽乡村气象防灾减灾指南	GB/T 37926—2019
	建筑抗震设计标准	GB/T 50011—2010
	镇(乡)村建筑抗震技术规程	JGJ 161—2008
	防洪标准	GB 50201—2014
	农村(村庄)河道管理与维护规范	GB/T 38549—2020
	建筑防火通用规范	GB 55037—2022
	农村防火规范	GB 50039—2010
	城乡公共卫生应急空间规划规范	TD/T 1074—2023

专用标准主要针对不同灾害特征编制。具体来看,地质灾害的相关规范涵盖了地震、滑坡、泥石流等地质灾害的防治措施,指导建筑物抗震设计及土地合理利用等内容,包括《建筑抗震设计标准》(GB/T 50011—2010)、《镇(乡)村建筑抗震技术规程》(JGJ 161—2008);洪涝灾害的相关规范用于指导防洪设施建设、排涝工程布局等,包括《防洪标准》(GB 50201—2014)、《农村(村庄)河道管理与维护规范》(GB/T 38549—2020);防火相关规范主要用于指导乡村建筑消防设施布局及设置消防通道,包括《建筑防火通用规范》(GB 55037—2022)、《农村防火规范》(GB 50039—2010);突发公共卫生事件的相关规范主要指导疾病预防控制应急空间、医疗救治应急空间等的布局与建设,如《城乡公共卫生应急空间规划规范》(TD/T 1074—2023)。

小结

保护文化遗产、提升安全韧性是科学布局乡村空间和功能的前提。在乡村规划体系中,遗产保护制度经历了从历史建筑的保护、到单个传统村落的保护、再到传统村落集中连片保护的过程。传统村落保护规划需要从区域、村庄两个层级入手,挖掘村庄所在区域共性保护内容与空间营建技艺的同时,注重对村庄独有的文化魅力与空间特征的体现。

乡村安全韧性规划方面,通过划定安全风险区域、构建安全生活圈,指导疏散廊道、避难场所的设施配置与场所组织;同时,思考适合"平急两用"的方案,做好"平急"功能转换与日常管护预案,并与应急管理体制机制紧密衔接。

思考题

1. 简述乡村遗产的概念与内容。
2. 简述传统村落保护规划的主要思路。

3. 简述非物质文化遗产的保护与传承方法。

4. 简述避难场所规划设计的主要方法。

5. 简述乡村安全生活圈的分级定位与任务。

6. 简述乡村与城市在应急管理方面的主要区别。

参考文献

重庆市规划和自然资源局. 重庆市黔江区传统村落集中连片保护利用规划[R]. 2023.

胡斌,邹一玮,马若诗. 乡村文化景观遗产综合调查与评价体系研究[J]. 风景园林,2021,28(9):109-114.

王志涛,倪乐,郭小东. 韧性视角下城乡防灾一体化规划的若干思考[J]. 城乡规划,2021(4):99-106.

徐丹华."韧性乡村"认知框架和营建策略[M]. 南京:东南大学出版社,2021.

臧鹏,刘吕红. 论中国非物质文化遗产的民族特性及其传承机制——从民俗·艺术·规约三维度立论[J]. 福建师范大学学报(哲学社会科学版),2022(2):127-137,172.

中华人民共和国自然资源部. 国土空间综合防灾规划编制规程(TD/T 1086—2023)[S]. 中华人民共和国土地管理行业标准. 2023-10-31.

第Ⅲ篇

乡村设计思维与模式

第8章　乡村设计模式与策略

本章简介:本章讲解了乡村设计的要素与模式,总结了乡村设计的常见策略。乡村设计要素分为自然、人工、文化3类,其中,自然要素包括地形地貌、植被、水文等,影响着乡村的景观风貌;人工要素包括乡村建筑、设施设备等,构成了乡村的建成环境;文化要素涉及民俗、宗教、宗族等,体现着乡村的文化内涵。乡村设计模式主要包括:注重生物多样性保护、乡村蓝绿空间设计的生态景观提升模式,聚焦历史文化要素保护、传统技艺与民俗活动再现的乡土文化传承模式,突出标志性景观、强调体验活动的艺术营造设计模式等。基于上述要素与模式,可以进一步提炼出传统风貌延续、空间创新利用和数字赋能的设计策略。

通过本章内容的学习,理解乡村设计涉及的主要要素及其特点,掌握乡村设计的思维方式,并能够将相关的模式、方法灵活运用于设计实践。

8.1　乡村设计要素

乡村环境的形成深受自然生态和社会文化的影响,如何更好地优化环境要素是乡村设计的核心内容,也是促进乡村经济、社会、文化、生态协同发展的主要动力。乡村环境要素主要包括自然要素、人工要素、文化要素3种类型。

8.1.1　自然要素

自然要素是乡村空间环境的基底,主要包括地形地貌、植被、水体、动物、土壤等。我国地域辽阔,自然要素的区域差异较大,不同乡村地区的景观风貌各具特色。

1. 地形地貌

在乡村设计中,地形地貌影响着乡村布局、建筑形式和生产生活方式。在山地与丘陵地区,村庄通常依地势而建,虽然用地局促、布局分散,却可以充分利用地形,更好地融入自然环境,形成错落有致的景观效果;在平原地区,乡村布局相对规整集中,可以更高效地利用土地资源,便于进行生产生活管理,也有利于水、电、气、路、网的建设和管护。

地形地貌也影响着农作物的种植类型和耕种方式。在山地地区,可以发展林果业、梯田农业,如云南元阳梯田;平原地区则适合大规模种植粮食作物,如三江平原的玉米、水稻、大豆种植。

2. 植被

植被是乡村空间环境的主色调,其中人工植被包含景观植物、道路绿化等,天然植被以乡村原有的林地、农田、草地为主。处于不同自然环境的村庄植被各具特点,比如森林地区多由高大乔木组成,草原地区多由多年生草本植物及小灌木组成,荒漠地区植被稀疏,多由旱生和盐生植物组成。不同植被类型在为乡村提供着特色景观的同时,也决定着建筑的材料、建造技术与风貌。

3. 水体

早期的人类一般择水而居,水决定了村庄的分布、形态,也是乡村空间中最具生命力的要素。在乡村设计中,水体不仅影响着乡村的自然环境,还直接关系到乡村的可持续发展和村民的生活质量。

不同水体类型的作用及利用方式有所差异。湖泊是封闭的天然水域,具有防洪调蓄作用,在乡村设计中可以成为核心要素,扩大和丰富环境感受;河流具有流动性,既是农业灌溉和生活用水的主要来源,也可以起到纽带作用,能够将不同景物要素联系在一起。此外,水体还具有产业发展功能,可以养殖水生动植物,也可以提供涉水活动。

4. 动物

各种动物、畜禽是乡村环境中的生命要素。动物分布具有显著的地域特征,不同气候条件对动物的生存和繁衍有着重要影响,热带地区动物适应高温、高湿环境,寒冷地区动物适应低温、干燥环境。动物在乡村生态系统中,通过生态平衡机制维持着乡村环境的稳定和循环经济,圈养、放牧等活动也为乡村增添了独特的风景。

5. 土壤

我国地域辽阔,从东南向西北分布着森林土壤、森林草原土壤、草原土壤、荒漠和半荒漠土壤等,不同的土壤类型和质地孕育了不同的乡村环境。肥沃的土壤可以支持茂密的植被生长,形成郁郁葱葱的乡村景观;贫瘠的土壤导致植被稀疏,形成独特的荒漠或草原景观。土壤的肥沃程度也影响着农作物的种类和产量,进而影响乡村的经济状况。肥沃的土壤可以种植多种农作物,农业产量高、乡村经济相对繁荣;贫瘠的土壤限制了农作物的生长,一定程度上影响了乡村的经济发展和收入水平。

8.1.2 人工要素

人工要素是塑造乡村空间的工具,包括建筑、街巷、公共空间、设施设备、农田等,这些要素相互关联、相互影响,构成了具有地域文化特色的乡土景观。

1. 建筑

建筑按使用功能可以分为民用建筑、工业建筑、农业建筑和宗教建筑 4 类。民用建筑包括居住建筑和公共建筑,具有一定的地域属性,受自然环境影响较大;工业建筑是供生产活动和物资储存的建筑物或构筑物,如农产品加工、物流仓储等;农业建筑主要指与农业生产活动相关的建筑,如饲养场、粮仓、设施大棚等,在满足农业生产需求的同时,因其数量多、分布广,在一定程度上影响着乡村的整体景观风貌。宗教建筑主要服务于宗教或宗族活动,不仅是村民的精神文化象征,也是传承乡村文化、提升宗族凝聚力、体现建设风貌的重要因素。

2. 街巷

街巷是乡村交通系统的重要组成部分,承担着交通、生产、生活、休闲娱乐等多重功能。作为空间骨架，乡村街巷一般主次分明，其布局和走向影响着村庄的整体空间格局。整齐布局多见于平原村落，自由布局多受地形、地势影响。同时，街巷也是乡村居民日常生活和交往的主要场所，其形态受到村民行为活动的影响。

3. 公共空间

公共空间是村民开展集会、娱乐、休闲等活动的主要场所，其功能具有多样性与复合性。乡村公共空间不仅是重要的物质要素，也体现着地域文化和精神特征，如老井、古树、戏台、庭院、晒场等，承载着乡村的历史记忆，也是地域文化认同和归属感的源泉。

4. 设施设备

设施设备可以分为农业生产、乡村生活、生态环境 3 大类，是为生产生活提供公共服务的物质保障，也是地区社会经济活动的服务系统。设施设备对乡村的影响是多方面的，如便捷的交通体系、完善的水利设施、稳定的电力供应和发达的通信网络等可以改善生活质量和生产条件，村委会、文化广场等可以丰富群众文化生活、推动乡村治理的有序开展。

5. 农田

农田具有经济、生态双重价值。在乡村设计中，集中连片的农田景观既可以形成环境底色，也可以在农田中增加设计元素打造大地艺术景观，满足视觉效果。此外，还可以在保留农田原始功能的基础上增设游步道、亭廊以及观景平台等游憩设施，如植物迷宫或稻田火车等趣味公共艺术品，增加农田景观的参与性与趣味性。

8.1.3　文化要素

文化要素是乡村地域精神的集中体现，主要包括民俗风情、宗教礼仪、风水文化等。

1. 民俗风情

民俗是世代相传的文化现象，体现着村民的价值观念，并约束着人们的生活行为。我国是一个统一的多民族国家，在长期的历史发展过程中，各地形成了独特的生活方式和风俗习惯。民俗文化与农耕活动紧密相连，生产习俗中春种、夏长、秋收、冬藏等农事活动是农民世代相传的生产方式；民俗文化也体现在居住行为中，不同地区、不同民族的建筑风貌、空间格局各具特色，形成了与自然环境和谐共存的居住文化；民俗文化还与社会结构和家庭观念紧密相连，婚丧嫁娶等仪式体现着村民对待亲情和礼仪的态度。

2. 宗教礼仪

宗教礼仪对乡村空间的影响主要表现在村民丰富多彩的信仰活动，以及特色鲜明的宗教建筑当中。宗教节日到来时，村民会在宗教建筑，如寺庙、祠堂等处举行祈福、祭祀等仪式，会在街巷、主要公共场所处举行全民参与的节庆活动。礼仪则渗透在乡村社会生活的方方面面，如婚丧嫁娶等习俗及日常行为规范，塑造着个体行为、滋养着道德品质，并通过乡村社会代代相传。

3. 风水文化

风水文化包括气、场、形、势、水等要素，是决定居住环境选址布局的实用技术。古人认为自然地理环境与村落命运息息相关，空间布局深受风水文化的影响。例如：建筑布局尊重自然环境，追求“天人合一”；充分利用山水环境，追求背山面水格局；建筑大门面向南侧迎阳气，墓地面向北侧顺阴气。

8.2 乡村设计模式

8.2.1 生态环境提升模式

生态环境提升模式指以生态优先、绿色发展为核心理念，通过对乡村生物多样性保护、蓝绿空间优化设计，实现改善乡村生态环境、促进乡村产业发展、提升村民生活质量的目的。

1. 生物多样性保护

充分考虑自然、半自然及人工环境的分布格局，分析现有生态要素的发展趋势与主要问题，通过改善、修复生态环境，优化农田、林地、村落的关系，加强生态景观要素之间的连接、多样性和异质性，为生物创造多元、适宜的生存条件。

2. 滨水空间设计

为了保护乡村免受洪水侵袭，乡村地区的滨水驳岸需要起到防洪、固堤、护坡的作用，从材料工艺上可以分为 4 类：自然式驳岸、人工式驳岸、混合式驳岸及其他驳岸。其中，混合式驳岸在防洪功能的基础上增加了亲水功能，设计多采用浆砌块石、水生植物与鹅卵石堆砌、石笼固岸等相结合的形式，滨水植物多选用本土品种，不破坏原有天然植被群。

3. 绿化景观设计

乡村绿化类型可以分为道路绿地、公园绿地、生产绿地、防护绿地 4 类。其中，道路绿地一般指在不影响通行的情况下，在道路单侧或双侧种植花灌木、小乔木，或蔬菜、玉米等作物覆盖边坡，兼具观赏与食用功能。公园绿地主要为乡村休闲公园、公共绿地，在建设中需要充分考虑村民，特别是老人、妇女、儿童的活动需求，适当布置休闲活动健身设施。生产绿地按照作物种类可以分为农田与经济林两种模式，农田适用于平原地区，主要种植农作物或苗木；经济林适用于丘陵山区，通过栽植果树、林木，既满足村民生活需要，又能吸引游客消费。防护绿地兼具防护与游憩功能，以防护功能为主的防护绿地通过大规模绿化实现组团隔离和防风沙功能；以游憩功能为主的防护绿地，需要考虑村庄外缘地形和现有植被内容，做到因地制宜。

8.2.2 乡土文化传承模式

乡土文化传承模式主要通过对历史文化遗存、非物质文化遗产、民俗风情的保护与传承，弘扬地域文化，促进乡村的可持续发展。

1. 传统建筑更新

运用新技术、新材料和新理念，在乡村传统建筑更新改造与新建建筑中延续地域性，丰富使用功能。在乡村新建建筑中，注重提取传统建筑、语言文化符号，尽量采用本土材料，展现乡村风貌特色与文化特征；还可借助现代科技，在建筑材料选择、设计理念与风格、功能需求方面尝试创新，并强调灵活性、可持续性，从而创造更高质量的生活环境。

2. 公共空间提质

创建满足社区居民需求、促进社会交往、增强文化认同感的公共空间。通常先凝练村庄文化特质，体现在公共空间环境当中；再调整与现代生活不相适应的要素，展现传统空间格局与民俗文化的同时，赋予其现代功能。物质要素应以乡土材料为主，营造温暖、质朴、亲近的空间体验，且节约造价，又利于环境保护；非物质要素应彰显本土特点，营造手法、空间构成、技术理念应与本土特征、风貌、生活观念相一致。

3. 文化品牌设计

整合传统文化资源，通过系统设计培育具有地方特色和文化内涵的空间环境，从而提升认知度与竞争力，推动乡村经济发展和文化传承。具体做法包括：挖掘传统文化资源，形成特色品牌；传播、推广地域文化，重现民俗节庆活动并利用新媒体平台进行宣传；运用现代科技，如AR、VR 等数字技术，提升文化体验和趣味性，根据市场需求和流行趋势推出新产品，保持品牌吸引力。

8.2.3　艺术营造设计模式

在设计时运用多种艺术表现和技术手段，达到预期的体验效果。

1. 培育个性化标签

一方面，可以探索“画家村、书法村、音乐村、园艺村”等的形成模式；另一方面，可以通过描绘场景建立某种情感连接，比如“古堰画乡、诗意栖居”等。例如，成都幸福田园音乐艺术村，作为近现代音乐家王光祈的成长地及歌曲采风地，以“音乐艺术”为主题，围绕“音乐振兴乡村”的目标建立了创艺中心、教学基地、文创孵化平台，将音乐主题发挥得淋漓尽致。

2. 突出标志性景观

依据地方文化、历史、自然资源及生态特点，创造具有代表性和吸引力的景观空间，起到展示乡村独特美学价值的作用。例如，竹编之乡崇州道明镇，“竹里式”建筑由轻型预制钢木构架支撑起环形青瓦屋面，形成一个个内向院落，散布在田野间若隐若现。因其融入自然环境的独特造型和良好的使用功能，深受游客青睐，成为竹艺村的亮点。

3. 谋划艺术体验场景

艺术体验场景主要指在乡村环境中策划和组织一系列艺术活动，通过让参与者亲身体验艺术与乡村的结合，感受当地文化特色。在设计时，一般结合乡村独特的自然、文化和社会背景，设置丰富的体验场景和创新业态，并提供与艺术相关的互动内容。例如，安徽省铜陵市犁桥村的秋季稻田宴，将饭桌设在稻田，并邀请音乐人进行不插电演出，使艺术成为联结乡村、村民、游客的“桥梁”。

8.3　乡村设计策略

8.3.1　历史环境的保护与传承

1. 保护历史遗存

延续由街、巷、建筑、公共空间、水系等构成的空间肌理与传统风貌，寻找散落的老宅、古井、古树、桥梁、农业遗产、古迹遗址等历史文化资源，提出综合保护利用策略。深入挖掘文化符号，采用通用图则与重要节点详细设计，强化乡土味道、乡土技艺、乡土元素，充分彰显文化底蕴和乡愁记忆。在空间设计时，还要考虑完整的参观游线，形成“停车场－村口－重要节点－宅院”的空间序列。

2. 延续空间肌理

空间肌理是架构在自然生态、历史文化与社会经济关系之上的形态结构，蕴含着丰富的社会、历史、文化价值。乡村设计中延续空间肌理的主要方法有：①封闭边界，将破碎的乡村图底关系修补完整，还原整体空间格局以及街巷和建筑的组合关系；②通过渗入或者渗出边界肌理，再生新的空间肌理，形成传统与现代的有机融合；③异形介入，可进行批判性重构，在尊重原有空间肌理、历史建筑的基础上，根据设计要求和设计语言对原有肌理进行再创造。

8.3.2 乡土景观的再现与创新

1. 乡土景观的模仿与再生

模仿是乡土景观营建的重要手段，需要深入观察并仿效与乡土紧密联系的建设方式与智慧精华。在模仿的同时，结合现代技术和审美进行改造和创新，使乡土景观既保留传统特色，又适应现代生活需求。例如，结合现代审美重新设计传统手工艺产品，或者开发新的应用场景使其焕发新生；在模仿地域建筑时，可以在保留其基本空间格局的同时，结合现代建筑技术进行创新，如使用环保材料、改变建筑热工环境等。

再生需立足于当地的历史文化背景，运用艺术手法和科学理念，恢复并再现乡村文化精髓，唤醒乡土元素的内在美，使其焕发新活力。再生过程中，应对不同历史时期的文化遗迹进行筛选和提炼，恢复和再造景观功能，赋予其新的内涵，使其成为展示和延续当地历史文化的重要载体。

2. 乡土符号的提取与利用

乡土符号是对传统文化进行凝练后的符号化表达，具有深层、抽象的文化意义。乡土符号提取时，一般从梳理该地区传统产业、民俗文化、生活方式等方面入手，充分挖掘与寻找原住民意识当中关于地域生活的记忆。在乡村设计时，应在保持乡土景观文脉的连续性和地域性的基础上，根据时代发展特征重新审视乡土符号，通过现代化的运用，继承和发扬地域文化。

地方材料是重要的乡土符号元素之一，长期生活在特定地方的人们对地方材料的认知不仅表现在物质层面，其质地、肌理、色彩、气息也成为构成记忆和情感的深层内容。在日趋严格的自然资源保护背景下，从传统乡土文化中抽取的材质装饰符号可以与新型材料的开发相结合，维持乡土风貌的独特魅力。

3. 乡村“三境”的分层次体现

在乡村设计方面，“物境”主要表现为尊重自然地形地貌、巧用本土植物，使建筑融入自然。“情境”主要表现为将历史文化、故事传说、民俗风情融入设计，修缮传统建筑作为情感寄托之所，举办农事体验和民俗节庆活动，并布置互动设施。“意境”主要表现在运用虚实相生的手法，通过营造朦胧美与层次感、再现动态生活场景等方式，在乡村设计中引申出深远意境，让乡村成为充满诗意和情感的精神家园。

8.3.3 数字赋能乡村设计

1. AI技术应用

人工智能(AI)为乡村规划设计带来了创新与变革机会。首先，AI可以通过对大量地理信息、人口、土地利用等数据的分析，结合村民实际诉求，快速生成合理的乡村功能布局方案，实现资源要素的高效配置。其次，AI还可以对乡村的生态环境维护、土地利用效率等进行监测和评估，为乡村的有机更新和可持续发展提供技术支撑。此外，在建筑设计方面，AI能够结合乡村传统建筑风格和现代设计理念，生成兼具传统与现代特色的乡土建筑。

2. "5G＋VR"技术应用

"第五代通信技术(5G)＋ 虚拟现实(VR)"技术可以为乡村设计带来全新的体验。借助"5G＋VR"技术，设计师可以创建逼真的乡村虚拟场景，让村民和决策者在设计阶段就能够直观感受实施后的风貌变化，进而深度参与乡村设计方案的讨论，提高公众参与效率。此外，"5G＋VR"还可以应用于乡村旅游推广，使游客不用到达乡村也可以沉浸式体验乡村空间和美景，吸引更多的游客前来。

3. 数字孪生技术应用

通过数字孪生技术，设计师可以在数字环境中进行各种模拟和试验，如交通流量模拟、生态环境变化模拟等，从而针对性地提出设计策略。数字孪生技术还可以实时监测乡村运行状态，为乡村管理和运营提供数据支持，也为乡村的智能化管理提供了技术平台。

小结

乡村设计以自然、人工、文化三大要素为对象。其中，自然要素(地形、水体、植被等)所构成的乡村生态本底，影响着村落与生产空间布局；人工要素(建筑、街巷、农田等)塑造建成环境，需要兼顾功能与地域特色；文化要素(民俗、宗教等)承载着乡村精神内涵，是乡村设计的灵魂。三类要素通过生态提升、文化传承、艺术营造三种设计模式实现要素系统的优化与重构，并根据设计对象的特点，组成历史环境的保护与传承、乡土景观的再现与创新、数字赋能三大设计策略。

思考题

1. 乡村设计的主要要素有哪些？
2. 简述乡村设计的主要模式及适用对象。
3. 乡土风貌的创新包含哪些方法？

参考文献

黄铮. 乡村景观设计[M]. 北京：化学工业出版社，2018.

卢伟娜，李华，许红寨. 农业生态环境与美丽乡村建设[M]. 北京：中国农业科学技术出版社，2015.

唐珂. 美丽乡村建设理论与实践[M]. 北京：中国环境出版社，2015.

张鸽娟. 乡村环境设计理论与方法[M]. 北京：中国建筑工业出版社，2022.

张天柱，李国新. 美丽乡村规划设计概论与案例分析[M]. 北京：中国建材工业出版社，2017.

第 9 章　乡村生产空间与设施设计

本章简介：本章首先讲解了乡村生产空间的设计目标、原则与策略，主要产业类型的设计思路与技术规范，以及耕地、园地、林地、牧草地、养殖水面与坑塘水面，及农业生产建筑、田园综合体、产业融合空间。其次，介绍了生产空间的核心要素——农田水利设施的布局、工程设计与维护、监测方法。

通过本章内容的学习，掌握常见涉农生产空间的布局方式、设施内容与景观环境营造手法，了解农田水利设施的构成要素与设计要点。

9.1　乡村生产空间设计

乡村生产空间与产业类型紧密关联。结合第四章所述乡村产业分类方法，乡村第一产业用地指直接用于农业生产的土地，包括耕地、园地、牧草地、设施农用地等；乡村第二产业用地指工业用地，如农产品加工、物流仓储用地等；乡村第三产业用地则是基于农业农村资源的产业链延伸相关用地，如商业用地、生产管理与服务用地等。因此，乡村产业空间设计包括了农业生产用地设计、乡村工业用地设计和混合产业用地设计。

9.1.1　乡村生产空间的设计目标与策略

产业兴旺是推进乡村振兴的重点，是实现农业农村现代化的前提。伴随乡村新产业新业态的大量涌现，亟待从空间层面加强引导，刺激乡村产业的深度融合，提升整体活力。

1. 乡村生产空间的设计目标、原则与内容

构建田成形、树成景、地力均、无裸露、无撂荒、无闲置、整齐一致、兼有多样性的田园式景观，是乡村生产空间的设计目标。

乡村生产空间的设计应遵循以下原则。

(1)绿色生态原则　乡村生产空间设计方案应统筹考虑资源和环境承载能力，采用环境友好型生产技术，提升耕地综合生产能力，合理布局景观要素和农业基础设施。农田生态景观建设应优先保护原生生物群落，不应对土壤、地形进行大规模改造，不应种植入侵物种和公认的恶性杂草。

(2)景观文化原则　乡村生产空间建设应优先种植乡土植物，采用具有当地文化特色的材料、技术和工艺，保护农田中具有地域特征或标志性景观特征的要素，不应新增使用永久性建筑材料，限制使用过度硬化的路面材料。

(3)公众参与原则　具有农业观光和生态休闲功能的乡村生产空间应引进科普知识、乡土文化、互动娱乐等有利于公众参与的要素,并采取措施保护参与者的安全。

乡村生产空间设计主要包括以下内容。

(1)生产系统设计　包括农作物种植模式的优化、农业机械化水平的提升、农业灌溉系统的改进以及农产品加工和储存设施的建设。科学合理的生产系统设计可以提高农业生产的效率和质量,增加农民的收入,并呈现出秩序性和韵律感的生产景观。

(2)生产环境整治　包括产业关联设施与用房建设,道路、农田水利设施的完善等。通过改善乡村人居与生产环境,提升居民生活质量,增强乡村社区的凝聚力。

(3)生态空间维护　对于包围着乡村生产与生活空间的生态环境系统,如水土环境、林地与自然保护地等进行修复与维护。生态友好型生产空间设计可以维护生物多样性,促进乡村产业的可持续发展。

2. 乡村生产空间的设计策略

乡村生产空间需要采取地方适宜性设计策略。对旱地耕作为主的乡村,重视农业生产用地内田埂、沟渠路林边界、地角、田边管护和植被缓冲带建设,减少从农田进入水体的富营养物质。以鱼塘养殖为主的乡村,可以通过修复坑塘湿地、增强水系连通性、减少水体污染,构建稳定的生态斑块和亲水景观。对于第二产业发达的乡村,在控制面源污染的基础上,优化"田、水、路、林、村"的景观格局,开展缓冲带建设、半自然生境保护和重建、污染水体生态修复、田块作物生产、覆盖轮作和土地休耕等集成化生态景观工程技术的应用。

9.1.2　乡村生产空间的分类设计

2023年发布的《省级国土空间规划编制技术规程》(GB/T 43214—2023)中明确,农业空间特指"以农业生产、农村生活、乡村产业为主,保障粮食安全和重要农产品供给的功能空间,以耕地和农用地为主"。

根据《中华人民共和国土地管理法》,土地根据用途分为农用地、建设用地和未利用地。其中与乡村直接相关的用地分类是农用地,即直接用于农业生产的土地,包括耕地、林地、草地、农田水利用地、养殖水面等。其中,耕地是指种植农作物的土地,包括熟地、新开发、复垦、整理地、休闲地(含轮歇地、轮作地);以种植农作物(含蔬菜)为主,间有零星果树、桑树或其他树木的土地;平均每年能保证收获一季的已垦滩地和海涂。耕地中包括南方宽度小于1.0 m、北方宽度小于2.0 m的固定沟、渠、路和地坎(埂),二级分类为水田、水浇地、旱地。根据以上用地定义及标准,本书将主要讨论耕地(永久农田)、园地、林地、牧草地、养殖与坑塘水面、农田水利设施用地、田间道路、农业生产建筑、田园综合体等几个主要类别。

农业是乡村产业的核心内容,也是乡村独特功能价值的载体,不仅具有生产功能,还具有生活、生态、文化和安全等功能。以下分别介绍各类农业生产空间的基本设计方法。

1. 耕地布局设计

耕地布局和形状,如农田的形状、大小、排列和组织方式等对农业生产结构、农业供给能力和农业生产效率产生着重要影响,同时也塑造了农田景观特征(图9-1)。

根据地形差异,耕地可以分为平原耕地、梯田、丘陵耕地3种类型。平原耕地通常地势平坦,有利于机械化作业,耕作效率较高;梯田常见于山区,通过修筑台阶状田地来适应坡度较大

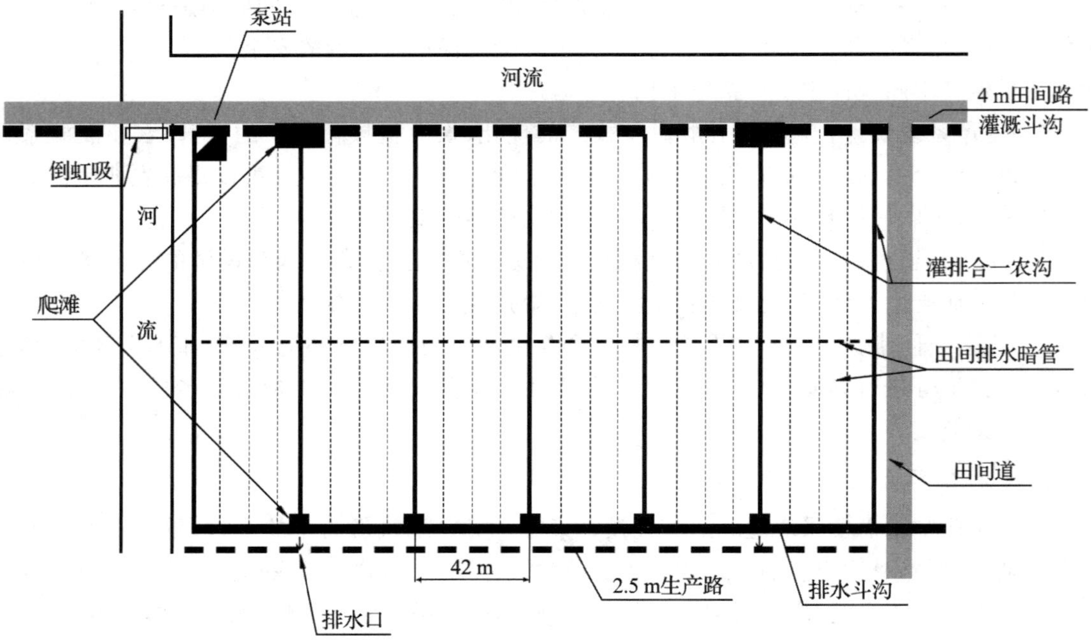

图 9-1　常见耕地布局示意图

（图片来源：李开明等，2023）

的地形，有效防止水土流失的同时，还可以增加耕种面积；丘陵耕地则介于平原与梯田之间，地形起伏、耕作条件相对复杂，但处理得当同样可以实现高效的农业生产。

在设计耕地形状时，需要综合考虑土地的自然条件、农业生产需求以及生态保护要求。对于平原耕地，可以采用规则的网格状布局，以方便灌溉和机械化作业；对于梯田和丘陵耕地，则应根据地形特点，采取适应性强的布局方式，以保护和利用地形优势。耕地的形状还应考虑减少土地浪费、保持土地连片，以及适于作物种植。此外，便利的灌溉和排水系统设计可以减少病虫害发生，利于作物生长。

在耕地及永久基本农田中，农田套种、间种以及共生等农业种植方式，不仅能够提高土地的利用率，还能形成多样化和富有特色的农业景观模式。这些种植模式通过合理安排不同作物的种植时间和空间，实现了作物之间的互补和共生，从而优化了农田生态系统的结构和功能。例如，北方旱地常见的农田套种方式有小麦与豌豆、高粱与黑豆、棉花与芝麻等；常见的共生种植方式有玉米与豆类作物，豆类作物可以通过固氮作用为玉米提供氮素，而玉米则为豆类作物提供了必要的支撑和遮阴。在我国一些重要的农业遗产地，这种综合生产模式更为常见。例如，浙江青田地区的稻鱼共生系统，云南景迈的林茶共生系统，黄河流域的枣林间作系统（枣与花生、枣与棉花等，图 9-2），往往呈现出鲜明的地域特色。

在山坡地区广泛应用的梯田，则通过建造一级级的平台，形成阶梯状农田，有利于水土保持、增加土地利用效率，具有独特的美学价值。中国南方稻作梯田（包括广西龙胜龙脊梯田、福建尤溪联合梯田、江西崇义客家梯田、湖南新化紫鹊界梯田）、河北涉县旱作石堰梯田系统等全球重要的农业文化遗产，都属于独具代表性的梯田农业景观。

这些多样化种植模式，既能提高经济效益，又能塑造特色农业景观，兼具生态保护与美学价值。

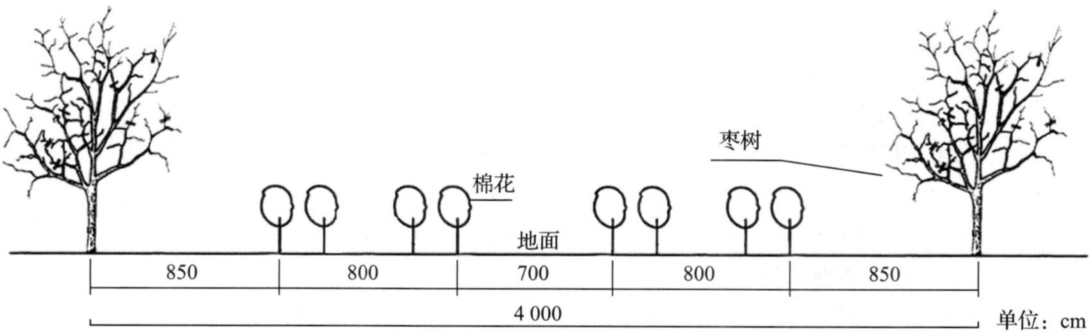

图 9-2 枣棉间作示意

（图片来源：艾鹏睿等，2018）

2. 园地设计

园地主要种植以采集果、叶为主的集约经营的多年生木本和草本植物，覆盖度在 0.5 以上的或每亩株数大于合理株数 70％以上的土地，以及用于育苗的土地。一般看来，果树栽培面积应占园地总面积的 80％～85％，防护林占 5％～10％，道路占 4％，苗圃、建筑物等占 3％，绿肥区约占 3％。根据地形、地势和劳动适宜性划分，园地一般以 2～3.3 hm^2 为宜，形状为长方形，长边与等高线平行。道路系统由干路、支路和作业道路组成，干路宽 6～7 m，支路宽 4 m，作业道宽 1～2 m。防护林的作用主要是降低风速、减少对果树的伤害，应在园地四周、沟谷两侧或分水岭上，种植适应当地条件、生长快、寿命长的树种。需结合地形设置排灌系统，丘陵山地注重利用天然水源，平地果园则注意排水。附属建筑如办公、宿舍、仓库等应建在园地的中心位置，可于高处设置猪场和鸡舍，于低处设置包装场、贮藏库，于交通便利处设置配药池。整体规划旨在实现高效、环保的生产过程。

3. 林地设计

林地是指郁闭度在 0.2 以上的乔木林地以及竹林地、疏林地、未成林造林地、灌木林地、采伐迹地、火烧迹地、苗圃地和县级及以上人民政府规划的宜林地。林地设计涵盖多方面要点，以保障森林资源的可持续管理并契合生态、经济与社会需求：一是确立清晰的管理目标，如木材产出、生态与生物多样性维护等，指引后续设计；二是开展环境评估，综合地形、土壤、气候等因素选定适宜树种，所选树种需生长迅速、抗病虫害且保持多样性。

造林设计环节要确定种植模式、密度与栽植时间。在空间布局上，可划分地块、构建内部道路、设立防护林带防控风害与水源侵蚀，同时落实梯田、鱼鳞坑、水土保持林等水土保持举措，并设计排水系统以防止水土流失。养护管理需定期开展除草、松土、修枝等幼林抚育作业，运用综合病虫害管理策略减少化学农药使用，还需长期监测评估、制定监测计划，追踪林地生长与生态效益，依评估结果调整管理策略。

4. 牧草地设计

牧草地设计涉及多个方面，旨在确保牧草资源的可持续管理，同时满足畜牧业生产需求。首先，根据本地的地理特征，选择适于建设牧草地的地块。放牧型牧草地应选择交通不便、坡度大、土壤瘠薄的地块；而割草型牧草地则选择交通便利、地势相对平缓开阔，便于机械作业、土壤深厚的地块。其次，根据本地气候和土壤条件，选择适合当地环境的草种。

放牧型牧草地可选用狗牙根、结缕草、宽叶雀稗等混播，割草型牧草地可单播一年生黑麦草、苕子、紫云英等。

5. 养殖水面、坑塘水面设计

水产养殖场的规划设计是一项综合性工作，涉及养殖场总平面规划、苗种场和水质处理系统规划、养殖池塘设计、产卵与孵化环道设计。建场步骤从实地勘测选址开始，需要考虑地形、水源、土质等因素。山区渔场和平湖地区渔场特点不同，山区渔场善于利用山溪或水库水源、分层修筑鱼池，而平湖地区侧重自流化和灌排水系统。

养殖场选址时应注意稳定的水质，适合的水流最小深度应达到 5 m 以上，设施齐全，平均水温在 0 ℃以上，附近没有污染源，并应有至少 1.3 m 高的护堤。在设计方面，鱼池的布置完全取决于地形，鱼池长度方向近于平行地面等高线，池形不求规整和直线，只需因地制宜布置。鱼池的面积和形状则由地貌、鱼池类型、生产管理条件、灌排水所需时间综合决定（图 9-3）。

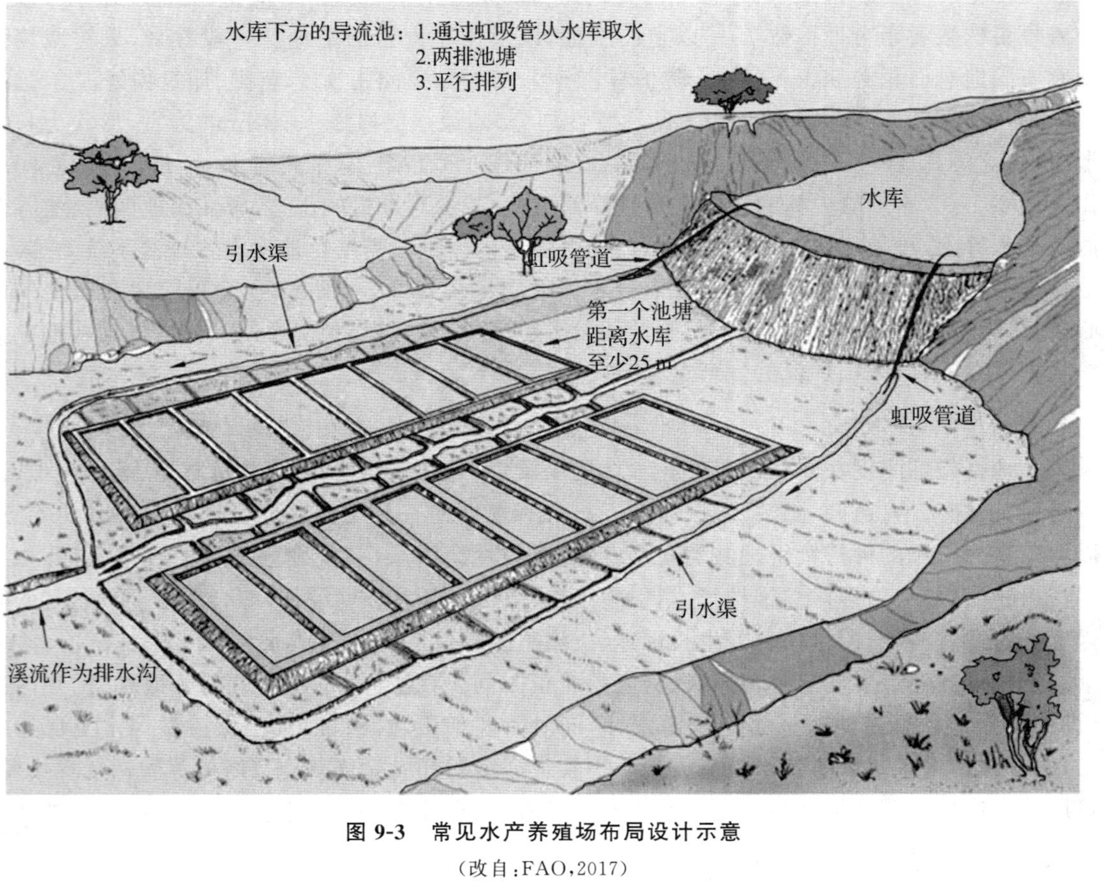

图 9-3　常见水产养殖场布局设计示意

（改自：FAO，2017）

水产养殖场的设计不仅需要综合考虑技术内容，在其发展过程中还必须适应现代社会的需求变化，因地制宜地进行生态化、景观化、休闲化改造。这一改造依托于现代化高效生态养殖模式，如鱼菜共生、稻渔综合种养、多营养层次养殖等模式，是对水产养殖业可持续发展的积极探索。

6. 农业生产建筑设计

农业生产建筑，其功能主要是为农作物或畜禽创造适于生长、储藏、研发的可控环境，包括温室建筑、畜禽场建筑、农业库房建筑、农畜产品加工建筑、农机具维修厂建筑、农村能源建筑、水产品工厂化养殖建筑和农业科研建筑等。农业生产建筑的选址应尽量接近生产基地，靠近水源、电源和交通运输线，不占或少占耕地，并防止对环境的污染。农业生产建筑的特点在于强调人工小气候环境，因各地气候条件差异其形式也各不相同。例如，寒冷地区的畜禽饲养建筑主要作成封闭式以利于保温，而炎热地区则宜作开敞式建筑以利于通风隔热。

最常见的农业生产建筑是种植温室。我国近年来要求大力推进标准化温室设施的建设，黄淮海和环渤海地区以发展节能日光温室和大跨度塑料大棚为主，加大新材料、新棚型开发应用，加强冬季蓄热增温和保温防寒设施，增加光照强度和时间；长江流域和华南地区以发展单栋和连栋塑料大棚为主，适度发展遮阳棚、防雨棚、防虫网室，推进生产管理的轻简化、自动化升级；西北和东北产区以发展日光温室和塑料大棚为主，注重提高设施的防寒保温性能。

温室设计需要重点考虑日照情况，从而确定温室的方位与间距。温室的方位要求坐北朝南，一般以正南较多；寒冷地区可以适当南偏西 5°～10°，有利于下午温室内温度的积累。温室的前后排间距以冬至日上午 10 点、前排温室不对后排温室构成明显遮光为准，通常按照脊高的 1.5～2 倍来设置；在北纬 40°以北地区，由于冬至日的太阳高度角较低，前后栋温室的间隔要按照脊高的 2.5 倍来设置（图 9-4、图 9-5）。

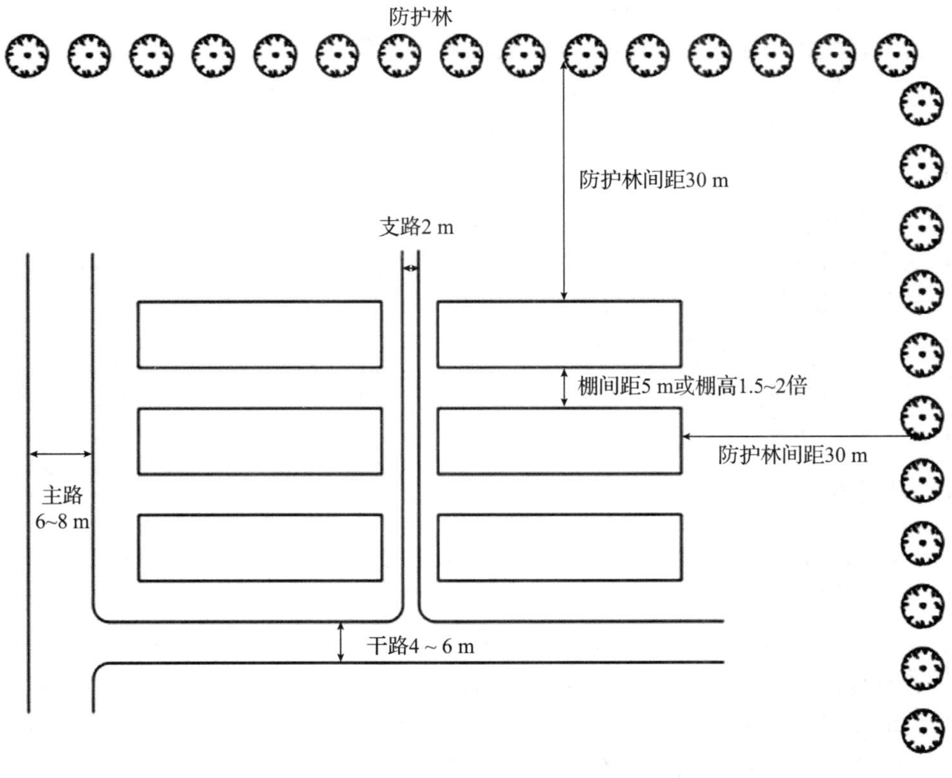

图 9-4　温室常见布局示意

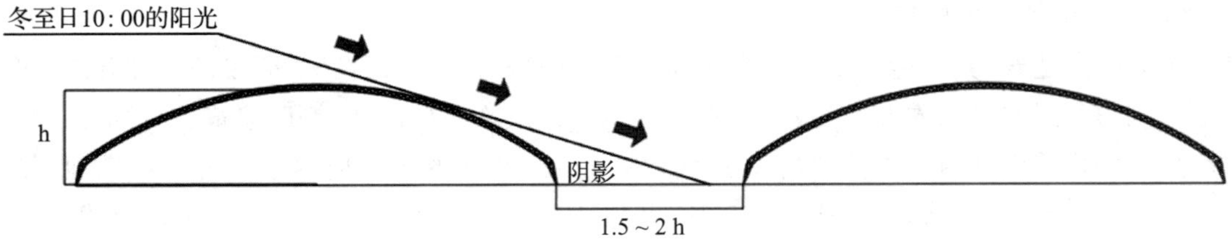

图 9-5 温室间距示意

此外，温室大棚建筑还需符合一系列材料与建造标准。如黄淮海平原地区的温室大棚建筑标准包括：屋面荷载不小于 0.3 kN/m^2，墙面荷载不小于 0.5 kN/m^2，作物和设备活荷载分别为 0.5 kN/m^2 和 1.0 kN/m^2，雪荷载和风荷载分别为 0.5 kN/m^2 和 0.4 kN/m^2。结构材料推荐热镀锌钢或铝合金，保温层用聚苯乙烯泡沫板，透光材料为透光率大于 85%的聚乙烯薄膜或 PC 板。屋面坡度大于 15°，框架间距不大于 4 m。通风口面积至少为温室面积的 15%，滴灌系统保证 2 L/(h・m^2)的供水能力，排水坡度不小于 1%，灌溉水利用系数大于 0.85。温室大棚的总体传热系数 K 值不大于0.4W/(m^2・K)，建议利用太阳能。安全方面，建筑材料防火等级不低于 B1 级，电气设备应符合《低压配电设计规划》(GB 50054—2011)标准。

7. 田园综合体设计

田园综合体是整合现代农业、休闲旅游与乡村社区功能的综合发展模式，可注重选择具备一定基础、具有优势特色、已经形成一定规模并且具有较大发展潜力的乡村地区和产业片区。在实施过程中，遵循农田田园化、产业融合化以及城乡一体化的发展思路，强调以自然村落和特色片区的开发带动周边地区。开发策略集循环农业、创意农业以及农事体验于一体，既能够促进农业可持续发展，又能够满足现代人对乡村休闲旅游和高品质生活的追求。

在田园综合体的建设中，生态保护和文化传承是其核心理念之一。通过科学规划和设计，田园综合体不仅能够保护乡村的自然环境，还能够促进地域文化的传承。例如，通过保护传统村落风貌，以及举办各种文化节庆活动，让游客在体验现代农业的同时，也能感受到浓郁的乡土文化和历史底蕴。此外，田园综合体还强调创新和科技应用。通过引入现代农业技术，比如智能农业管理系统、精准农业技术等，提高农业生产效率和产品质量；利用互联网、大数据等现代信息技术，打造智慧农业平台，实现农产品的精准营销和品牌化发展。这些措施不仅提升了农业竞争力，也为农民带来了更多的收入来源。

9.1.3 产业融合理念下的生产空间设计

近年来，开发利用农业的生态功能、文化功能、休闲功能，培育乡村手工业和一二三产业融合发展项目，成为拓展农产品营销渠道和提升农业价值链的重要方向，也是转变农村产业发展方式、推进农业供给侧结构性改革、实现农业现代化的重要途径。进一步看，乡村产业融合发展还能够促进产业协同、产村(镇)联动、城乡一体及生产、生活、生态的“三生融合”。

目前，国内的乡村产业融合大致分为生产体验型、文化节事型、自然生态型与农业景观型 4 种形式，也形成了市场主导型、社区主导型和混合型 3 种发展模式。

✣专栏 9-1　产业融合型乡村生产空间设计:小河口村

小河口是新郑市新村镇裴李岗村下属自然村,距离郑州市区约 45 分钟车程。2019 年,村庄利用地域资源优势,结合幼儿园校外实践基地建设需求,与新郑市携手打造了乡村教育样板园——云湾诗经幼儿园,成为河南省食育实践基地。在基地,孩子们动手种植、养护、采摘、收获、烹饪、享用,了解食物"田园—厨房—餐桌—滋养身心"的完整过程,开拓了河南幼儿食育的新路径。经过数年建设,研学基地以"耕读教育"为目标,集科普教育、户外活动实践、田园耕种等于一身,逐步覆盖了新郑市部分幼儿园的研学需要。经统计,研学活动全年持续开展接待,每次平均接待 4 个班级(120～160 人次),一次活动持续 5 天左右,全年接待量超过 7000 人次。接待量增长带动了服务需求,园内现有教师及服务人员 80 余人,有效促进了本地就业和人才回流(图 9-6)。

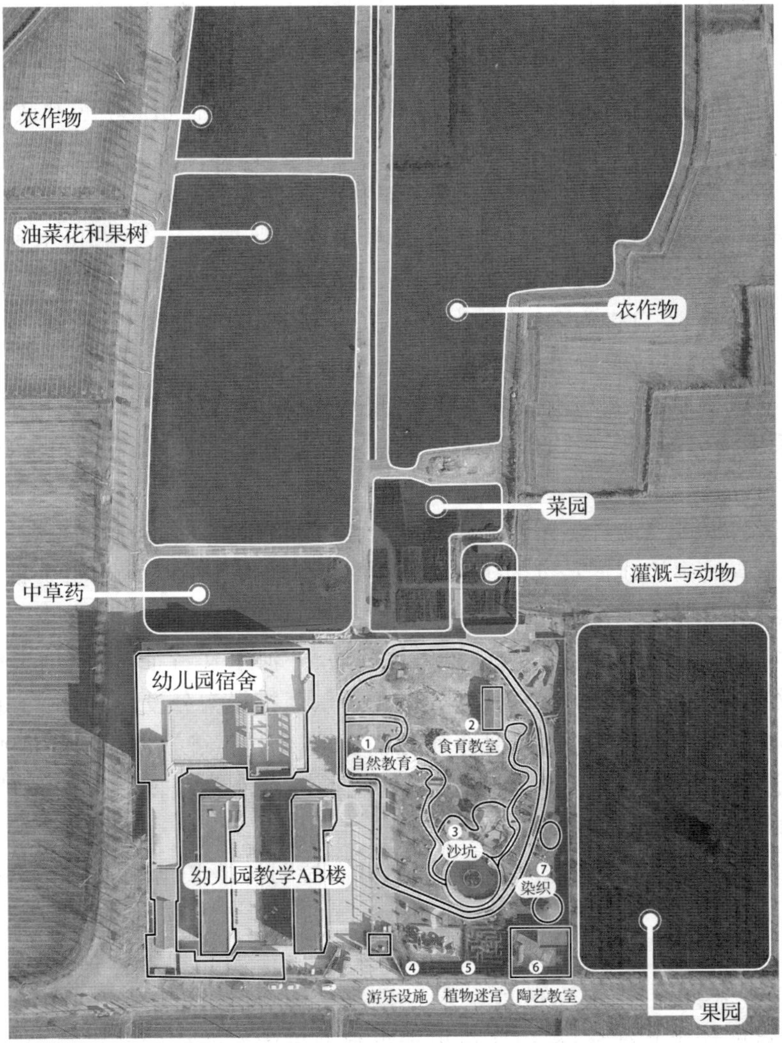

图 9-6　小河口村云湾诗经幼儿园产业融合布局设计

本案例中,生产用地从原先低收益的粮食生产模式,转向高附加值的体验教育式生产模式,幼儿园开展的食育教育在消耗了耕地的同时,还吸引了周边优质农产品资源;植物、作物除食用外,还被开发出各种附加价值,如制作手工纪念品、教具、装饰品等,产生了额外收益。

9.2 农田水利设施设计

9.2.1 农田水利设施选址与生态环境影响评价

在全球气候变暖的背景下，农田水利设施能够实现水资源的高效利用和再生利用，降低农业生产对地下水和水库水的依赖，减少对水资源的过度开发和消耗，从而提升水资源的可持续利用。此外，农田水利设施也能够改善土地的排水条件和保持土壤水分平衡，减少土地沙漠化和土壤侵蚀等现象，有利于土地的保护和持续利用。农田水利设施还能够提高农田生态系统的稳定性和复原能力，促进农作物的生长，减少农业生产对生态环境的负面影响。

1. 农田水利设施选址

农田水利设施的选址需要综合考虑多方面因素，同时须符合相关法规和政策要求。首先，设施选址应在国土空间规划和农田水利规划的指导下进行，确保项目与规划有效衔接；在项目的可行性研究和工程设计阶段，应充分考虑土地利用条件，在用地选址、规划布局等方面进行严格论证，尽量不占或少占耕地，强化对永久基本农田的保护。其次，农田水利设施总体布局应根据排区内的水文条件、河流水系、地形地貌、涝渍及盐碱化成因、作物种植结构等因素，按照“分片排水、排蓄结合、自排为主、抽排为辅”的原则进行，兼顾防洪、灌溉、航运等的综合利用和生态环境保护要求，并应符合下列规定。

平原区应根据地形、土壤和水文地质特点，规划排涝和调控地下水位的排水系统。在涝碱共存地区，可采用沟(管)、井、闸、泵站等设施设备；在涝渍共存地区，可采用沟(管)网、河网和排涝闸站等设施设备。

干旱盐碱区应根据当地自然条件和土壤盐分组成及含量，同时进行灌溉与排水规划，采取冲洗改良技术和有效调控地下水位的排水方式，并结合灌溉、农业、林业与生物、化学等措施，改良盐碱地和防治土壤次生盐碱化。

沿江滨湖圩垸与水网地区应根据自然条件和内、外河水文特征，采取挡洪滞涝等工程措施，在确保排区防洪安全的基础上，按照“内外水分开，灌排渠沟分设，高低田分排，水旱作物分种”的原则，以及有效控制内河水位和地下水位的要求，制定洪、涝、渍兼治的排水规划。

沿江与滨海感潮区应根据自然特点和潮汐规律，充分利用潮间自排的条件，采取防洪挡潮、整治河道和蓄洪滞涝等工程措施。

滨海咸酸田区应采取防洪挡潮等工程措施，并布置明沟排水、暗管排水或明暗结合的组合排水措施。

山丘冲垅区应根据山势地形坡向、水土温度、坡面径流和地下径流等，采取冲顶建塘、环山撇洪、山脚截流、田间排水和田内泉水导排等措施；同时应与小流域综合治理、山丘区综合开发和治理规划紧密结合；梯田区应根据里坎部位渗水造成的渍害程度，采取截渗排水措施。

对已建灌区内已发生次生盐渍化或次生渍害的区域，应根据水盐平衡或水量平衡，制定以调控地下水位为主的排水规划，并布设地下水位和土壤盐分含量等监测点。

分洪、蓄(滞)洪区应根据使用概率、土地利用和耕作计划，以及分洪、蓄(滞)洪后生产恢复等要求，选用易于修复的工程措施。

2. 生态环境影响评价

开展农田水利设施环境影响评价，有助于提升灌溉效率、优化水资源利用，同时防治洪涝灾害并改善农田生态。在进行环境影响评价时，应考虑以下五方面内容。

(1)水资源保护措施　通过科学合理的水资源调度和分配，确保农田灌溉用水的合理利用，减少水资源的浪费。

(2)土壤和地质环境保护措施　在施工过程中采取严格的土壤保护措施，降低土壤侵蚀和地质灾害的潜在风险。

(3)生物多样性保护措施　建立生物多样性保护区，划定施工限制区，并进行合理的植被恢复和保护工作，维护当地生物多样性的稳定。

(4)噪声和震动控制措施　采取隔离、隔音等噪声和震动控制措施，减少施工对周边居民的干扰。

(5)水质与水生态保护措施　建立水质监测网，加强对水质的实时监测，及时发现并采取措施解决水质问题，保护水生态环境的稳定。

9.2.2　渠系与配套设施布局

灌区设计应根据地形、地质、水源、气象、水文、占地等条件，结合当地经济社会状况，经方案比选后，择优确定灌溉渠道、灌溉输水管道或渠、管组合的输水方式。灌溉渠(管)道设计应按照灌溉功能，结合当地的自然环境和资源条件，选用不同的断面、管材结构形式和衬砌防渗材料。灌溉渠道应依干渠、支渠、斗渠、农渠顺序设置固定渠道，也可增设总干渠、分干渠、分支渠和分斗渠，灌溉面积较小的灌区可减少渠道级数。灌溉渠道系统不宜越级设置渠道。灌溉渠道的布置应根据灌区的地形、地势、地质等自然条件和社会状况进行，并应符合下列规定。

①各级渠道应选择布置在各自控制范围内地势较高地带。干渠、支渠宜沿等高线或分水岭布置，斗渠宜与等高线交叉布置。

②渠线应避免通过风化破碎的岩层、可能产生滑坡或其他地质条件不良的地段。无法避免时应采取相应的工程措施。

③渠线宜短而平顺，并应有利于机耕。宜避免深挖、高填和穿越城镇、村庄和工矿企业。无法避免时，应采取安全防护措施。

④渠系布置宜兼顾行政区划和管理体制。

⑤自流灌区范围内的局部高地，经论证可实行提水灌溉。

⑥井渠结合灌区不宜在同一地块布置自流与提水两套渠道系统。

“长藤结瓜”式灌溉系统的渠道布置应符合下列规定。

①渠道不宜直接穿过库、塘、堰。

②渠道布置应便于发挥库、塘、堰的调节与反调节作用。

③库、塘、堰的布置宜满足自流灌溉的需要，也可设泵站或流动抽水机组向渠道补水(图 9-7)。

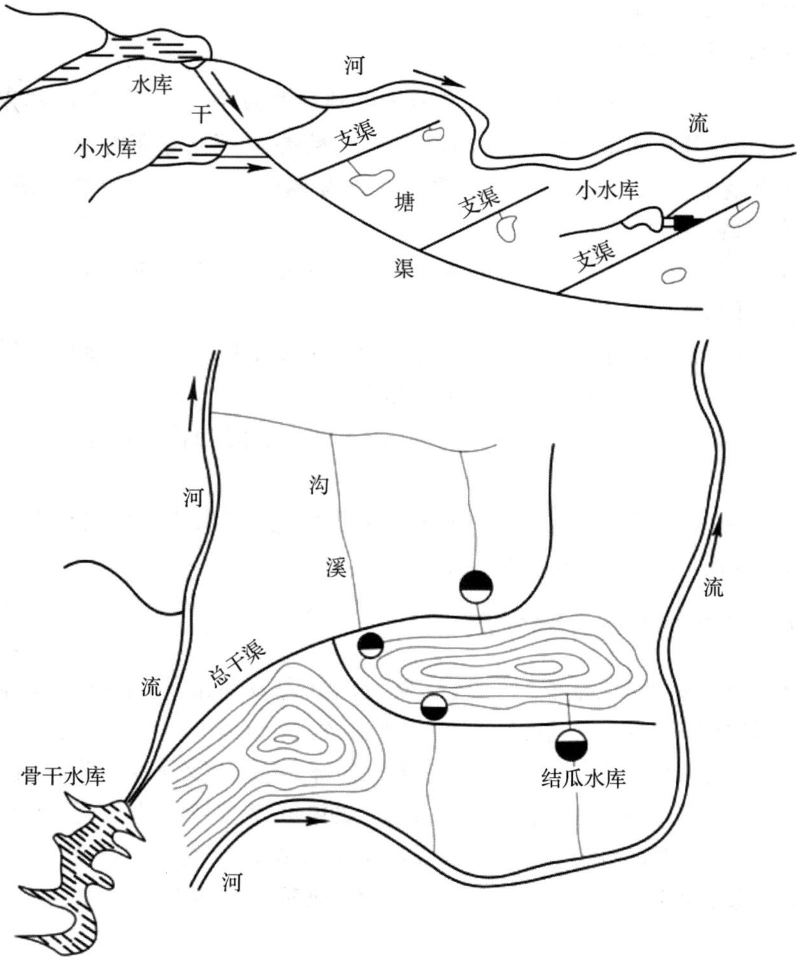

图 9-7 “长藤结瓜”式灌溉系统示意

（图片来源：智汇三农，2024）

面积在 667 hm^2 以上灌区的干渠、支渠应按续灌方式设计，斗渠、农渠应按轮灌方式设计，支渠也可按轮灌方式设计。轮灌组数宜取 2～3 组，各轮灌组的供水量宜协调一致。

4 级及 4 级以上的土渠弯道曲率半径应大于该弯道段水面宽度的 5 倍，石渠或刚性衬砌渠道的弯道曲率半径不应小于水面宽度的 2.5 倍。通航渠道的弯道曲率半径还应与航运部门的有关要求相协调。

干渠上主要建筑物及重要渠段的上游应设置泄水渠、闸，干渠、支渠和位置重要的斗渠末端应有退水设施。

对渠道沿线沟道坡面洪水应予以截导。必须引洪入渠时，应校核渠道的泄洪能力，并应设置排洪闸、溢洪堰等安全设施。

9.2.3 农田水利工程设计

1. 农田水利工程设计

农田水利工程是指在对洪、涝、旱、渍、盐、碱等进行综合治理和水资源合理利用的原则下，对排灌沟渠系统及其建筑物等进行的设计与建设。

一般来说，首先根据当地灌溉条件计算过水的流量、底宽、沟深和边坡系数，由此确定过水断面尺寸；之后可确定田间排水沟的适宜长度，这样既能保证应有的坡降和所需的水流速，又能保证农业机械的顺利通过。

2. 排灌沟渠布置

排灌沟渠在水源和容泄区水位既定的条件下，应尽可能获得最大的自流灌溉和排水面积。沟渠布置应保证工程费用少、渠道输水损失小。布置沟渠时，应充分利用和改造原有的水利设施，紧密结合地形，尽可能避开岗丘、洼地、池塘和高速公路，尽量使沟渠的比降与地面相近似，以减少工程量。沟渠选线应尽量少占或不占耕地。在不影响农田用水合理调节的情况下，应做到排灌系统所占用的土地与其所控制的土地总面积之比为最小，有条件地区还可采用地下沟渠。

渠道布置应考虑上下级渠系协调配套，应与排水沟道统一规划，并为其他项目规划的合理布局创造良好条件。上下级渠道应垂直相交，但根据地形、地势条件，允许有一定的偏角（20°～30°）；支渠以下的渠道应为田间机械作业创造条件，必须与田块、道路、林带、居民点等规划综合考虑。

3. 田间排灌沟渠布置

田间排灌沟渠包括斗、固定沟渠及其所包围的田块内部的临时沟渠（毛渠、毛沟及输水垄沟等），前者沿田块边界、后者于田块内部设置。布局时依自然条件的不同可采用不同类型，根据相对位置和作用有以下3种基本布置形式。

（1）灌排相邻布置　浇灌渠道与排水沟相邻布置。这种形式适用于地形为单一坡向、灌排方向一致的地区。

（2）灌排相间布置　渠道向两侧灌水，排水沟承泄两侧的排水。这种布置形式适用于地形平坦或有一定坡降、起伏不大的地形，灌渠道布置在高处，排水沟布置在低处。

（3）排灌兼用布置　排灌合渠的布置形式，只有在地面有相当坡度或地下水位较低的地区才适用，因为在这种条件下，不需要控制地下水位，灌排矛盾较小。

4. 排水、维护与监测

农田排水工程管理机构责任重大，一般应设置多级专管机构，并对安全防护栏杆、标识牌、隔离设施等进行定期检查、巡视。

排水管理机构除了观察农业生产的常规状况，如种植作物种类及面积、产量、农药化肥施用情况以外，还应熟知工程运行状况。在出现暴雨时，应密切关注其历时、承泄区水位、排水流量及排水时间、农田受淹面积、成灾面积和绝收面积，以及淹水深度、治理区内村镇及工矿企业的受淹与损失情况。

当农田发生渍害或盐碱化时，须观察土壤水分及其理化性状、地下水位变化、农田渗漏率、排渍流量、农田受渍面积及受渍时间、土壤盐碱化分布及面积、作物根层土壤盐分和地下水矿化度、灌溉水量及矿化度、排水水量及矿化度等。

5. 农田水利工程优化

从2012年开始，科学家利用ArcGIS工具，开发了农田灌溉水窖管理信息系统，实现了对水窖分布、数量、储水量的数字化管理。同时，采用空间分析建模实现水窖的规划选址，并实现了对区域灌溉缺水量的估算。

2015 年，为了改善农业面源污染，多地开始实施“四道防线”农田水利系统，即：第一道防线，田间节水灌溉与水肥综合调控，从源头上减少面源污染物排放；第二道防线，田间排水草沟，主要承接农田地表排水、地下渗漏水并将其引入塘堰湿地，对田间排水进行净化；第三道防线，塘堰湿地，通过植物吸收、底泥吸附、微生物降解等的综合作用，对排入塘堰湿地之水进行净化；第四道防线，生态骨干排水沟（带状湿地），将塘堰湿地水排入各类容泄区，并对湿地排出的水进行再次净化。

6. 配水管道系统布置

配水管道是将输水管道输送的灌溉水分配到下一级配水管道或灌溉农田的管道，其主要任务是分配流量和水量。配水管道又可分为配水干管、配水支管和配水毛管。

输配水管网在规划布置时，应尽量避开填方区以及可能发生滑坡或受山洪威胁的地带。根据水源和灌溉田块情况，确定输配水管网形式。平原地区多采用环状管网或树枝状管网，其各级管道应尽量采取两侧分水的布置形式；山地丘陵地区宜采用树枝状管网，其主要管道应尽量沿山脊布置，以减少管道起伏。例如，当控制面积较大，地块近似呈方形，作物种植方向与灌水方向相同或不同时，树枝状管网可布置成梳齿形或丰字形（图 9-8）。

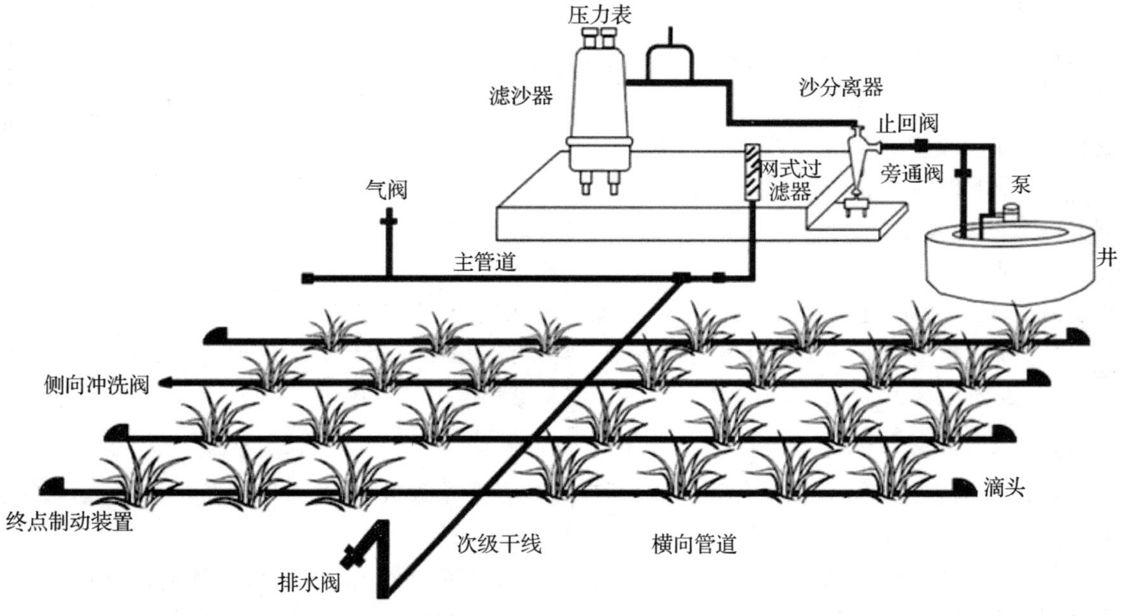

图 9-8 灌溉管网和配水系统的结构与要素示意

（改自：INNODEZ，2024）

7. 农田汇水区生态修复

采用多种生态修复技术能够因地制宜地开展水环境修复工程，实现良好的水生态循环和水资源可持续利用。农田区域的排水灌溉河道，可采用生态修复工程技术来改善区域水环境质量。利用截污围隔装置快速且彻底地拦截排污口污水，在河岸带形成截污导流净化槽，使污水在导流过程中得到原位净化，再导入下游的污水集中净化区，进行强化净化、消除污染物，从而实现河道的完全截污和水质提升（图 9-9）。

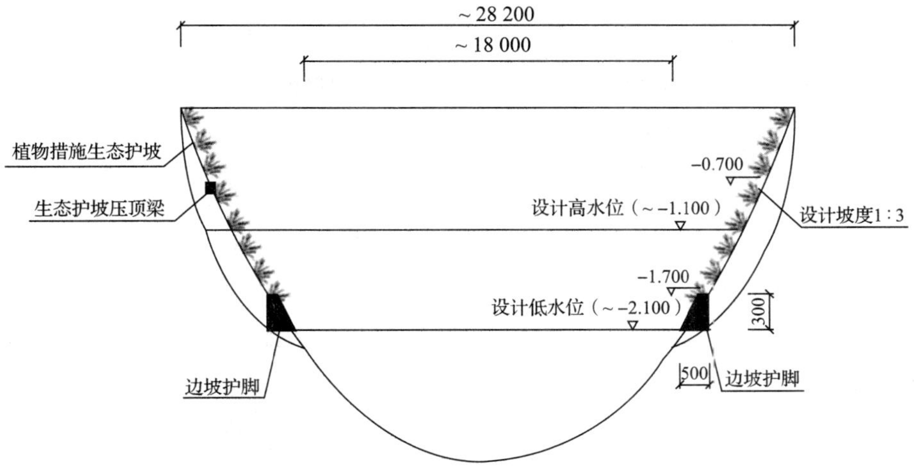

图 9-9　截污围隔装置及生态护坡示意（单位：mm）

（改自：杨非等，2018）

小结

乡村生产空间设计时，需要根据乡村主导产业类型及一二三产业融合模式，通过针对性设计，促进产业链短、产业融合度不足、经济社会活力欠缺等问题的解决。乡村生产空间设计需要做到因地制宜，如平原地区的网格化、山地地区的梯田化、丘陵地区的随坡就势，并选取符合耕作方式的农田水利建设模式进行设施配套设计，通过“长藤结瓜”式渠系和数字化管理，在提升农业生产能力的同时、实现水资源的优化利用。此外，结合乡村生产空间现状，思考科技与文化赋能的场景设计模式，实现经济与生态、文化、社会效益的协同提升。

思考题

1. 简述农业生产空间的类型与布局模式。
2. 耕地的景观营造如何兼顾经济价值？
3. 产业融合发展能够为乡村带来哪些方面的收益？

参考文献

艾鹏睿，马英杰，马亮. 干旱区滴灌枣棉间作模式下枣树棵间蒸发的变化规律[J]. 生态学报. 2018，38(13)：4761-4769.

北京市农业农村局. 农田生态景观建设规范：DB11/T 1941—2021. 北京：中国标准出版社，2021.

杜心栋. 中国农用地整理对耕地产能提升影响研究[D]. 南京：南京大学，2016.

方琳娜，李建民，陈子雄，等. 日韩农田建设做法及对我国高标准农田建设启示[J]. 中国农业资源与区划，2020，41(6)：1-6.

广西壮族自治区自然资源厅. 广西壮族自治区低成本实用性简易型村庄规划编制技术导则(试行)[S]. 2023.

河南省自然资源厅.河南省村庄规划导则(修订版)[S].2021.

皇甫舟楠.农田景观设计的原则与技术分析[J].棉花学报,2023,35(5):441-442.

李开明,耿慧志.面向国土空间规划体系的农业产业空间管控策略——基于上海市的经验分析[J].城市规划学刊,2023(1):87-95.

栾峰,裴祖璇,曹晟,等.实用性乡村风貌规划:编制方法与实践探索[J].城市规划学刊,2022,(3):65-71.

罗其友,刘洋,伦闰琪,等.农业高质量发展空间布局研究[J].中国农业资源与区划,2021,42(10):1-10.

陶良如.河南省现代农业示范区空间布局及优化[J].中国农业资源与区划,2019,40(7):46-52.

杨非,王建清,张亚平,等.农田排水河道的生态修复工程设计与实际效果[J].中国给水排水,2018,34(18):95-99.

宇振荣,郑谕,张晓彤,等.乡村生态景观建设理论和方法[M].北京:中国林业出版社.2011.

智汇三农.长藤结瓜式灌溉系统[EB/OL].https://www.pwsannong.com/c/2016-04-13/547878.shtml.2024-10-16

FAO. Simple Methods for Aquaculture-Handbook on fish farming[EB/OL] https://www.fao.org/fishery/static/FAO_Training/FAO_Training/General/t0581e/Index.htm. 2017-12-24

INNODEZ. Designing Efficient Irrigation Systems[EB/OL]. https://www.innodez.com/designing-efficient-irrigation-systems/. 2024-10-16

第 10 章　乡村生态空间与景观设计

本章简介：本章以乡村生态空间为对象，在介绍了其内涵、多尺度构成和景观要素的基础上，阐释了山地丘陵型和平原水网型两种典型风貌的乡村景观格局特征及营建思路，介绍了乡村主要生态空间（滨水区域、农田区域、后山区域、村落空间）的生态保护与景观营建策略，讲解了包括河道、绿道在内的乡村蓝绿空间设计方法与模式，以及位于村落周边、农宅周边、庭院和公共空间等场所的村庄绿化模式。

通过本章内容的学习，掌握乡村生态空间的保护与利用策略，掌握乡村蓝绿空间、主要生态空间的设计思路与典型模式。

10.1　乡村生态空间的内涵与特征

10.1.1　乡村生态空间内涵

生态空间是指以提供生态产品和服务为主，且具有多种生态功能和自然属性的国土空间，包括林地、草原、河流等。“生态宜居”是乡村振兴的核心目标之一，在乡村发展中需将保护和修复自然生态摆在重要位置，持续改善乡村人居环境，引导乡村的健康和可持续发展。乡村生态空间设计应遵循原有自然生态本底和空间秩序，综合考虑多种因素的影响，在生态可持续的基础上探索乡村发展的多样化途径，清晰界定村庄面临的现状生态问题，基于乡村空间生态质量评价、依托重点生态要素，进行生态空间的保护、修复和景观营建。

10.1.2　乡村生态空间特征

1. 自然性

乡村生态空间中的自然要素，即依托地理环境、农林资源所形成的复合要素，构成了乡村生态基底，是乡村产品供给的资源本底，也是社会文化的环境支撑。从自然条件来看，主要包括地质、地貌、气候、土壤、水体、植被、生物等，直接或间接地决定了乡村的经济性与社会性，对土地利用方式、生产能力、建筑布局与生活习俗等方面产生着影响；从景观类型来看，自然要素包括山、水、林、田、湖、草、沙等多种要素。乡村生态空间的构成不局限于单一自然要素，而是将多个生态要素耦合成系统，这种相对稳定的生态系统为城乡居民提供生态产品、防风固沙、水源涵养、固碳释氧、生物多样性维持等多种生态系统服务功能，在不同尺度下支持人类的生存发展，维持着生态、经济和社会系统的综合稳定性。随着我国城镇化率的不断提高，相较城市以工业化、现代化为主导的空间环境，乡村以自然性、生态性为主要特征，成为当今社会的稀缺资源，这也是乡村生态景观营造的根本出发点。

2. 经济性

乡村作为人类长久以来为了安定生存聚居形成的居民点，其生态景观是以获得稳定的生存资源为目的，通过人与自然和谐共生的方式，在顺应自然、适应自然、改造自然、利用自然的过程中逐渐形成的空间表征。因此，经济价值的获取是乡村生态演化形成的内在驱动，视觉上则感知为生产、生活、生态相互融合的景观特征，如圩田水乡、牧区嘎查、林区山村、农区庄户等。而地貌、气候、植被等则直接影响了乡村的生态条件、生产类型和生活环境，适应所处地域自然条件形成的聚落形态、景观风貌、生产方式，被认为是与自然和谐相融的乡土风景。乡村在保护自然资源的前提下，通过农、林、牧、渔等产业从自然中获取物质资源，得到直接生产价值，形成了具有地域特色的生产景观。另外，依托保护或修复良好的生态景观，可以同步发展乡村旅游、森林康养、自然教育等绿色产业，获得自然环境衍生出的间接经济价值。在这个过程中，如何使生态景观营造与百姓看得见、摸得着的切实利益相挂钩，使"绿水青山"成为"金山银山"，重塑乡村生态价值的循环机制，是突破浮于视觉审美层面的乡村景观营造的关键所在。

3. 社会性

乡村的地理位置、地域条件、自然环境存在差异，乡村居民共同感知环境，并适应、改变、创造环境，形成体现地域价值观的物质环境与文化特征。乡村社会中的物质要素包括建筑、生产设施、文物古迹等，非物质要素包括风俗习惯、精神信仰、文化娱乐等，两者相互耦合，推动着乡村生态景观的形成与演化。此外，乡村社会要素具有明显的动态性和适应性，伴随自然生态、经济发展和社会变迁发生着结构和功能调整。这就需要捕捉乡村生态景观与乡村社会演化的相互作用机制，在规划设计中维护乡村生态景观格局的连续性，保护重塑乡村的生态文化基因。通过田野调查等方式，实际感受、观察、挖掘人与自然相互适应形成的地域文脉，并融入乡村生态景观营造当中，从而留住乡村的记忆和依恋，加深民族文化共鸣、身份认同和地域归属。

10.1.3 乡村生态空间构成

1. 多尺度的乡村生态空间

不同尺度下，乡村生态空间的规划设计方案制定，需要综合考虑村民感知、空间形态、保护生物栖息环境等内容(图 10-1)，并确定不同类型生态空间的优化方向。从我国大多数地区的乡村情况来看，乡村生态空间通常包含"后山、农田、村落"中的自然空间，以及穿插其间的河流、水池等"滨水"空间。因此，可以将乡村生态空间划分为滨水区域、农田区域、后山区域和村落区域 4 部分，依据各自肩负的生态服务功能，梳理生态空间的优化方向。之后，将这些多样的生态空间有机结合起来，形成孕育多种生物的生态系统，以及体现地域特色、富于季节变化的乡村景观。

2. 乡村生态景观解构

村庄的形成是人类逐水而居、趋利避害的聚居过程。与城市相比，乡村生态空间与区域生态环境、地质地貌的关系更为紧密，由相对稳定的生态系统支撑着村庄社会、经济系统循环发展，并维系着生产、生活功能的复合系统。自然、社会、经济 3 个系统对应山水林田湖草沙、村

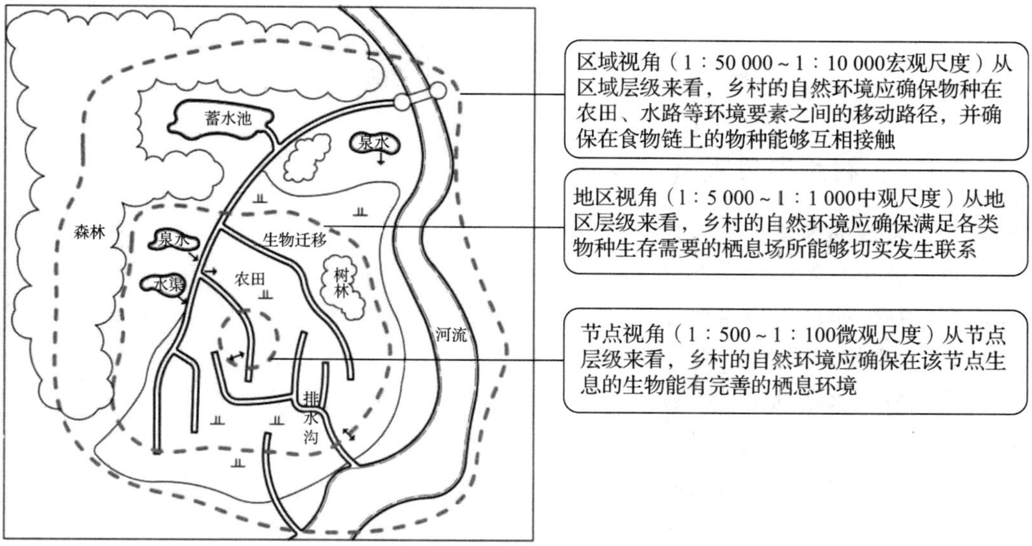

图 10-1　多尺度的乡村生态空间

（引自：司马蕾，2023）

庄、建筑、道路、公共空间、精神文化等要素，形成具有地域风貌的乡村土地利用方式和生态环境特征；上述要素相互组合，构成了风景林、景观廊道、经济林果、古树名木、文化游线等生态空间类型；生态空间类型与自然地理环境、村庄发展趋势相耦合，又形成了生态保护修复、生态廊道构建、生态产业发展、村庄环境整治和人文环境重塑 5 个主要的生态景观营造方向，成为重塑乡村风貌特色的支撑和抓手。

从要素关系来看，山水塑造的区域地理环境和气候条件，是形成林田湖草沙等地表物的基础。林田湖草沙作为资源要素，同时也成为支撑村庄经济产业发展、生产空间塑造的基础条件；在自然基底之上，通过利用自然、改造自然的行为，形成自然村落、道路、建筑、公共空间等硬质基础设施，演化出村庄共有的精神文化。“田”结合山水环境形成了水田、梯田、圩田等传统农业生产模式，“林”结合山水环境形成风景林、河流景观廊道等生态景观，或结合村落、建筑等形成传统村落环境、四旁绿化等人居景观。

不同的村庄类型、自然地理条件，也影响着村庄的生态景观营造类型和主导方向。位于平原或盆地的农区、牧区、丘陵地区的村庄多呈团块状，规模相对较大，聚集程度较高，外围一般分布着耕地、草场、湖泊、海岸等。生态景观也以农田牧场防护林、防风固沙林、公路景观廊道、经济林果、四旁绿化、村民广场等场所的生态保护修复、生态廊道构建、村落环境整治方向为主，为农牧业、城郊结合地区的工业制造业提供环境保障。沿山区或丘陵地区的河、湖、路、山谷分布的村庄，受地理条件影响，多选择离耕地近但又少占良田的地方建村，多呈条带状或点状分布，外围环绕广袤的山林、蜿蜒的水系。生态景观通常依托自然条件，以湿地保育、风景林、经济林果、传统村落保护、乡村旅游等生态产业发展、人文环境营造为主要方向，呈现出山水林田村错落有致的风貌特征。

10.2 乡村生态空间的景观营造

10.2.1 乡村生态景观格局构建

影响村域景观的因素主要包括山丘、平原、水系等因素。就整体形态而言，乡村在共性上体现出村落融合于自然山水、以自然环境为基底的景观意象特征。村域结构应体现对环境敏感区如山脊、道路、水体等廊道的保护，保持适宜尺度，实现村落居住斑块与自然地貌的“镶嵌”模式，并实现景观格局的优化完善，彰显所在地域自然环境特色而非凸显人工环境。村域营建应对原有的乡村山水格局进行形态提取，识别绿廊、山林、水系、道路、山脊等天然格局，并以此形成对居住斑块规模、体量的控制。

1. 山地丘陵型乡村景观格局

以陡坡山林、缓坡梯田为基底，组团沿等高线拓展、镶嵌在山地丘陵地区。村落与山体之间形成了一对“图底”关系，山体既是对村落的限定，又是自然环境优势的体现(图 10-2)。恰当地处理好村落与山体的图底关系，形成适宜规模的组团格局，具有生态安全、景观保护、节约用地的多重意义。一方面，组团格局可以控制人为建设对山体景观的破坏，形成良好的景观视线，彰显山地特色。另一方面，基于山地地貌的脆弱性，从生态学及节地角度来看，平行于等高线建造“紧凑”组团，可以减少对地形的扰动。

图 10-2 山地丘陵型村落景观格局

2. 平原水网型乡村景观格局

以生态绿廊、多中心组团的模式分散在平原水网和农田开阔地带，人们择水而居、因水而聚，成为该地区主要的乡村景观特征(图 10-3)。在水网地区，水不仅仅是交通运输工具，更是人们生产、生活的舞台。利用好水的特点，处理好“村落—水网—农田—自然”的关系，形成水乡田园风光，是乡村营建的首要要求。具体结构为：居住生活系统以组团方式，结合水网肌理同构布局;以水系、农田或林地为绿廊、绿楔,控制村落的连片蔓延;道路交通系统应反映与水的依存关系,突出亲水特征、强调适宜尺度,延续水街、水巷肌理;结合滨水空间设置步行交通,提升体验感、丰富景观层次;农林生产系统设置在组团外围,利用水资源丰富的优势,发展灌溉农业、渔业、经济林等生产内容。

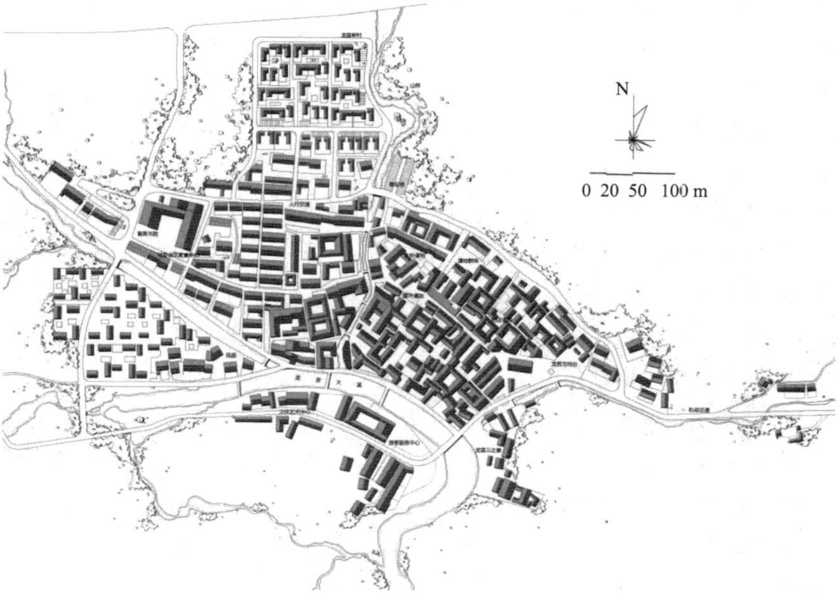

图 10-3　平原水网型村落景观格局

10.2.2　重要生态空间景观营造

1. 滨水区域

对于河流、蓄水池、水渠等水域空间,不仅要创造稳定的农业用水来源,也要营造具有良好抗灾防灾能力的安全滨水环境。同时,应根据地区特点,保护和修复有利于各种动植物生息的自然环境和滨水景观,特别是距离村落中心较近的蓄水池和河流,可作为休闲娱乐场所等加以利用。景观营造内容包括:滨水环境的保护、改善和修复,充实生活环境、生产基础,保护和有效利用历史文化资源等。

(1)滨水环境的保护、修复和营造　确保动植物生息环境,河流、水渠、蓄水池等的护岸应尽量使用石头、树木、生土等自然材料;若使用混凝土砌块,要确保在材质、形状及颜色上接近自然形态。同时,通过整治缓坡护岸、种植滨水植物等措施,形成坡度平缓的水岸环境,以方便野生动物活动。河流、水渠的流线应尽量避免直线,通过剖面上宽度、深度的尺寸变化,以及放置石块、栖木等方法,形成浅滩和水潭,使水流变化平缓,确保生境的多样性。井堰和水位的落差会阻断水生生物的活动路线,可通过建设多段式落差鱼道等工程,确保水位变化的连续性。此外,还应注意不要让水系流线阻断陆生小动物的移动路线;做好滨水空间日常维护工作,对堤岸坡面进行种植绿化并及时去除杂草和垃圾,营造清洁美丽的滨水空间;顺应水系形态,研究与周边用地相互融合的滨水空间形态。

除了岸线整治外,保护水质也是滨水空间的重要设计内容。通过加强对公共水域的污水源监控及下水道整治，防止污水外溢，以保护社区环境。对于需要改善水质的地区，选择合适的护岸、河床、水渠底材质和处理方式，确保滨水空间的表面材料具有多孔性，以利于滨水植物的生长。保证水渠全年都有一定的流水量，避免因水的长时间滞留而导致水质污染和恶臭，继而发生虫害。在河流和蓄水池边修建滨水步道和凉亭等休憩设施，并确保安全性；采用坡度缓和的护岸或台阶式护岸，提高亲水性；有条件的地方应尽量保证滨水用地有足够空间打造水流缓慢的浅滩环境，让人们能够安全戏水、游玩。

(2)完善生活环境　确保生活环境的舒适性和安全性，通过完善蓄水池周边环境、建设防跌落栏杆设施，防范集中性暴雨灾害，避免水难事故发生。此外，定期举行防灾宣传活动，内容主要为预防对蓄水池等农业水利设施导致的潜在灾害和事故。

(3)保护和有效利用历史文化资源　在蓄水池等体现当地土地改良历史的设施周边设置导览装置，形成可体验当地传统生活、农耕文明的公共场所。同时，为了完善历史文化体验的连续性，还可以修建串联相关场所的漫步道，形成贯穿乡村的历史文化资源网络。

(4)建设和管理生产设施　为了稳定地开展农业生产，农业水利设施建设不可或缺。在改建井堰、蓄水池的同时，有计划地推进水沟水渠的修缮和管理，并考虑对人力依赖较少的除草疏浚措施，可以有效提升管理水平；通过整治老旧蓄水池、加建排水泵等措施，还可以防止自然灾害给村落造成的损失。此外，可在农闲期抽出蓄水池中的水，除去沉积的泥沙，以改善水质并驱除外来生物。有效利用蓄水池的蓄水作用，加强其在防灾方面的功效，如通过事前放流确保洪水来临时的可储水容量，利用蓄水作为社区火灾时的应急用水等；提高社区居民对农用设施的保养意识，建立社区共同参与的维护管理机制。

2.农田区域

对于整片农田，在考虑与周边环境相协调的同时，还需构建与未来农业经营体制相适应的农田空间。对于闲置农地，可灵活变更其用途，例如用作栽培景观植物及农业体验的场所；特别是那些自然环境丰富、历史悠久的农田，应尽量开发为学习自然、体验历史的场所。此外，村庄、社区周边的农田本身就是珍贵的绿地和开放空间，应协调用地功能，尽量保留并用于休闲农业、农事体验。农田区域的景观营造内容包括农田的保护和有效使用、培育村落周边绿色空间、形成农业交流场所等。

(1)农田保护与有效使用　在乡村进行农田及道路修整时，会大幅改变目前的自然环境，因此要积极制定对策，遵从“避免、最小化、修复、减轻与消除、补偿”5项原则，减少建设对环境的影响。上述原则的顺序为：首先，在规划方案制定阶段应尽量“避免”对自然环境的改变；若不可避免，再讨论“最小化、修复、减轻与消除”影响的可能性；如果确实难以消除影响，则应新设生态空间以形成“补偿”，从而确保动植物生息环境的多样性。此外，还可以利用农田创建田园景观。例如，在农田与道路的交界处，沿线种植植物或景观作物，营造连续的田园景观；又如，将社区中不以生产为主要目的的农田打造为体验自然、农事研学等场所。在空间整治完成后，建立以当地村民为主体的使用和管理机制。

(2)培育村落周边绿色空间　村落内部散布的农田也可视为开放空间，可塑造社区景观、调节微气候，应尽量加以有效利用。农地周围的绿植栽种，应考虑有当地特色的花草树木，营造地域乡村社区景观。结合村落闲置场所营建农事体验和饮食教育功能，推动各种“接二连三”场景的发展。

(3)保护和利用农业遗产资源　对于农业遗产地区而言，通过安装导览装置设备、修建散步道等方式，将农业遗迹附近的农田打造成历史文化体验场所，尽量开发其观光功能、建设体验设施。

3. 后山区域

加强对后山自然与文化环境的保护，形成富有地域特色的自然文化景观。此外，应鼓励村民积极参与体验自然的活动，形成保护后山良好环境的共同意识。

(1)保护和利用后山自然环境　维护和管理后山自然环境，对社区后山防护林进行除伐、间伐等维护管理，尽可能避免对后山的开发，或将开发力度控制在最小范围内，采用周边植被生物可攀附的景观材料来完善林间公共设施。设置散步道、休憩设施、导览标识等便民设施，确保当地居民和来客都能够安全地体验自然。积极推进防护林整治，防止野生鸟兽破坏农作物。例如，在与村落相接的森林山脚下进行带状采伐，设置人与野生动物的隔离区域等。

(2)保护和利用后山历史文化资源　在具有代表性的文化遗产地区，应积极营造历史文化体验场所，如安装导览设施、修建散步道等，通过文化旅游振兴乡村。

4. 村落空间

对于村落中散布的水体、绿地空间，要尽量控制人类活动对环境的负面影响，并引导外部生态环境渗透到村落中心。

景观营造内容包括：维护整体风貌、完善生活环境。

(1)维护整体风貌　在居民点内部自然环境较少的区域，通过建立绿地、亲水空间与公共设施的联系，形成整体化景观空间系统；特别是在农地和住宅的混杂区域，可以通过土地调整，逐步将居住功能和生产功能区分开。同时，使用与周边景观相协调的材料，修缮建筑与公共设施。在道路和公共设施周边建设植物带，植物的配置要考虑后期维护管理的便利性，积极选用适应当地的品种进行栽培，营造富有地域特色的乡村景观。

(2)完善生活环境　确保村民生活环境的舒适性和安全性。对于穿越村落的河流水系，通过整治排水通路和下水道，保护农业用水水质及村民的用水安全；通过道路整治，为村民提供舒适、安全的生活环境；对于自然灾害隐患区域，通过整治蓄水池和水渠等防灾设施，确保村民生活的安全与宜居。

10.3　乡村蓝绿空间设计

10.3.1　乡村河道设计

1. 河道平面设计

在河道设计时，一般认为拓宽断面、裁弯取直、硬化岸线、修筑高堤等就能解决防洪问题。但事实上正相反，这些做法不仅改变了河流水动力学，还损害了河道的景观美学价值，破坏了河道的水生态环境。适宜做法为：首先，在解除河道瓶颈的基础上，尽量保持河道的自然弯曲和断面收放有致，不强求平直等宽；其次，尽可能多地安排一些蓄水湖池，这种“袋囊状”结构不仅有利于防洪，而且有利于景观和生态建设；最后，尽可能使大小河道、沟渠、坑塘等水系形成网络，构建乡村水生态系统。

2. 河道断面设计

河道断面处理的关键，是要设计一个能够保证常年有水的水道，及能够应付不同水位、水量的河床。可以采取变截面、多台阶式的河道断面结构，在低水位时，可以保证河道有一个连续的蓝带空间，为水生生物提供基本生存条件，同时可至少满足 3～5 年的防洪标准要求；当发生洪水时，允许淹没不同标高上的滩地，而平时这些滩地则是乡村中理想的开敞空间，具有较好的亲水性，适合居民自由地休闲游憩，甚至可以有计划地安排季节性植物种植。河底处理也应尽量保持自然状态，促进地下水补充。

3. 河岸梯度设计

随着河岸自然梯度的转换，景观功能也随之变化，需要平衡河岸的保护与利用关系，对重要生态斑块予以保护和修复，对可能的人为干扰予以隔离和缓冲，对可能的景观资源环境增值效益需要有效利用，并进行科学合理的分区管控。在设计时，可将河岸分为 5 个区域进行分段设计，即核心区（即水域滩涂带）、内部缓冲区、中部缓冲区、外部缓冲区、协调区（图 10-4、图 10-5）。

（1）核心区（水域及滩涂带） 尽量保留、保护原有河流及支流水域、滩涂，通常情况下不得改变河道形态。若要改造河道必须经过严格研究和论证再行改造。对于核心区的滩涂或沙洲，特别是高等级河流的大型滩涂岛屿，严禁任何开发建设活动，可谨慎布置适量绿道供生态游憩和环境教育使用，严格控制人类涉入。

（2）内部缓冲区 内部缓冲区距河流水体最近，通常由未被干扰的森林植被群落组成，主要为生态本底好或恢复性强的生境。应在严格保护现有生态斑块的基础上恢复一定面积的林地或湿地，以保证足够的生境功能宽度；边缘形态应尽量完整，以保护内部生境；设置极少量的公共设施与步行道，供人们接近河流、体验大自然。

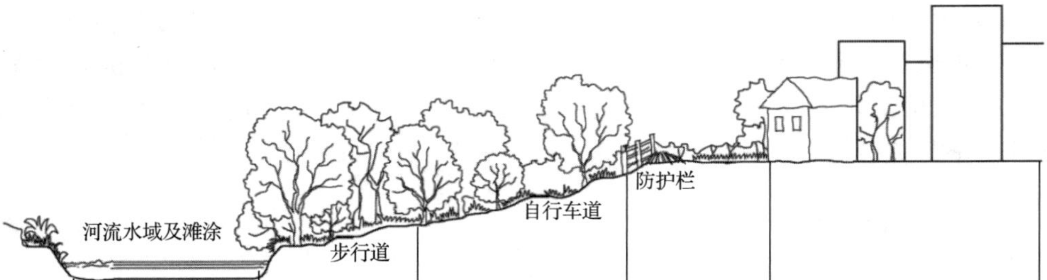

特征	核心区	内部缓冲区	中部缓冲区	外部缓冲区	协调区
功能	保护河流生态系统及水生生态系统的健康	保证河流生态系统自身的完整性	提供高地开发和河边区的距离	预防用地的侵蚀和径流	减少开发建设对河流河岸的环境影响，控制人工绿化环境
宽度	依据河流水域及滩涂的面积和宽度	根据河流等级与现状生境斑块划定	根据河流水域和内部缓冲区的生境斑块划定	根据外部相邻建设用地特征（如污染）划定	依据缓冲区宽度和建设用地性质划定
植被	包括滩涂的水生植被	没被干扰的成熟森林，草地，再造林	受到管理的林地，部分树木允许被清除	鼓励形成林地，但通常是草坪	依据污染物性质、公众喜好和经济成本等综合判断
防护程度	非常严格 通常情况下不得改造水系	非常严格 洪水控制，可适当设置公共设施，步行道等	严格 娱乐用途及雨洪管理，可设置自行车道，允许树木移除	一般严格 草坪，花园、堆肥和大部分雨洪管理	不严格 可以种植观赏性植被，允许市民靠近

图 10-4 河岸梯度分区功能指引与防护程度

（改自：Schueler T. 1995）

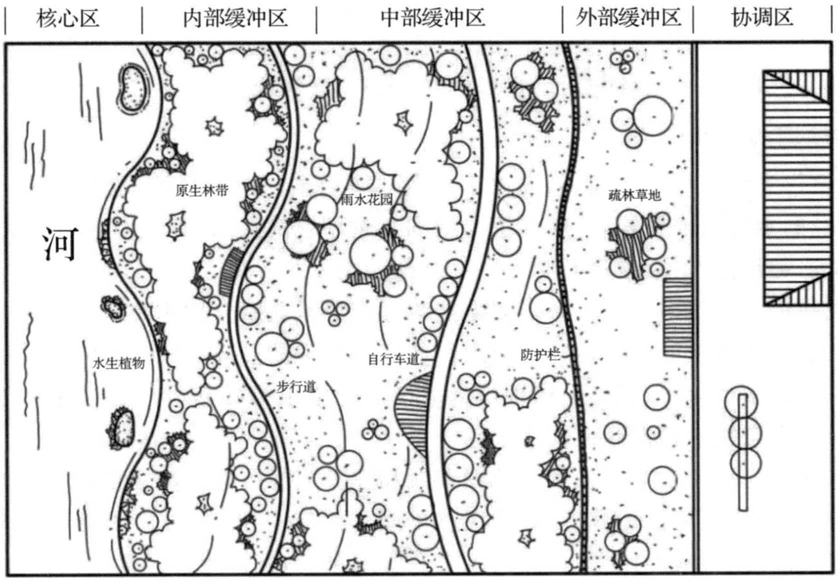

图 10-5　河岸梯度平面设计示意

(3)中部缓冲区　中部缓冲区由大型乔木和林下小型乔、灌木组成，是经过一定管理的林地。为了提供高地开发与保护内部缓冲区，通常以植被群落来吸收和清洗营养物和污染物，因此主要选择种植适应场地条件的一系列混合物种。在场地允许的情况下，一些商业经济物种和非传统农业产品也可以在此区域种植。中部缓冲区的边缘形态较为完整，允许较少的娱乐用途和一些雨洪管理设施，允许设置自行车道，供人们游憩健身使用。

(4)外部缓冲区　外部缓冲区紧邻建设用地、农用地或其他用地，主要承担吸收径流、过滤沉积物的功能。应根据城市建设和旅游发展需要，在市政设施配套较为完善的基础上，允许协调区的少部分公共建筑突破绿线范围(即绿化缓冲带)，使其边缘形态弯曲柔性、丰富多样，从而塑造多样化的城市河岸建筑与环境耦合形态。

(5)协调区　协调区是指最外围的控制区域，需要控制河岸建筑的开发强度、密度、高度，绿地开敞空间数量、规模，以及绿色基础设施及视线通廊等。协调区的绿色空间和建设空间镶嵌在一起，防护程度较低，应注意居民游憩从协调区至缓冲区的可达性。

10.3.2　乡村绿道设计

1. 乡村绿道功能

(1)生态保护，生境连接　有效连接城市与乡村，保护动植物的栖息地和生物多样性。

(2)文化弘扬，乡野体验　有利于联系乡土特色景观及乡村文化资源；同时作为具有浓郁乡野气息的线型公园，能够提供户外休憩娱乐活动空间，引导人们认识自然、保护自然。

(3)串联景点，畅达畅游　通过绿道可以有效串联乡村内部景观节点，并与周边村庄或景区、景点形成游览集群。可通过设置自行车道，形成特色交通网络，缩短乡村景点游览距离，丰富游览体验。

(4)带动乡村经济发展　可以增加乡村旅游竞争力，增强地方的社会影响力，促进乡村产业发展和村民就业。绿道沿线村庄可设置自行车租赁及维修服务、土特产售卖、餐饮等设施，沿线设置采摘园等节点，游客不仅可以在绿道上骑行赏花，还可进入菜地和果园采摘选购时令瓜果、蔬菜，通过绿道上的服务与活动，带动游客消费、增加农民收入。

2. 乡村绿道的选线原则

乡村绿道作为绿色线性空间，其周边以自然环境为主。山体林地、河流水系、野生动植物等是自然环境的重要组成要素，协调绿道与周围自然环境的关系，其主要内容就是协调绿道与自然山体、绿道与河流水系、绿道与野生生物之间的关系。

（1）协调绿道与自然山体的关系　规划选线时应尽量避绕自然山体及林地，避免穿行造成大量山体开挖；无法避开的应尽量减少对山体和自然肌理的破坏、减少山体径流对山体土壤的侵蚀和冲刷，降低水土流失；积极运用种植当地自然野生植物的多种生态技术修复、稳定道路边坡，促使绿道旁自然植物群落更快形成。

（2）协调绿道与河流水系的关系　规划选线和建设应尽可能远离水流，以保护滨水生物多样性和水生栖息地的完整性；无法避开的应尽可能采用架空桥梁、架空栈道等形式通过水面；结合道路绿化带和周边地形，建立自然雨水生态降解系统，使雨水经过简单生物过滤净化处理后再排放。

（3）协调绿道与野生生物的关系　规划选线应依据现实情况避开当地野生生物活动及栖息地；对于无法避开的，应合理设置符合当地野生生物习性的上行生物通廊、下行生物涵洞、警示标识、防护措施等设施，在绿道沿线为它们预留安全活动空间；村庄道路应结合实际情况设计小型动物通道，主要措施有桥下设置通道、路基下设涵洞、设置警示标识等。

3. 乡村绿道的设计原则

乡村绿道设计应遵循以下原则：统筹考虑城乡发展，衔接相关规划，整合区域各种自然、人文资源，满足村民及游客的休闲、健身需求，注重人性化设计，完善绿道服务设施；尊重生态基底，顺应自然肌理，实现对原生环境的最小干扰和影响；紧密结合实际条件和经济社会发展需要，与周边环境相融合；充分结合不同的资源与环境特征，突出地域风貌，展现多元景观特色；集约利用土地，鼓励应用环保低碳技术与材料，并结合乡土材料进行特色化设计。

4. 不同类型乡村绿道的设计模式

（1）近田绿道模式　农田是乡村地区最为常见，也是最能体现乡村风貌的空间。此模式以保护农田为首要目的，兼顾视线绿化美化，让游人更好地观赏乡村田野景观。设计重点是通过时而开敞、时而闭合的道路林缘线，结合农田景观构成相辅相成、富有韵律的线性空间，疏密相间的格局不仅能为过往车辆提供最佳观赏视角，同时还能保证农作物的生长环境（图 10-6）。

（2）滨水绿道模式　此模式以环境保护为主，将河道整治与道路环境美化相结合，运用生态技术构建一个具有调节水位、防洪补枯、增强河流水系自我净化循环能力的生态景观体系（图 10-7）。桥体的设计、材质的选用尽量利用当地材料，营造出体现村庄特色的空间节点。景观视线设计注重利用借景、透景、障景等手法，使用低矮亲水植物保留良好视线，借助耐水湿的乔木与灌木阻隔景观效果不佳的视线。可选用的亲水、耐水的乡土植物，有水杉、云杉、睡莲、香蒲、鸢尾等。

（3）依林绿道模式　结合道路两侧地形及林木群落，因地制宜地进行设计。在保护山林环境的基础上，在部分路段的路林之间形成“灌木—乔木”配置形式，形成道路与林地之间的自然过渡，缓解高大乔木带来的压迫感。另外，还可利用不同的植物进行组合搭配，营造富有变化、

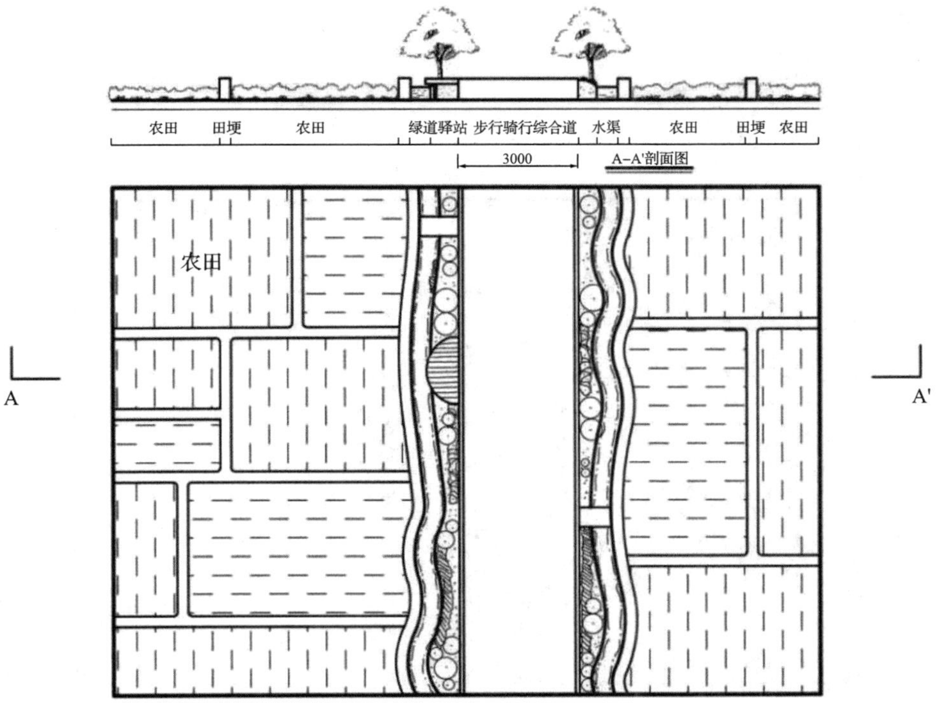

图 10-6　近田绿道模式(单位:mm)

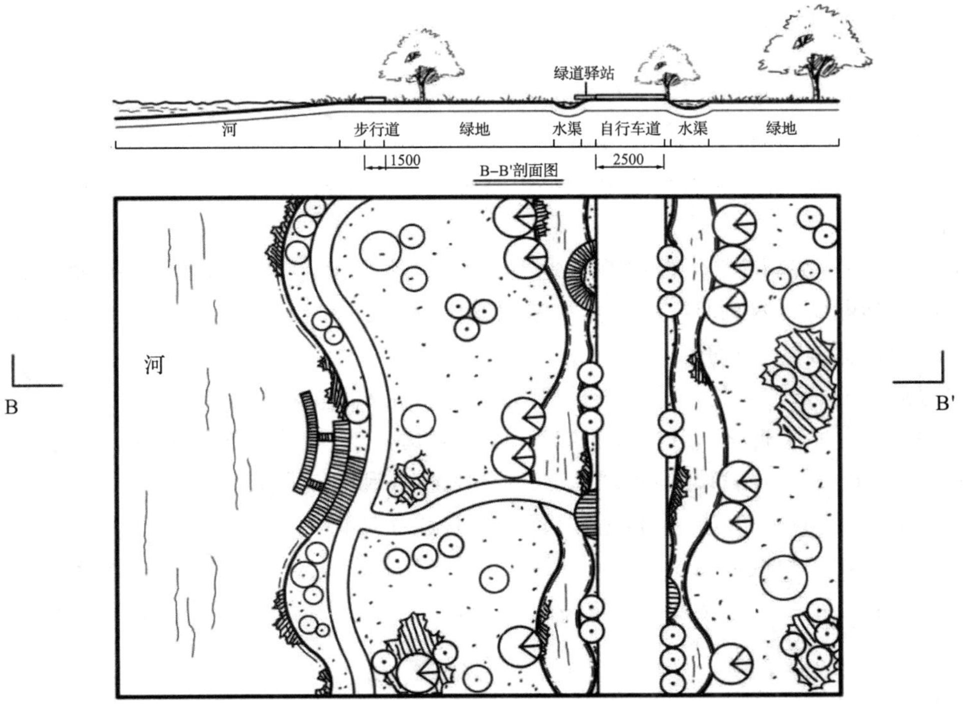

图 10-7　滨水绿道模式(单位:mm)

层次感、韵律感的绿道空间。在乔木种类的选择上,可以选择经济林木,也可选择果树,在美化道路空间的同时还可以获得一定的经济收益(图 10-8)。

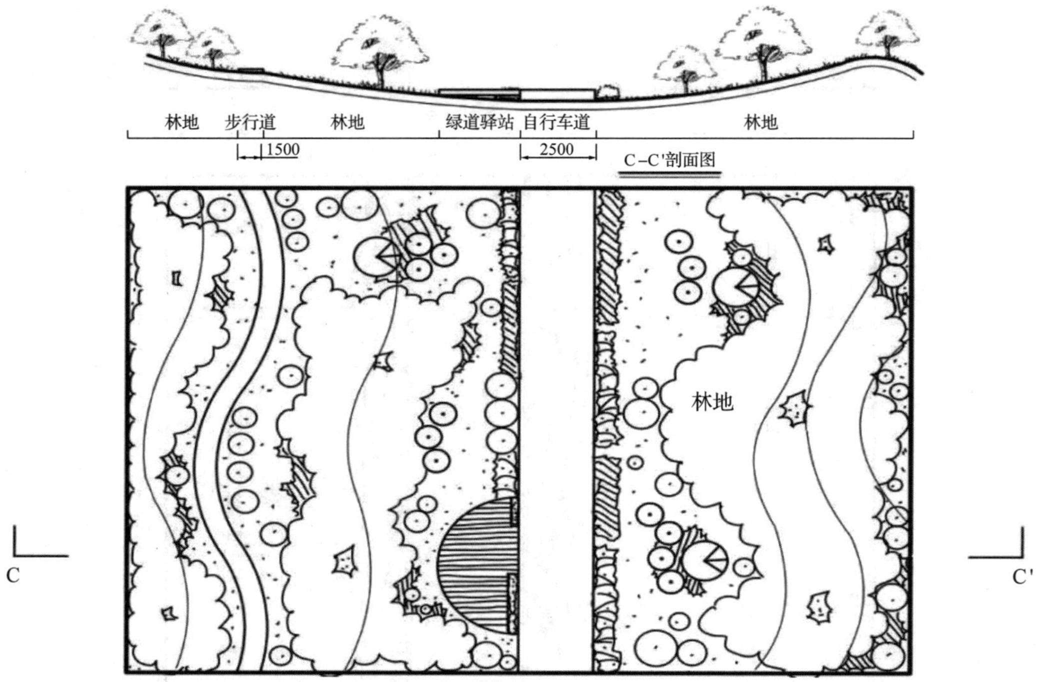

图 10-8 依林绿道模式(单位:mm)

10.3.3 乡村绿化设计

1. 乡村绿化设计要求

乡村绿化美化是农村人居环境整治的重要内容,对美化乡村环境、凸显乡土特色有着重要作用。乡村绿化设计要坚持“因地制宜、突出特色”“保护优先、留住乡愁”和“科学绿化、务实节俭”的原则。

(1)因地制宜、突出特色　根据乡村地理位置、自然禀赋、生态环境状况、产业发展需求等不同情况,因地制宜、因势利导,瞄准乡村绿化突出短板,一村一策,缺什么补什么,避免发展模式趋同化、建设标准“一刀切”。

(2)保护优先、留住乡愁　保护乡村地形地貌、水系水体、林草植被等自然生态资源,慎砍树、禁挖山、不填湖、少拆房。注重乡土味道,保护乡情美景,维护自然生态的原真性和完整性,综合提升乡村山水林田湖草沙自然风貌,突出乡村特色和田园风光。

(3)科学绿化、务实节俭　坚持适地适树,优先选择具有文化内涵、抗逆性强的乡土长寿命树种,鼓励在“四旁”种植乡土树种,充分发挥乡村绿化在彩化美化环境、生产经济林果和维护生物多样性等方面的多重效益。选择易成活、易养护的植物品种,营造符合乡村特点的绿化环境。

2. 乡村绿化重点

重点开展公共空间绿化。公共空间绿化配置宜简洁实用,提倡采用景观树、农作物、爬藤植物、乡土花卉作为绿化手段。避免大草坪、模纹色块、装饰灌木等机械的行列式、树阵式城市绿化形式,创造亲切的邻里氛围。

整治“路旁、水旁、宅旁”绿化。路旁绿化应注重乡土经济、养护方便、形式多样，结合乔木、灌木花卉、农作物多种搭配形式，形成多样化的路旁绿化景观。主要道路绿化采用乔木列植或乔灌混植的方式，以乡土树种为主，乔木应分支点高，林下可以栽植一些花灌木和地被植物，丰富道路两侧景观。次要道路绿化接近村民生活，应自由温馨、形式多样，宜以小乔木为主，配植花卉、灌木，使路旁绿化色彩更加丰富。水旁绿化应保护河道沟塘原生植被，水岸绿化以乡土植物为主，采用自然生态的布局形式，注重浮水、挺水、沉水等植物搭配，营造自然多样的滨水植物景观；硬化材料应多采用本地石材、石块、砖和一些建筑废弃材料且长度不宜太长，避免出现连续硬质驳岸。宅旁绿化宜以瓜果蔬菜种植为主，适当增加乡土景观植物，注重季相变化，通过色彩丰富、形态多样的乡土树种搭配，创造出四季皆景的优美环境。

3. 村落周边绿化

环绕村庄居民点的绿化，包括维护村庄生态、改善居住环境的片林、环村林带等。村庄宜配置结构紧密的环村林带，根据村庄周边用地确定林带宽度（图 10-9、图 10-10）。山地、丘陵地区的村庄还需在生态区位重要、生态环境脆弱的特殊地段营造护村林。保护修复村旁的民俗林，宜选择冠幅较大、主干通直、枝叶繁茂、树型美观的树种。民俗林及其周边宜选择有文化内涵、体现乡愁记忆的乡土植物。采用多种类、多层次配置，针叶与阔叶、常绿与落叶、乔木与灌草、速生与慢生相结合，综合考虑生态防护与生物多样性保护功能，配置物种组成丰富、结构稳定的村旁绿化。可突出主栽树种，营造经济、观赏或生态特色鲜明的村旁绿化。

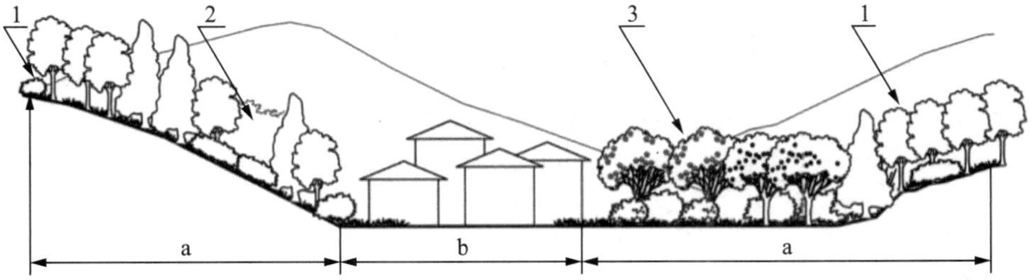

1. 护村林（带）；2. 民俗林；3. 经济或观赏植物。
a. 村旁绿化；b. 村庄聚落（示意）。

图 10-9　山地丘陵地区村旁绿化模式图

（引自：国家林草局，2024）

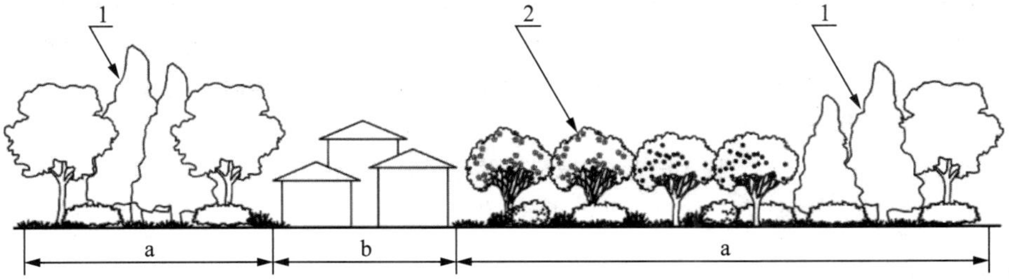

1. 环村林带；2. 经济或观赏植物。
a. 村旁绿化；b. 村庄聚落（示意）。

图 10-10　平原地区村旁绿化模式图

（引自：国家林草局，2024）

4. 农宅周边绿化

根据村民住宅类型、房前屋后场地特征开展绿化，营造宅旁景观特色。宅院入口采用多种植物复合配置，营造色彩协调的外观（图 10-11）。宅院墙面宜采用立体绿化，可采用突出地方特色的乡土材料装饰院墙。根据当地习俗，选择受群众欢迎或具有美好寓意的植物，优先选择适生的经济树种，以及能够趋避蚊虫蛇蚁的植物（图 10-12）。根据住宅分布情况，随水体和道路的走势，采用点状、丛团状、带状、片状或其他形式灵活配置。结合院墙、宅院入口、路旁或水旁绿化等，采用针叶与阔叶、常绿与落叶、特色经济与观赏树种结合，乔灌草藤复合的配置模式。在主要灾害风向的迎风面宜种植树体高大、枝叶茂密、抗风能力强的深根性树种。在离住宅较近的地段不宜种植生长太快、树冠高大、有板根、根蘖性强的树种，以及不利于居民健康的植物。

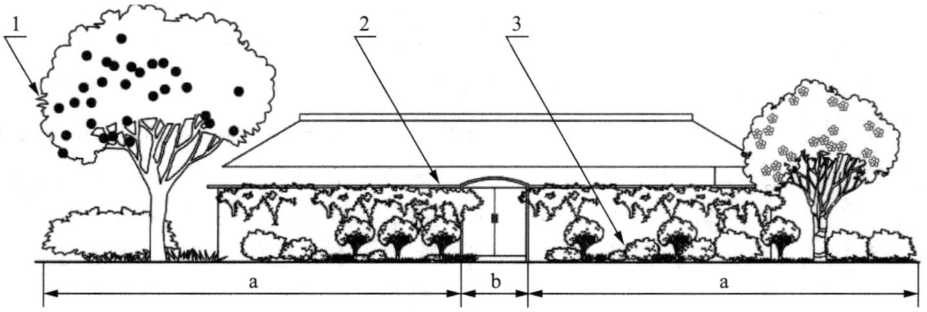

1. 乡土树种，经济或观赏树种；2. 藤本植物；3. 观赏植物。
a. 宅旁绿化；b. 宅院入口（示意）。

图 10-11　宅院入口、宅旁绿化模式图

（引自：国家林草局，2024）

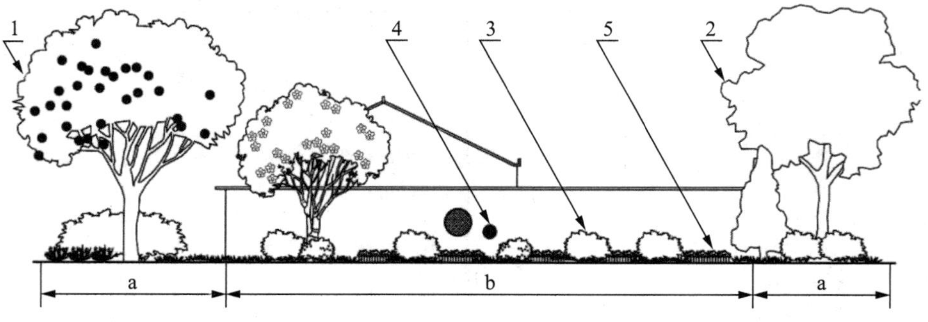

1. 经济或观赏树种；2. 珍贵树种；3. 观赏植物；4. 乡土材料装饰院墙；5. 花箱。
a. 宅旁绿化；b. 宅院院墙（示意）。

图 10-12　宅院墙面及宅旁绿化模式图

（引自：国家林草局，2024）

5. 庭院绿化

结合庭院功能开展绿化。可与发展庭院经济相结合，种植林果、蔬菜、药材等经济作物，或采用花卉盆栽美化居住环境（图 10-13、图 10-14）。

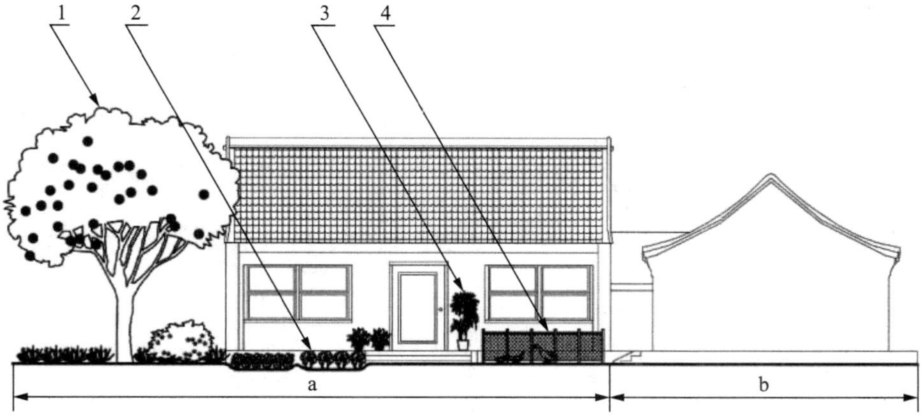

1. 经济树种；2. 适地蔬菜；3. 花卉盆栽；4. 庭院种养。
a. 庭院绿化；b. 村民住宅。

图 10-13　果蔬种养型庭院绿化模式图

（引自：国家林草局，2024）

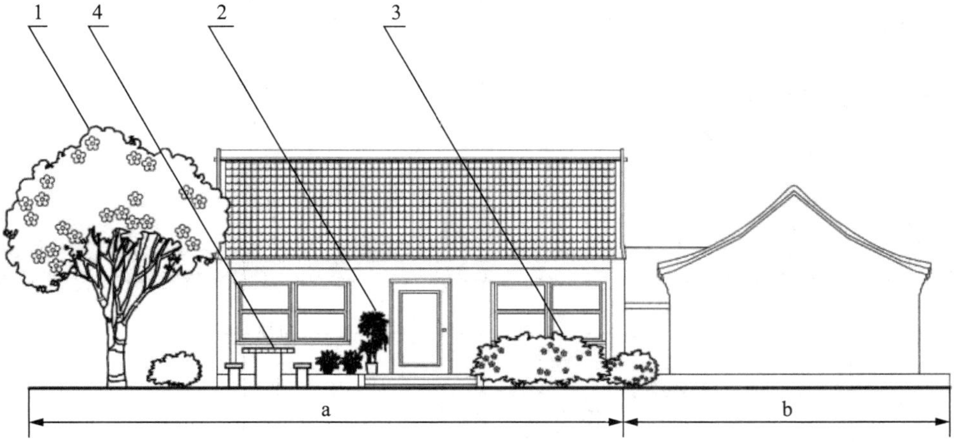

1. 经济或观赏树种；2. 花卉盆栽；3. 观赏植物；4. 休憩桌椅。
a. 庭院绿化；b. 村民住宅。

图 10-14　环境美化型庭院绿化模式图

（引自：国家林草局，2024）

6. 公共绿地绿化

根据村庄土地利用情况，利用村庄周边的现状林地、草地、湿地等建设乡村公园，利用村内边角地、闲置地、大树周边空地等营造小微绿地，丰富乡村的休闲活动场地。在古树名木周边开展公共绿地绿化时，应注意严格保护古树名木及其生境。乡村公园应保留现有的高大乔木及景观良好的成片林木、植被，采用群植、丛植、孤植等配置方式，以自然式种植为主，考虑季相变化，充分体现村庄自然特色。小微绿地可因地制宜确定绿化和硬质铺装的比例，周边宜种植遮阴效果好的乡土观赏植物，实现乔灌草复合配置。避免大草坪、大绿篱、行列式、树阵式等城市型绿化模式（图 10-15、图 10-16）。

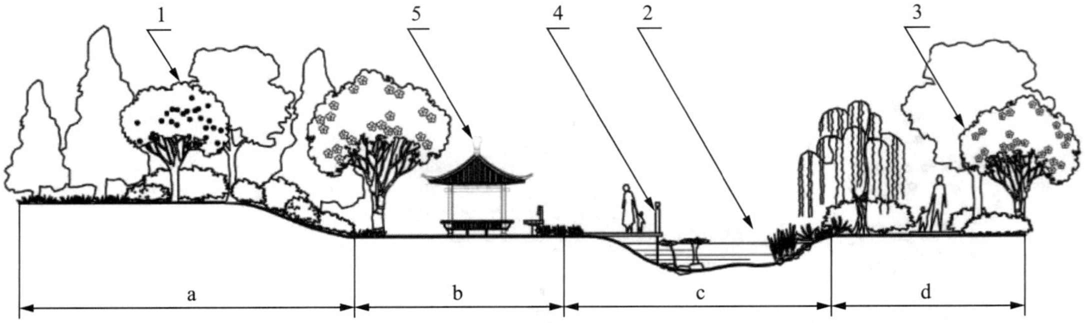

1. 保留现状林地植被；2. 保留现状河湖水系；3. 自然式种植；4. 亲水平台；5. 休憩设施。
a. 公园绿化；b. 休憩区域；c. 河湖水系；d. 公园园路。

图 10-15　乡村公园绿化模式图

（引自：国家林草局，2024）

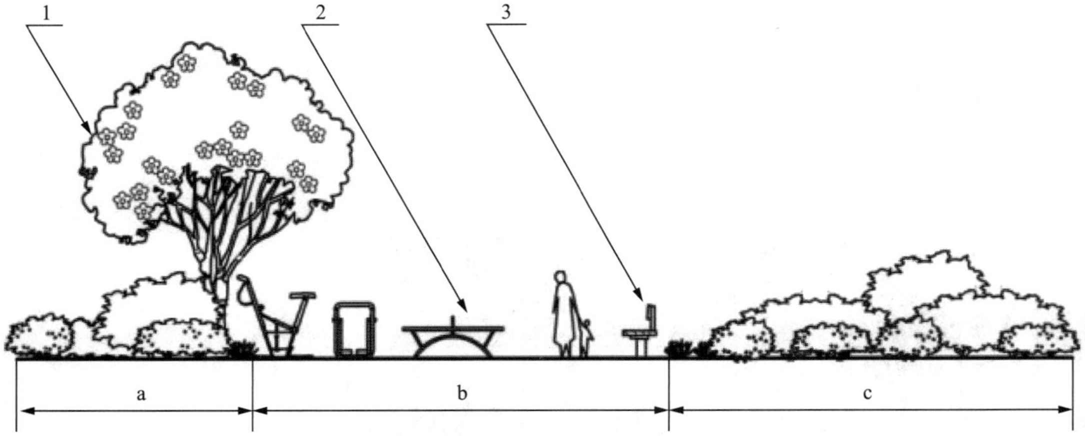

1. 观赏植物；2. 体育活动设施；3. 休憩座椅。
a. 绿地；b. 休闲活动场地。

图 10-16　小微绿地模式图

（引自：国家林草局，2024）

7. 废弃闲置地绿化

针对乡村低洼地、盐碱地、塌陷地、拆违地、污染地、取土坑、沟坎坡地、闲置地等尚未利用的非农业生产土地开展生态修复，增加乡村绿量，改善生态环境。低洼地宜排干积水、覆客土，参考周边植物群落结构，选择以耐涝植物为主进行绿化。坡地绿化应乔灌草结合，增强植被水土保持功能；坡脚可在乔木下层种植乡土灌木、藤本、地被植物，提升景观效果。平地、台地绿化以发挥生态或景观功能为主，无污染的情况下可兼顾经济功能。有污染的废弃地绿化宜选择抗逆性强、富集力强的植物，发挥植物群落的生态修复功能。盐碱地绿化应选择耐盐碱的植物（图 10-17、图 10-18）。

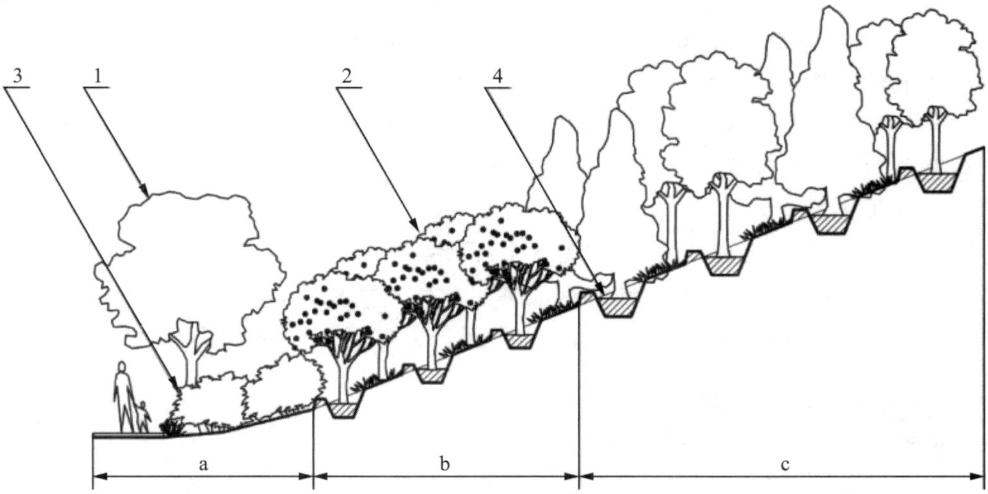

1. 乡土植物；2. 经济树种；3. 灌木、藤本、地被美化坡脚；4. 鱼鳞坑。
a. 坡脚；b. 无污染废弃地；c. 有污染废弃地。

图 10-17　坡地废弃闲置地绿化模式图

（引自：国家林草局，2024）

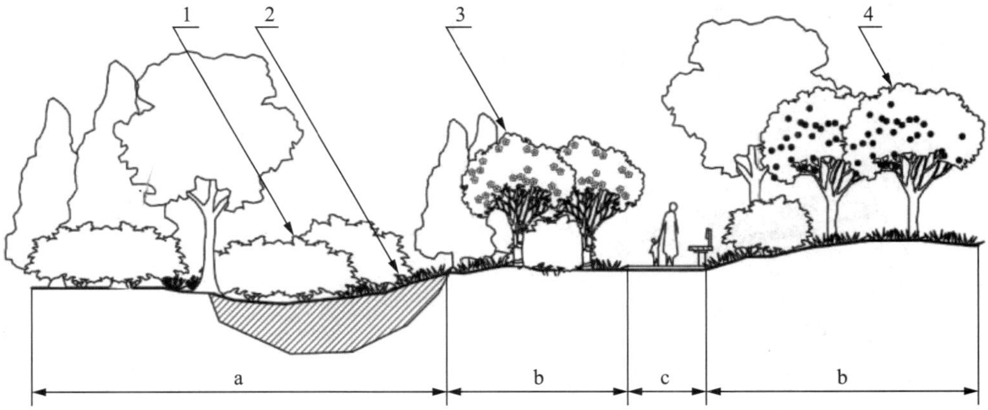

1. 耐水湿、盐碱植物；2. 低洼地排干积水、覆客土；3. 观赏树种；4. 经济树种。
a. 低洼地；b. 平缓地；c. 步道。

图 10-18　低洼地废弃闲置地绿化模式图

（引自：国家林草局，2024）

✣专栏 10-1　西溪南村景观更新改造

西溪南村位于安徽省黄山市徽州区，处于山间盆地之中，紧靠丰乐河畔。村落景观类型多样，凭借得天独厚的地理位置，拥有自然景观、农业景观与宅园景观；凭借深厚的文化积淀，还形成了“溪南八景”。不过，在现代化发展背景下，西溪南村受到多种外力破坏，丰水河被渠化和硬质化，枫杨林湿地逐渐消失。

设计团队巧妙营建并合理利用现有水系。丰水河在时代发展过程中，已丧失了航运功能，但仍承载着村民日常盥洗、灌溉农田和娱乐嬉戏的功能。在进行景观设计时，河道及沿岸尽量保留了原始景观风貌，不做过多的开发设计。在保持河道整洁、满足原有使用需求和防洪安全的基础上，还设置了连贯的滨河步道系统和原生态的休憩文化交流场所。

在对水利设施进行修护时，遵循了修旧如旧的原则。雷堨主坝的排洪闸、副坝的石堰与丰乐河水系共同形成了村北的水系空间。在丰水期，丰乐河流经雷堨主坝，将大部分水体排至枫杨林北侧外缘的丰乐河流域，少部分水体经雷堨副坝减流后排入枫杨林湿地和村北外围的引水渠内。引水渠水量过剩时则自溢至北侧枫杨林湿地内，保证引水渠内水体的稳定性。在枯水期，雷堨上游丰乐河流量较小，主堨坝基本只起到截流的作用，与周边环境共同形成良好的景观效果。枫杨林湿地与村落外缘溪边街之间设立简易的木栈道，加强村落空间与枫杨林湿地空间的联系，满足游客在此段水系空间的游憩观赏需求（图 10-19、图 10-20）。

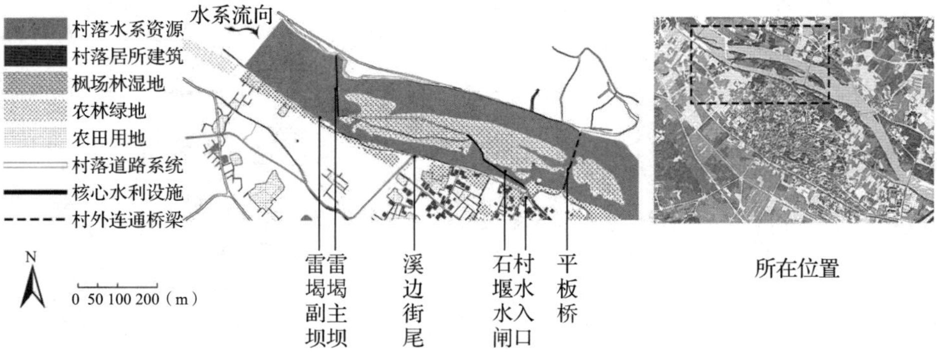

图 10-19　“村水相依”模式

（引自：郑志元，等，2022）

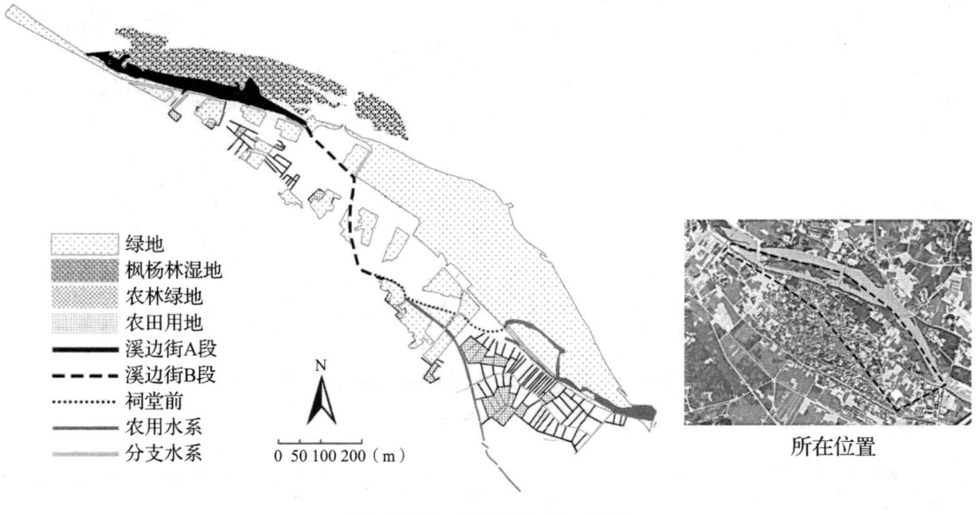

图 10-20　枫杨林湿地水景

（引自：郑志元，等，2022）

西溪南村在进行景观规划设计时，保留了在历史上的水利工程系统，如水塘、水堨、水圳、水堤、水井等水利设施，并持续利用原有水利设施进行灌溉、防火、控水。其中，水口景观成为当地重要的旅游资源，在水口位置处有木桥、堤堰、枫杨林，满足日常生活所需的同时，兼具观赏和生态功能。利用生物降解、物理净化等措施，在水渠周围保留自然植被，用砾石、木材等自然材料铺设河底与建设驳岸。水流经村落的湿地、水渠、池塘、农田，在流动过程中通过植物、微生物发挥生物降解作用。村庄水系引自丰水河，经“过滤—使用—灌溉”3个流程后，从村落再流归丰水河。保留村落内部的石板路，石板间的缝隙有助于排水，在传统村落风貌得以保留的同时，也实现了水资源的生态及可持续发展。

小结

乡村生态空间具有自然、经济、社会的多重属性，设计应充分重视其生态系统服务功能、地域文化承载功能及生产生活复合功能。从尺度来看，在以区域为对象的乡村生态空间景观营建时，需要提取原有山水格局的空间形态特征，识别并保护关键的绿廊、山林、水系等要素；在以村域为单元进行生态环境设计时，可将其分为滨水区域、农田区域、后山区域和居民点区域，依据不同区域的生态环境特征开展优化设计。从内容来看，蓝绿空间是乡村生态空间的重要组成部分，设计应串联这些线性空间相邻的场所、节点，突出乡土植被群落营造与生态廊道的衔接，强化生物多样性保护与景观游憩功能的整合，推动乡村生态空间走向“生产—生活—生态”三生融合的可持续发展道路。

思考题

1. 乡村绿道的复合功能有哪些？
2. 乡村滨水空间设计应注意哪些事项？
3. 如何营建村落景观？

参考文献

国家林草局．乡村绿化技术规程：GB/T 44347—2024[S]．北京：中国标准出版社，2024．

马嘉，郑睿楠，段诗璇，等．复合生态系统理论视角下乡村生态景观营造路径探索[J]．农业资源与环境学报，2023，40(5)：1180-1189．

司马蕾，段俊宇，刘艾娜，等．微观视角下乡村社区生态空间优化方法[J]．住宅科技，2023，43(3)：32-37．

宋云辉，陈一．乡村振兴背景下成都市乡村景观营建模式与空间结构研究[J]．风景园林，2022，29(3)：37-42．

孙炜玮．基于浙江地区的乡村景观营建的整体方法研究[D]．杭州：浙江大学，2014．

文克·E·德拉姆施塔德，詹姆斯·D·奥尔森，理查德·T·T·福曼．景观设计学和土地利用规划中的景观生态原理[M]．朱强，黄丽玲，俞孔坚，译．北京：中国建筑工业出版社，2010．

辛儒鸿，曾坚，黄友慧．基于生态智慧的西南山地传统村落保护研究[J]．中国园林，2019，35(9)：95-99．

邢忠，余俏，顾媛媛，等．基于城乡样条分区的绿色空间规划管控方法研究[J]．城市规划，2019(4)：24-40．

邢忠，余俏，靳桥．低环境影响规划设计技术方法研究[J]．中国园林，2015(6)：51-56．

郑志元，白宗岳，康婧妍．西溪南村落水系营建及其对新农村建设的启示[J]．工业工程设计，2022，4(3)：48-55．

Schueler T. Site Planning for Urban Stream Protection[R]. Ellicott City. Prepared for：Metropolitan Washington Council of Governments. Washington，DC. Center for Watershed Protection(CWP)，1995.

第 11 章　乡村生活空间与存量更新

本章简介：本章从不同层面讲解了乡村生活空间的设计方法；在村庄整体层面，主要介绍了用地布局、道路、绿化等空间要素的设计以及环境整治方法；在村庄公共空间层面，分析了小公园、小广场和入口等主要节点的设计要点；建筑层面，讲解了农房建设和乡村公共建筑设计与改造的要点。之后，以湖北省红安县柏林寺村为例，梳理了从调动村民积极性到开展共同缔造美丽乡村建设的过程。

通过本章内容的学习，掌握乡村生活空间设计的一般原则与方法，并能够运用到公共空间、农房和公共建筑等的设计实践当中。

11.1　乡村生活空间总体设计

11.1.1　设计原则

乡村生活空间是以居民点为主体，供村民居住并提供生活服务的空间。乡村生活空间在设计时需要遵循以下原则。

1. 因地制宜，分类指导

结合村庄的地理位置、资源禀赋、发展水平和村民的实际需求，正确处理近期建设与长远发展的关系，制定切合实际的生活空间设计目标。通过将村庄划分为特色保护、集聚提升、城郊融合等不同类型，因地制宜、因村施策，指导村庄的更新设计。其中，特色保护类村庄重点提升乡村风貌、凸显乡土特色，成为体验农耕文化、品味乡愁的载体；集聚提升类村庄以人居环境整治为主要内容，根据村民需求完善各类设施配套，促使村容村貌整洁有序；城郊融合类村庄以城乡公共基础设施互联互通、城乡资源要素交流互动为主要任务，促进乡村振兴与共同富裕；对空心化、老龄化较为明显，不宜大规模发展建设的村庄，以日常的环境卫生整治和基本生活服务保障为主要内容。

2. 美丽乡村，彰显特色

乡村生活空间设计应避免模仿城市建设模式，依托乡村景观风貌和传统文化内涵，深入挖掘乡村特色与生活模式，将“乡土味道”体现为可观可感的空间形式。在设计时，既要传承地域文化、延续空间格局，又要注重设施和民居的现代表达。

3.集约用地,更新改造

坚持节约集约用地,遵循乡村传统肌理,引导生活空间向尺度适宜、布局协调、功能齐全方向发展。在村庄规划划定的空间管控边界内开展建设活动,优先使用闲置资源和闲置建设用地,优先使用本土材料。按照“低成本、本土化”的要求,结合乡村实际情况,控制设计和建设成本,避免奢侈浪费和形象工程,助力乡村的可持续发展。

4.农民主体,共同参与

乡村生活空间与村民的日常生活息息相关,应充分尊重村民意愿,引导和调动村民的积极性,将存量更新与基层治理有效结合,依靠群众力量建设美丽乡村。创新“参与式、陪伴式”的乡村建设模式,鼓励规划、建筑、景观等专业技术人员提供全过程技术服务。

11.1.2 用地布局

乡村居民点设计要充分尊重乡村的自然本底和建设现状,在现有村庄布局基础上,适度优化基础设施、公共服务设施、景观绿化等功能布局,满足新时代村民的生产生活需要。根据不同的自然条件,乡村居民点用地布局总体上可以分为组团状、带状、团块状等类型。

(1)组团状布局 主要位于山地地区,由于地形相对复杂,村落呈小规模、多组团、高低错落分布。乡村风貌营造应延续原有肌理,新建、改建建筑的高度、色彩、形态应与现状建筑相协调。

(2)带状布局 主要位于滨水、河谷地带,村庄沿水系或主要道路轴向生长。其中,短轴方向应注重与山、水等自然环境的关系,长轴方向应注重公共空间序列与重点设施布局。滨水村庄还应当注意退让滨水区域,保留足够的生态空间。

(3)团块状布局 主要位于平原和缓丘地带,呈紧凑、不规则形态。乡村设计应尊重原有的林、路、田、村形成的肌理,避免分散与无序扩张,适度修复村庄特色建筑、更新主要节点。

居民点的平面布局要遵循顺应地形、显山露水、突出地方特色、适度集中布局的原则,统筹考虑宅基地、房前屋后、公共空间等的布置,满足村民生活需要、符合乡村生活习惯。合理控制村庄规模,对于确需集聚较大规模的新建村庄宜实行组团化布局,结合河流水系、树林植被、道路网络和社会结构,划分为若干大小不等的居住组团。宅基地、农房的优化调整应结合地形采用多样化的组合方式,避免形成行列式、兵营式的呆板布局,避免把城市居住小区的布局方式简单复制到乡村。此外,延续村落传统空间格局和街巷肌理,以及水系、河塘、树林等空间肌理所依附的自然生态基底,保护乡土文化和乡村风貌。

11.2 乡村生活空间要素设计

乡村生活空间既包括农房、庭院、道路、公共建筑等设施,也包括与之密切相关的水系绿化、活动场地等要素(图 11-1)。

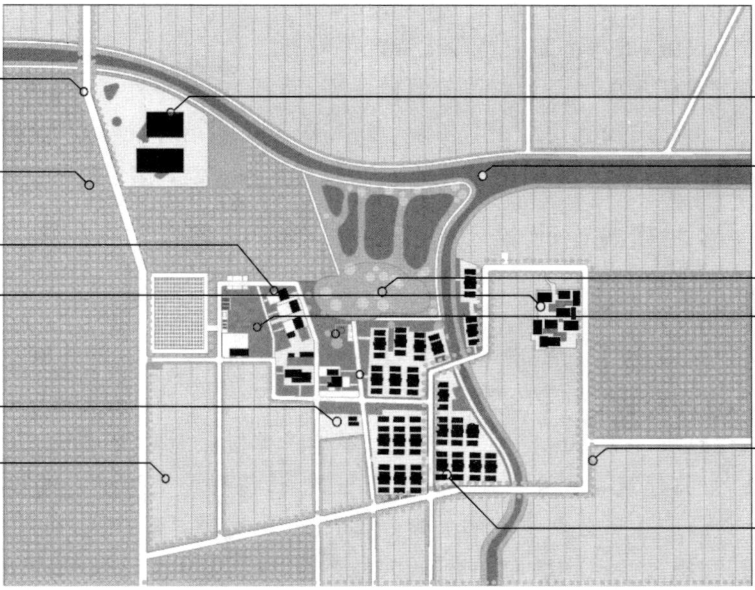

图 11-1　乡村生活空间要素构成示意

11.2.1　乡村道路设计

乡村道路系统由对外道路、村内道路、田间道路组成，鼓励有条件的乡村地区建设绿道系统，支持旅游发展与绿色出行。依据在道路网中的定位、功能，村内道路可以进一步分为干路、支路、巷路 3 个等级(图 11-2)。

图 11-2　乡村道路系统

其中，对外交通应充分考虑当地地理条件、经济发展趋势、人口分布、交通量变化，科学规划线路走向，重点考虑与人口集聚地、乡镇企业、旅游景点、农产品基地以及学校等的衔接。

内部交通应根据村庄规模与布局优化道路系统，因地制宜选择道路宽度与断面形式。其中，干路应满足双向行车要求，红线宽度一般在 6 m 以上；支路应满足单向行车和错车要求，红线宽度在3.5 m以上；巷道应满足步行宽度要求。有条件的村庄，可根据需要规划建设道路绿化带和照明设施，滨水道路应与绿化带统筹设置。

田间道路应保证从居民点到农田的便捷联系，路线直、运输距离短，可以顺利到达每一块耕作田地。田间道路的设置要尽量与田块、林带、渠道等相结合，根据农业生产特点，尽可能节省土地。田间道路的选线还应和农业主干道有机结合在一起，形成统一的乡村道路网。

11.2.2 乡村建筑设计

1.公共建筑设计

乡村公共建筑包括图书馆、活动中心、文化礼堂、戏台、养老院、产业孵化基地等，是乡村建设的核心部分。作为村民公共生活的重要容器，也是现代乡村转型发展的重要设施。

乡村公共建筑设计应符合村民实际需求，不能简单机械地套用城市建设模式；设计应加强功能的复合性，宜将建筑与室外活动场地结合布置，打造村民交流活动的核心空间，让邻里文化得到回归。设计应注重公共空间的处理，要弱化与环境的界限，可以通过多个单体组团来营造丰富的空间，利用这些空间增加人与人、人与乡村之间的联系。此外，应考虑自然通风、自然采光等生态节能因素；考虑到乡村经济发展水平，设计不仅要考虑建筑材料、建筑结构和建筑技术方面的经济性，还要考虑后期运营维护方面的成本。

新建公共建筑需要与村庄整体风貌相协调，注重地域风格的表达。一方面，考虑建筑所处的场地环境、气候特征，延续当地的建筑肌理与文脉，提炼地域空间组织方式或元素符号，如使用传统的木制、石制等乡土材料。另一方面，鼓励在公共建筑设计中合理融入时代元素，通过智慧辅助设施提升公共建筑的舒适度与现代感，体现绿色环保、以人为本的理念，实现传统与现代的碰撞、雅俗共赏的审美趣味，丰富建筑的视觉与空间体验。

鼓励对现状闲置或利用率不高的公共建筑进行改造，并植入新的功能，以满足村庄发展和村民使用需求。例如，改造利用闲置厂房、仓库等，成为农产品加工、展示、销售场所；随着乡村人口规模和年龄结构的变化，将闲置的幼儿园、小学等公共建筑改造为老年人日间照料中心、养老院等；对存量空置农宅进行功能置换，发展特色餐饮、民宿。建筑改造设计应尊重场地现状，修复或改建工作应在充分调研村庄历史建筑和整体环境风貌的基础上开展，汲取淳朴的地方元素，同时应对原有建(构)筑物的结构安全性进行评估，满足国家及地方的建筑安全相关规定。

2.农房建筑设计

农房建设要做到“功能现代、结构安全、成本经济、绿色环保、风貌协调”。

(1)功能现代　不仅需要满足基本的居住需求，还应具备良好的使用功能，以适应村民日益增长的生活水平和多元需求。农房设计应合理划分功能区域，如卧室、起居室、厨房、卫生间等，并结合生产生活需要设置屋顶晾晒平台。重点完善厕所、厨房、淋浴等功能，推动水冲式厕所入室，并完善水、电、气等基础设施配套，提高居住舒适度。

(2)结构安全　应确保结构安全，抗震性能良好，并通过抗震改造提升农房的安全性。在设计和建造过程中，充分考虑当地的气候条件和地质特点，确保农房能够抵御自然灾害。

(3)成本经济　应考虑当地的经济发展水平和农民的实际收入水平，采用经济实用的建材和技术，同时注重建筑材料的循环利用，减少资源消耗。

（4）绿色环保　应注重节能降碳，采用被动式节能技术，如优化建筑形体、空间布局和竖向设计，充分利用自然资源，降低建筑能耗。推广使用太阳能、生物质能和地源热泵等可再生能源，减少常规能源消耗和温室气体排放。农房建造应优先选用绿色建材，鼓励使用循环再生材料和乡土材料，避免使用高耗能、污染超标的材料。

（5）风貌协调　新建农房应与乡村环境和谐共生，尊重当地的民族特色和地域风貌。通过微改造等方式，实现与既有农房风貌上的协调统一。

此外，应尊重当地的自然环境和文化传统，确保新建农房与周边环境相协调。吸取传统建筑元素和文化符号，用好乡土建设材料。通过编制风貌导则、审批管控等，加强对建筑体量、屋顶、墙体、门窗、色彩和材质等要素的引导与管控（图 11-3）。

图 11-3　农房灵活布局模式示意

3. 农户庭院设计

庭院设计应在满足基本消防、用电安全等要求的基础上，合理布局生活、休闲、观赏等功能空间，结合地方文化特色就地取材，保持传统风貌和乡土气息。庭院设计与房屋建筑应浑然一体，外观整齐有序、有机协调不突兀，体现布局美；庭院内外与周边景致、环境协调一致、美观舒适，符合村庄的总体规划；庭院内应适度硬化，以免下雨时出行不便。

庭院的绿化美化是体现乡村特质的重要内容，应广栽花草树木、布设盆栽绿植，有条件的可设置小菜园，体现乡村居住特色；在品种选择上以绿化效果良好的乡土乔木树种为主，搭配各种花卉，适地适树；除了院内地面，也可利用窗台、屋顶、围墙等区域布设盆栽绿植，盆架盆栽等布局合理、层次丰富、错落有致，实现立体绿化和美化。有条件的还可利用院内的闲置土地，进行蔬菜、药材、果树等经济作物种植，发展庭院经济，既美化了环境，又拓宽了村民增收致富渠道。

11.2.3　基础设施设计

综合考虑乡村经济发展水平、地区资源、地形地貌、气候条件、建设难度等因素，采取低影响、可持续的建设方式，因地制宜采用形式多样、集约高效的基础设施供给模式。同时，兼顾实用与美观，处理好与周边设施、环境风貌的关系；尽可能选择隐蔽性好、与周边环境相协调的位置与外观形式，充分融入生态绿色基层，展现乡村风貌。

1. 雨水排放

雨水应充分利用地形进行自然排放，或通过沟渠收集就近排入池塘、河流等水体。沟渠宜采用生态植草沟，或梯形、矩形断面排水沟，排水沟可选用混凝土、砖石、条（块）石、鹅卵石等乡土材料砌筑。结合地形高差或景观节点，设置下凹绿地、旱溪等，降雨时储存、滞留雨水，晴天时对雨水进行资源化利用。

2. 污水收集与处理

根据村庄人口、地形、产业发展需求，采用多样化的污水收集处理方式。有条件的地区可采用“城带村、镇带村”等城乡统筹、镇村统筹的方式，将村庄生活污水通过管网纳入城镇污水处理厂统一处理。不具备纳入城镇污水管网集中处理条件的，以及人口集中和生态敏感地区的村庄可采用“化粪池＋无动力或微动力”集中处理；人口较少的村庄和分散的农户可采用标准三格（四格）化粪池就地分散处理，尾水排入山体、林地、农田就地消纳吸收利用。

3. 垃圾收运与处理

靠近城镇或城镇密集地区的村庄，宜通过“组保洁、村收集、镇转运、县（市）集中处理”的城乡统筹处置方式进行处置；其他村庄宜通过在一定区域内建设垃圾无害化卫生填埋等方式进行集中处置。有条件的村庄推行生活垃圾干湿分离，加快垃圾源头减量和资源化利用。

在村内合理布局垃圾收集站及垃圾收集点。垃圾收集站用于村庄垃圾的集散转运，每村不宜少于1座；垃圾收集点主要用于收集村内垃圾，服务半径不宜超过70 m，宜采用封闭式分类垃圾收集桶收集。

4. 厕所建设与改造

引导农村新建住房配套建设无害化卫生厕所；坚持因地制宜、因村因户施策，合理选择改厕技术模式。统筹考虑厕所粪污与生活污水的一体化治理，提高卫生厕所的清洁条件和粪污无害化处理水平，提升农村人居环境舒适度。常用“改厕”模式及适用性见表11-1。

表11-1　常用“改厕”模式及适用性

序号	改厕模式	主要特点	适用范围
1	三格式	技术成熟、适用性强、价格适中、卫生效果好	适用于大多数乡村
2	双瓮漏斗式	适用性强、造价低、结构简单、施工土方量小	适用于大多数乡村
3	三联沼气池式	产生的沼气可以做饭、照明，池渣处理后可以种植无公害农作物等	适用于具有一定规模的专业养殖户或者生产户的乡村
4	完整下水道水冲式	卫生效果好，无异味，使用方便简单；但投资较高	适用于上水、排水系统完善的乡村
5	粪尿分集式	减少了需要处理和排放到环境的废水量；但不适合在地下水位较高或降水量丰沛的地区	适用于北方干旱缺水地区和使用尿粪肥、无家庭饲养户的乡村
6	双坑交替式	造价低，投资少，但有一定异味	适用于经济条件较差的地区

（引自：中国城市规划学会，2021）

根据村庄规模合理配建公厕，公厕应做到干净卫生，有人管护，管护责任人和管护制度上墙；公厕粪污经过收集进行无害化处理，有条件的优先接入污水管网，没有管网覆盖的，设置三格化粪池处理，尾水排入田间或稳定塘消纳。公厕建筑的风貌宜与周边建筑相协调。

5. 综合管线

对涉及类型、工种较多的基础设施建设，应提前统筹各工种设计内容与时序节点。在管线设计时，污水管网和电力应考虑基本满足现代生活条件下的设备需求，对文旅发展类村庄还需考虑旅游人群的需求，保障必要的管径与荷载容量。道路设计尽可能与管线入地方案（燃气、强弱电、雨污水等）同步考虑；管线施工铺设时，应多考虑与村庄主干道、次干道、支巷和建筑外立面改造同步进行；雨水管网设置应多考虑道路实施完成面标高，避免雨水倒灌村舍，尽可能组织自然排水；各管线检修井应考虑与道路的横坡、纵坡及面层材料的关系。

6. 三线整治

乡村地区普遍存在着乱拉电线、网线、电话线等现象。由于缺乏统一规划，杂乱无章的线路在一定程度上影响了环境风貌，同时还存在着安全隐患。

供电线路的布置应根据当地的自然条件、社会经济条件和具体需求进行，线路的敷设主要有地埋和架空两种方式。地埋敷设电缆适用于人流集中和对景观要求较高的地段，如旅游景区等；架空电力线路更为普遍，以路径短直、平顺为基本原则，应尽量沿着村庄道路、河渠、绿化带等进行架设。35 kV 及以上高压架空电力线路不能穿过村镇中心、文物保护区、危险品仓库等，并需要规划高压安全走廊。

通信线路布置宜沿道路敷设，线路走向宜设置在电力线走向的另一侧，避开易受洪水淹没、河岸塌陷、滑坡等自然灾害高发区域，还应便于架设、巡查和检修。有条件的村庄，在重要地段鼓励采取地埋方式。电信、有线电视、移动、联通等通信管道，应综合建设，形成综合管道。

11.2.4　其他要素设计

1. 标识系统设计

村庄标识应易于识别、指向明确、经久耐用，在方便使用的同时体现村庄特色，实现景观和功能的双重效益；可在村庄出入口、重要视觉空间处设置。村庄标识牌主要有交通指示牌、科普指示牌两类。

（1）交通指示牌　主要分为低杆指示牌与高杆指示牌。其中，低杆指示牌主要标明游览方向和线路上最近的服务信息，方便游客便捷地找到下一个景点或服务设施，一般用于村庄或景区内部；高杆指示牌向车辆访客提供村庄名称、通行方向等信息，指引游客快速、便捷地找到目的地，一般设置于村口、转弯等处。

（2）科普指示牌　结合村庄产业、文化资源、旅游景点布置科普指示牌，可以起到加强环境管理、为公众提供便利、加强对外宣传的作用。指示牌设计要考虑周边的环境和人文特点，以文字、图形、符号等完成视觉图像系统设计，给人以醒目、美观的视觉冲击。

2. 照明亮化设计

乡村应做好重要建筑和景观节点的亮化。乡村照明不仅要满足基本的功能需求，如道路照明、公共空间照明等，还应当考虑其美观性和艺术性。对于文旅发展类村庄，适当亮化还可以点亮夜生活，进一步发展空间经济。

（1）分区设置　在村口、主路沿线的景观节点和公共建筑等重要地段应进行局部功能性照明，兼顾乡村景观的亮化美化。其他区域可局部采用地灯等照明形式进行引导，不宜过度亮化，避免光污染，且有利于营造黑夜观星、荧光静谧的乡村环境。

（2）低碳节能　照明灯具的选择应满足功能、照度、景观效果等要求，根据实际照明需要布置照明设施，在村庄街巷设置的路灯不宜过高，亮度不宜过大。考虑到采购和维护成本，应充分利用可再生能源，挖掘乡村照明绿色潜力，优先选用节能灯具。

(3)灯光设计　灯光设计既要起到景观照明作用,也要营造氛围、承担实用功能,如夜游、节庆活动、科普教育等,都可借助灯光展开。同时,需要考虑生态环境安全,避免对动植物的生长迁徙、昆虫交配产卵行为等造成干扰。

11.3　村庄公共空间设计

村庄公共空间是村民日常生活交往的主要场所,兼具功能属性和社会属性。功能属性,作为村庄重要公共活动的空间载体,通常在空间结构上起到节点作用,也是村落景观的重要组成部分;社会属性,表现为在形塑集体记忆、凝聚乡愁共识、提供公共产品和生活服务、增进公众参与、培育共同精神等方面起着重要作用。

11.3.1　公共空间设计要求

乡村公共空间及其周边设计,需要充分尊重村民意愿和风俗习惯,依托原有的生态基底和乡土景观,不盲目新建扩建、不搞过度开发,并遵循以下基本要求。

(1)突出资源整合　改造提升现有的小公园、小广场,进一步完善功能、美化景观;鼓励将乡村"四旁"闲置地、废弃地、抛荒地等改造为口袋公园。

(2)突出需求导向　适应不断提升的乡村生活水平,满足村民休憩、健身、交流的实际需求,提高村民的生活品质和归属感。

(3)突出因地制宜　充分考虑乡村文化要素和自然野趣,展现乡村历史遗迹、名人逸事、民俗文化等,凸显地域景观文化特色。

11.3.2　小公园、小广场设计

小公园、小广场应尽可能与村委会、文化活动室、小商店等公共建筑相邻设置,形成村落内部中心。设计应具有多样性,创造复合功能空间以提升使用频率;可综合设置广场舞、太极拳、球类运动等场地,吸引更多人群使用。合理划分广场空间的动静分区,并形成公共空间、半私密空间和私密空间。面向干道的小公园、小广场应设置为开敞空间,便于进入。保证空间界面的通透性,加强不同场所之间的视觉联系,满足"人看人"的需求,提高场所的安全性。

健身运动场地宜选用平整防滑、适于运动的铺装材料,并做好安全防护措施。室外健身器材要考虑老年人的使用特点,采取防跌倒措施。健身广场应设置休息区和物品放置台,方便健身运动的村民使用。

11.3.3　出入口空间设计

出入口空间宜结合村庄特色资源、历史文化、民俗习惯等进行设计建造,体现标识性、独特性;应经济实用、尺度宜人,避免体量过大、比例失衡、造型夸张。

出入口空间应合理规划,确保通行顺畅,并为游客提供丰富的视觉体验。可以通过道路、广场、绿化带等元素将空间划分为不同的区域,同时选取能代表地域特色的题材,并与环境相协调,避免千篇一律的牌坊式入口形式。宜利用村庄原有大树、小桥、古井、台地等标志性景观作为村庄入口,也可使用构筑物、小品或植物群组形成层次丰富的入口形象(图 11-4)。

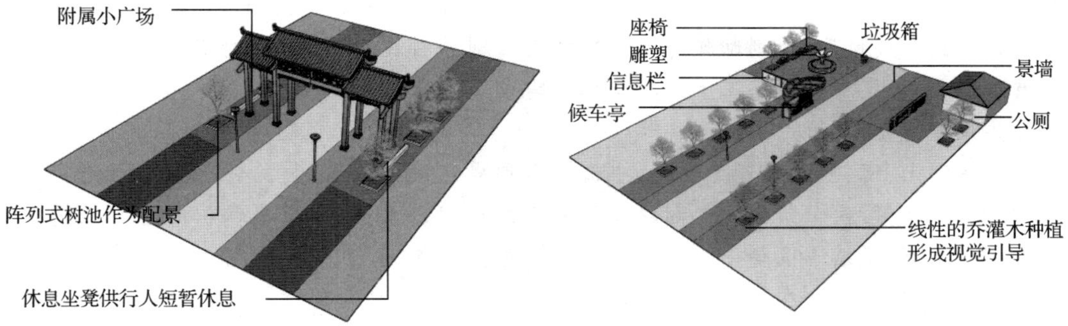

牌楼式入口节点　　景墙式入口节点

图 11-4　村庄入口空间设计模式

（改自：广州市国土资源和规划委员会，2018）

11.3.4　其他节点设计

可结合现状祠堂、高塔、古树名木、广场、水体等形成一定的公共空间序列，节点设计宜依形就势、尺度适宜、比例协调。可巧妙利用原生植物和瓜果蔬菜等塑造宜人景观环境。避免形式单一、尺度过大、硬质化过多，慎用大理石、镜面石材、色泽鲜艳的材料，避免机械采用几何图案、整形灌木、树阵等城市广场设计手法（图 11-5）。

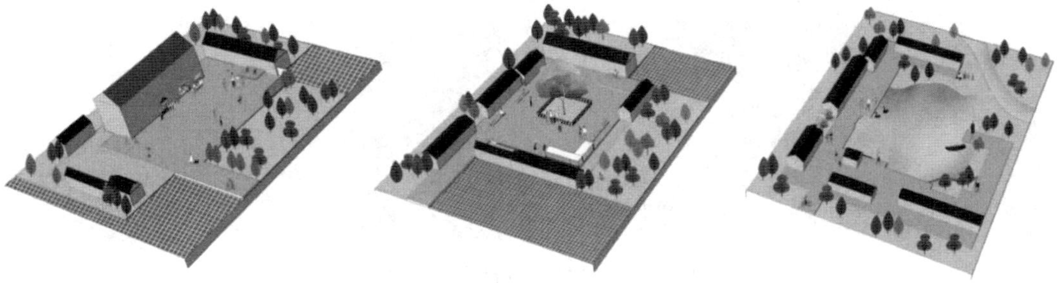

结合公共建筑设计　　围绕古树名木设计　　围绕水体设计

图 11-5　公共空间节点设计模式

（改自：苏州市住房和城乡建设局，2023）

✣专栏 11-1　湖北省红安县柏林寺村共同缔造

柏林寺村地处湖北省红安县七里坪镇，是一个普通的丘陵地貌村落。村庄老龄化、空心化严重，设施存在短板、风貌有待提升，村集体凝聚力不强、村民参与建设的主动性较弱。作为住房和城乡建设部“共同缔造”试点，地方政府通过组织发动村民参与村庄设计建设，取得了良好效果。

1. 发动村民参与

转变村民“等靠要”的想法，激发其参与意识是开展共同缔造的前提。因此，项目首先通过培训学习、组织村民参观考察等方式发动村民参与；随后又趁暑假为留村儿童开办“四点半”课堂，组织学生画画、辩论、演讲，提高孩子们的集体观念，也将“共同缔造”的理念传递给家长。

在体制机制方面，柏林寺村组建了“1＋4N”机制，形成以村委会为核心，村组理事会、村经济合作社、专项责任组和村务监事会共同协作的村庄治理机制。村内事务由村委带头、理事会协助组织村民开展讨论，规划师作为专业技术人员辅助村民决议，协商确定了排污管沟建设、村史馆改造、春米广场改造等二十余项与村民需求紧密相关的项目内容。

2.共谋规划蓝图

柏林寺村东、南、西三面皆为丘陵，中部汇水形成连续的水塘，村民住宅背靠丘陵、面向水塘，自然形成了东西两个组团。规划保留了村庄的自然山水格局，严格保护周边的丘陵林地、农田水系和水塘；延续了围绕中心水塘的东西双组团格局，并且充分利用中心水塘、建设活动广场、打造景观核心区。在入口旁邻近水塘的位置，利用现有闲置建筑和场地设置老年食堂、村史馆和文化活动室，共同构成了村落的公共服务核心区（图 11-6）。

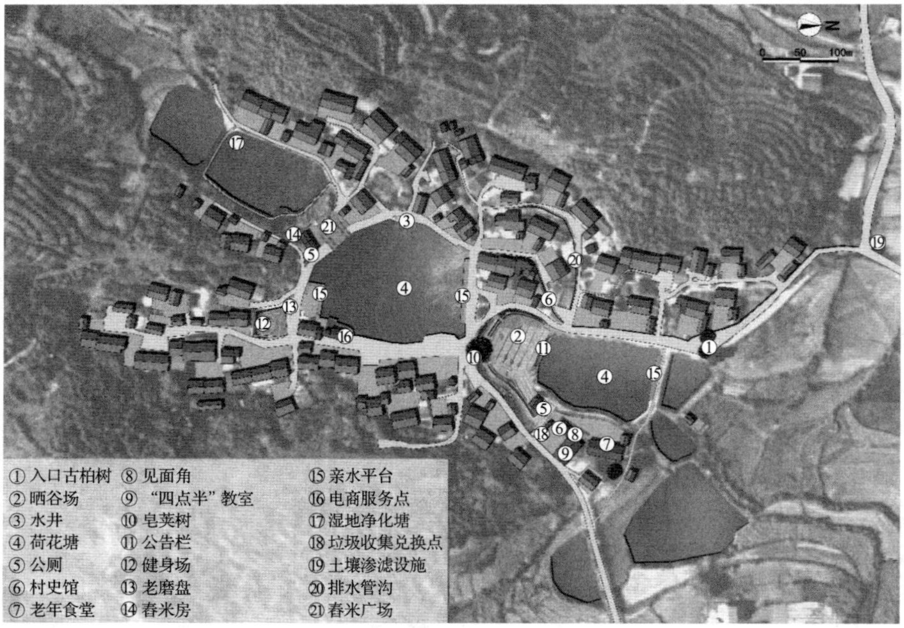

图 11-6 柏林寺村村庄总体设计

3.共建重点项目

(1)公共空间改造

村内现有两株高大柏树，分别位于村子中部、两口池塘连接处，是村民日常聊天、休闲的主要场所。设计保留两棵柏树，修整现状树池，为村民提供休息纳凉场地。同时，设置介绍柏林寺村庄历史文化的标识牌，利用植物修补裸露土地，打造更加绿色、更具有标识性的村口景观。

水塘位于村落中心，是全村的景观焦点。设计一方面对水塘进行生态化改造，水岸边通过种植千屈菜、鸢尾等乡土水生植物，建设更加自然的驳岸景观；另一方面，增加水体氧气含量，有效改善水塘水质。

(2)村史馆的改造

村史馆原本仅为展陈空间，设计根据村民实际需求重置了村史馆功能，重点完善了村内留守老人的社会服务和医疗服务（包括紧急医疗救助站），设置共享食堂和配套厨房、配套休闲茶室，使村史馆成为了老年人聚会交流的场所。

此外，延续了传统风貌，临水处增设观景平台、丰富亲水空间；采用折叠木格栅门窗，不仅可以加强通风，还可以连通内外空间；建筑改造采用本地石材，突出地域风格（图 11-7）。

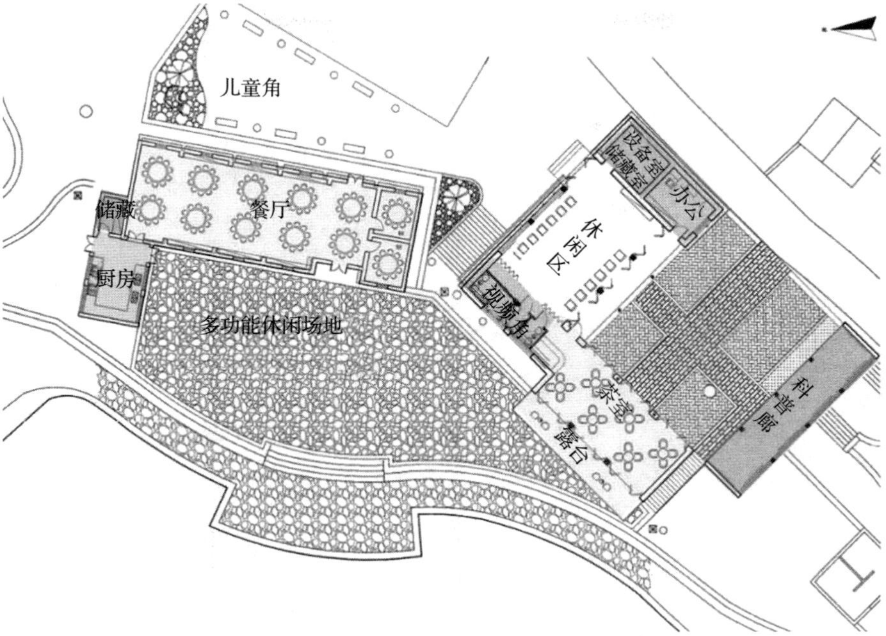

图 11-7　村史馆改造设计

③人居环境提质

开展污水处理设施改造、减少污水直排，是柏林寺村民的迫切需求。柏林寺村通过多次召开村民集体会议，确定了“分片实施、黑灰分离”的策略。根据地势特点和住宅分布情况，将大塘黄格划分为 5 个片区，结合地形分别采用多户合建三格式化粪池，利用现状沟渠建设黑灰水分离的排水管网和末端土壤渗滤处理设施等项目，灵活分散地进行污水的收集和处理，提升了人居环境品质（图 11-8，图 11-9）。

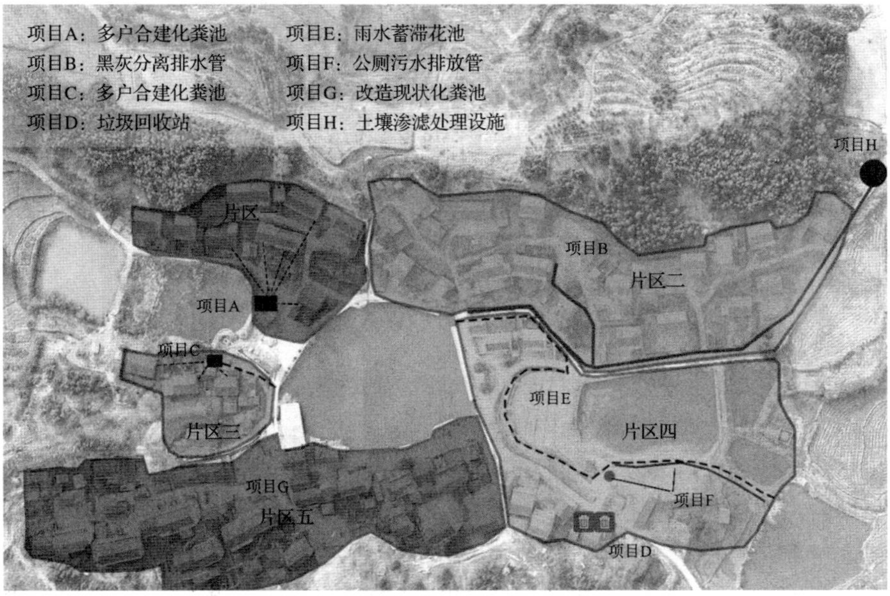

图 11-8　污水分区与设施建设项目

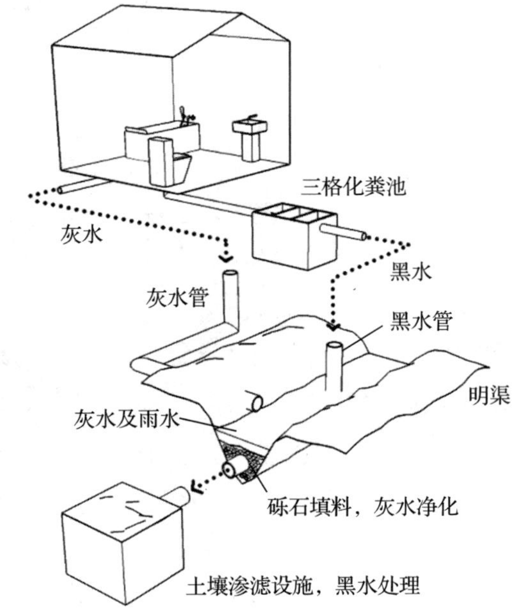

图 11-9　黑灰分离排水系统示意图

小结

乡村生活空间设计应针对不同类型村庄制定差异化方案，突出乡土特色、保护传统文化、集约利用土地、盘活闲置资产，同时广泛开展村民参与，实现共建、共治、共享。乡村生活空间设计主要聚焦建筑、公共场所、基础设施、公共服务设施等要素，并以公共空间为核心对象，通过对村庄出入口、小公园小广场、主要公共建筑等关键节点的设计，推进人居环境质量提升、实现宜居宜业和美乡村的建设目标。

思考题

1. 简述乡村公共建筑和农房建筑的设计要点。
2. 乡村雨水排放、污水和垃圾处理如何做到因地制宜？
3. 乡村公共空间设计怎样满足村民需求并彰显特色？

参考文献

广州市国土资源和规划委员会，广州市设计院. 广州市村庄风貌提升和微改造设计指引（穗国土规划字〔2018〕201 号）[S]. 2018.

苏州市住房和城乡建设局. 苏州乡村设计导则[S]. 2023.

《乡村美丽庭院建设指南》国家标准起草小组. 乡村美丽庭院建设指南（GB/T 43561—2023）[S]. 2023.

中国城市规划学会. 特色田园乡村建设指南：T/UPSC0004—2021[S]. 2021.

第Ⅳ篇

乡村规划设计保障体系

第 12 章　乡村规划设计的法规与实务

本章简介:本章讲解了乡村规划设计法律法规的演变过程,以及现行乡村规划设计的法规条例、行业标准、技术规范的相关内容。

通过本章的学习,了解当前乡村规划设计中涉及土地管理、建设实施、监督执法环节中的约束条件,以及指导行政主管部门工作的主要依据。

12.1　乡村规划设计的法律法规演变

改革开放后,为了解决农房建设管理问题,由国家建委和国家农委牵头,于 1982 年颁布了乡村规划领域的首部部门规章《村镇规划原则》,围绕“有利生产、方便生活”的原则,分为总体规划、建设规划两个阶段对村镇用地、住宅、道路系统、基础设施和公共服务设施等的基本建设要求作出了概括性规范。同年,我国又颁布了乡村建设领域的第一部行政法规《村镇建房用地管理条例》,对村镇房屋建设作出了详细规定,有效缓解了村镇建设的混乱局面。

在 1990 年《城市规划法》出台的背景下,建设部于 1993 年颁布了一系列与乡村规划相关的法规及技术文件,包括《村庄和集镇规划建设管理条例》《村镇规划编制办法》《村镇建设标准》。其中,《村庄和集镇规划建设管理条例》初步明确了村庄规划的编制原则、方法和内容,同时对审批程序、管理要求和实施办法作出了原则性规定,标志着乡村规划正式进入规范发展和法治化建设阶段。2006 年《县域村镇体系规划编制暂行办法》的颁布和实施,标志着乡村规划的区域统筹层级从镇域上升至县域,对于统筹城乡发展、优化村镇居民点空间布局、提高规划科学性具有重要意义。

2007 年,替代《城市规划法》的《中华人民共和国城乡规划法》出台,城市规划、乡村规划开始纳入同一法律中统筹管理。与之对应,建设部颁布并修订了一系列规章制度,用来指导新法律体系下的乡村规划工作,例如《镇(乡)域规划导则(试行)》(2010)、《村庄整治规划编制办法》(2013)、《村庄整治技术规范》(GB 50445—2008)、《美丽乡村建设评价》(GB/T 37072—2018)等。不过,由于全国各地乡村的差异化发展特征明显,相关内容大多处于试行状态。

2019 年,国土空间规划制度正式建立。为了推动落实“多规合一”改革实践,建立国土空间规划的编制、审批、实施和用途管制制度,自然资源部牵头起草的《国土空间规划法》已进入立法程序,将用法律法规来维护国土空间规划的严肃性、权威性,确保“一张蓝图干到底”。在新法指引下,乡村地区的空间规划与管理相关法令条例也将启动新一轮的编制与修订(图 12-1)。

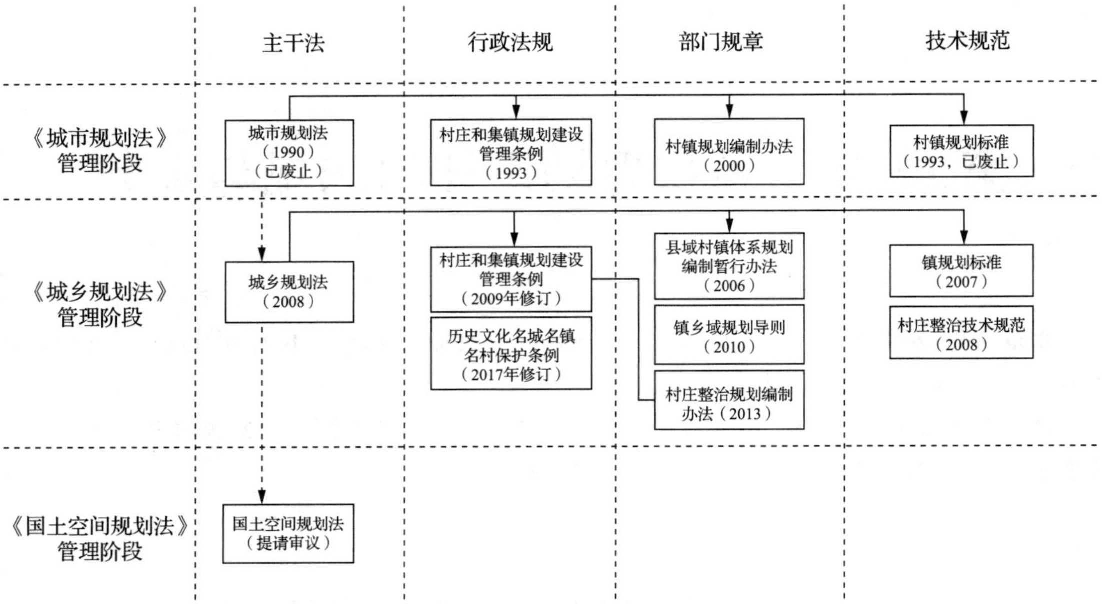

图 12-1　乡村规划法律法规演变

12.2　乡村规划设计的法规条例

12.2.1　乡村规划的编制、审批与管理

依据《中共中央、国务院关于建立国土空间规划体系并监督实施的若干意见》，在城镇开发边界内的村庄，应当纳入该区域的国土空间详细规划统筹编制，不单独编制村庄规划；在城镇开发边界外的村庄，应将村庄规划视为国土空间详细规划，可以以行政村为单元编制，因自然地形原因或者集聚发展需要时也可以以跨若干行政村的特定区域为单元进行编制；国土空间总体规划中明确为搬迁撤并类的村庄，可以不编制村庄规划。

根据自然资源部截至目前颁布的一系列文件，结合部分省、市的村庄规划编制导则，将乡村规划设计编制、审批、管理的相关要求总结如下。

1. 乡村规划编制与审批

规划选址和用地预审。自然资源主管部门统一核发建设项目用地预审与选址意见书，不再单独核发建设项目用地预审意见书、建设项目选址意见书；涉及新增建设用地的，由省级自然资源主管部门确定建设项目用地预审与选址意见书办理的层级和权限。使用已经依法批准的建设用地进行建设的项目，不再办理用地预审；需要办理规划选址的，由地方自然资源主管部门对规划选址情况进行审查，核发建设项目用地预审与选址意见书。建设项目用地预审与选址意见书有效期为 3 年，自批准之日起计算。

(1)规划编制　在城镇开发边界内的详细规划，由市县自然资源主管部门组织编制，报同级政府审批；在城镇开发边界外的乡村地区，以一个或者几个行政村为单元，由乡镇政府组织编制“多规合一”的实用性村庄规划，作为详细规划报上一级政府审批。乡镇人民政府应引导村党组织和村民委员会认真研究审议村庄规划，并组织村民积极参与。

(2)编制范围　以第三次国土调查(简称“三调”)的行政村界线为规划范围，对村域内全部国土空间要素作出规划安排。按照《国土空间调查、规划、用途管制用地用海分类指南(试行)(自然资办发〔2020〕51号)，细化现状调查和评估，统一底图底数，并根据差异化管理需要，合理确定村庄规划的内容与深度。

(3)规划审批管理　按照《关于加强国土空间规划监督管理的通知》，需从以下方面规范乡村规划的编制与审批。

①依法依规编制和审批国土空间规划，不在国土空间规划体系之外另行编制审批新的土地利用总体规划、城市(镇)总体规划等空间规划，不再出台不符合新发展理念和“多规合一”要求的空间规划类标准规范。

②建立健全国土空间规划“编、审”分离机制。规划编制实行编制单位终身负责制：规划审查应充分发挥规划委员会的作用，实行参编单位专家回避制度，推动开展第三方独立技术审查。

③下级国土空间规划不得突破上级国土空间规划确定的约束性指标，不得违背上级国土空间规划的刚性管控要求。各地不得违反国土空间规划约束性指标和刚性管控要求审批其他各类规划，不得以其他规划替代国土空间规划作为各类开发保护建设活动的规划审批依据。

④规划修改必须严格落实法定程序要求，深入调查研究，征求利害关系人意见，组织专家论证，实行集体决策。不得以城市设计、工程设计或建设方案等非法定方式擅自修改规划、违规变更规划条件。因国家重大战略调整、重大项目建设或行政区划调整等确需修改规划的，须先经规划审批机关同意后，方可按法定程序进行修改。

⑤村庄规划编制完成后应当在村委会公示 30 日，经村民会议或村民代表会议讨论同意。村庄规划经乡村责任规划师技术审核，由主管部门派出机构组织审查后，报上一级人民政府审批。村庄规划经批准后，由所在地乡镇人民政府依法公布。

2.规划编制的内容与成果

村庄规划主要内容包括村庄发展分析、目标与定位、国土空间布局优化、自然生态保护与修复、耕地和永久基本农田保护、农村产业融合发展、农村住房建设、公共服务设施设置、基础设施建设(包括道路交通和市政基础设施)、历史文化保护与乡村风貌塑造、村庄安全与防灾减灾、国土空间综合整治、近期建设行动及其他要求。

村庄规划的成果一般由规划文本、文本附表、规划图件、规划附件、数据库 5 部分组成，也可在满足国土空间“一张图”管理要求的前提下，鼓励采用“前图后则”(即规划图表＋管制规则)等方式优化创新成果表达形式。

3.规划许可管理

将建设项目用地规划许可证、建设用地批准书合并，由自然资源主管部门统一核发新的建设用地规划许可证，不再单独核发建设用地批准书。

在国土空间规划、村庄规划区内集体土地上，进行乡镇企业、乡村公共设施和公益事业、农村村民住宅等乡村建设项目的新建、改建、扩建的，应当依法取得“乡村建设规划许可证”；在城镇开发边界内使用集体土地进行建设的，可按照相关规定办理“建设工程规划许可证”。

县(市)自然资源主管部门和乡镇人民政府应当自受理乡村建设规划许可申请之日起 10

个工作日内进行审查并作出决定，依法进行听证、评估、专家评审等所需时间不计算在该时限内。10个工作日内不能作出决定的，经本行政机关负责人批准，可以延长5个工作日，并应当将延长期限的理由告知申请人。对符合法定条件的，应依法作出准予许可的书面决定，并向申请人核发“乡村建设规划许可证”。对不符合法定条件的，应依法作出不予许可的书面决定，并说明理由。

“乡村建设规划许可证”应当载明建设项目的位置、建设范围、建设面积、建筑高度和主要功能等内容。根据管理实际需要，乡村建设规划许可的内容还可以包括对建筑风格、外观形象、色彩、建筑安全等的要求。各地可根据实际情况，对不同类型乡村建设的规划许可内容和深度提出具体要求。

“乡村建设规划许可证”自核发之日起7个工作日内，发证机关应将证载内容通过政府网站、政务服务中心或乡(镇)政务公开栏向社会主动公开，涉密信息、法律法规规定不予公开的除外。建设单位或个人应当在建设项目施工现场或者其他显著地点设立公示牌，公示建设项目基本信息等内容，并粘贴“乡村建设规划许可证”、用地批准文件、标准设计图集或经审定的建设工程设计方案总平面图等复印件。

4. 实行规划全周期管理

加快建立完善国土空间基础信息平台，形成国土空间规划“一张图”，作为统一国土空间用途管制、实施建设项目规划许可、强化规划实施监督的依据和支撑。不得擅自更改底图、数据，确保数据规范、上下贯通、图数一致。

建立规划编制、审批、修改和实施监督全程留痕制度，要在国土空间规划“一张图”实施监督信息系统中设置自动强制留痕功能；尚未建成系统的，必须落实人工留痕制度，确保规划管理行为全过程可回溯、可查询。

加强规划实施监测评估预警，按照“一年一体检、五年一评估”要求开展城市体检评估并提出改进规划管理意见，市县自然资源主管部门要适时向社会公开城市体检评估报告，省级自然资源主管部门要严格履行监督检查责任。

将国土空间规划执行情况纳入自然资源执法督察内容，加强日常巡查和台账检查，做好批后监管。对新增违法违规建设“零容忍”，一经发现，及时严肃查处；对历史遗留问题全面梳理，依法依规分类加快处置。

5. 村庄规划实施监督和评估

村庄规划批准后，应及时纳入国土空间规划“一张图”实施监督信息系统，作为用地审批和核发乡村建设规划许可证的依据。不单独编制村庄规划的，可依据县、乡镇国土空间规划的相关要求，进行用地审批和核发“乡村建设规划许可证”。村庄规划原则上以5年为周期开展实施评估，评估后确需调整的，按法定程序进行调整；因上位规划调整的，村庄规划可按法定程序同步更新。在不突破约束性指标和管控底线的前提下，鼓励各地探索村庄规划的动态维护机制。

12.2.2 乡村规划的用途管治与建设管理

1. 国土空间用途管治

各级人民政府及有关部门应当根据永久基本农田、生态保护红线、城镇开发边界的严格管控要求，加强对耕地和永久基本农田、生态保护区、生态控制区、城镇重要功能区、重大基础设施廊道、地质灾害防治区、洪涝灾害风险控制区、重要历史文化资源保护区、城乡风貌控制区、海洋功能区等空间区域的具体管控，并依据国土空间规划实施区内空间的优化和融合。

对耕地和永久基本农田实行特殊保护。耕地保有量和永久基本农田保护任务应当依法落实到具体地块，任何单位和个人不得擅自占用或者改变用途。因建设必要的农田水利设施、田间道路等配套设施或者优化永久基本农田布局，确需少量占用永久基本农田的，应当按照规定程序报经批准，并按照规定补划。农用地需符合下列要求。

(1)永久基本农田重点用于粮食生产，不得转为园地、林地、草地等其他农用地或者农业设施建设用地。经依法批准占用永久基本农田的，应当按照要求落实永久基本农田补划。

(2)高标准农田原则上全部用于粮食生产，并优先划入永久基本农田或者永久基本农田储备区。经依法批准建设占用高标准农田的，应当及时补建高标准农田。

(3)一般耕地主要用于粮食和棉、油、糖、蔬菜等农产品以及饲草饲料生产。依法将一般耕地转为建设用地、其他农用地以及农业设施建设用地的，应当分别落实耕地占补平衡和耕地进出平衡要求。

(4)耕地以外的园地、林地、草地等其他农用地改变用途的，应当符合国土空间规划确定的主导用途；涉及占用林地、草地、湿地的，应当按照有关规定办理审批手续。

(5)种植、畜禽养殖、水产养殖等农业设施建设用地使用人应当按照核定的用地规模使用土地，不得擅自扩大用地规模或者变相将有关土地转为非农用途；不再使用的，应当恢复原用途。

对生态保护红线内的生态保护区实行严格保护。其中，自然保护地核心保护区原则上禁止人为活动；其他区域禁止开发性、生产性建设活动，仅允许依法开展对生态功能不造成破坏的有限人为活动。限制在生态保护红线外的生态控制区开展建设活动，具体准入情形依照法律、法规的规定执行。

村庄建设用地应当集中布局在村庄建设边界内。村庄建设用地应当优先保障农村村民住宅和公共服务设施的用地需求。在城镇开发边界外进行企业、设施以及村民住宅的建设，应当符合镇(街)国土空间总体规划和村庄规划。其中，规划发展类村庄优先使用原有宅基地和村内空闲土地，可以新增建设用地，优化建设用地布局，但不得超过国土空间总体规划确定的建设用地规模；非规划发展类村庄应当进行建设控制；属于搬迁撤并类村庄的，纳入搬迁复垦范围，除改善环境和满足基本生活服务外，不得新建建设项目。

2. 设计施工管理

针对乡村规划中的设计施工问题，国土空间规划制度下尚未有明确的法定要求出台，仍按照《中华人民共和国城乡规划法》《村庄和集镇规划建设管理条例》的要求执行。其中，对设计资质、施工资质、施工要求、质量及相关审批与监督检查要求进行了如下规定。

第二十一条　在村庄、集镇规划区内，凡建筑跨度、跨径或者高度超出规定范围的乡(镇)村企业、乡(镇)村公共设施和公益事业的建筑工程，以及 2 层(含 2 层)以上的住宅，必须由取得相应的设计资质证书的单位进行设计，或者选用通用设计、标准设计。跨度、跨径和高度的限定，由省、自治区、直辖市人民政府或者其授权的部门规定。

第二十三条　承担村庄、集镇规划区内建筑工程施工任务的单位，必须具有相应的施工资质等级证书或者资质审查证明，并按照规定的经营范围承担施工任务。在村庄、集镇规划区内从事建筑施工的个体工匠，除承担房屋修缮外，须按有关规定办理施工资质审批手续。

第二十四条　施工单位应当按照设计图纸施工。任何单位和个人不得擅自修改设计图纸;确需修改的,须经设计单位同意,并出具变更设计通知单或者图纸。

第二十五条　施工单位应当确保施工质量,按照有关的技术规定施工,不得使用不符合工程质量要求的建筑材料和建筑构件。

第二十六条　乡(镇)村企业、乡(镇)村公共设施、公益事业等的建设,在开工前,建设单位和个人应当向县级以上人民政府建设主管部门提出开工申请,经县级以上人民政府建设行政主管部门对设计、施工条件予以审查批准后,方可开工。农村居民住宅建设开工的审批程序,由省、自治区、直辖市人民政府规定。

第二十七条　县级人民政府建设行政主管部门,应当对村庄、集镇建设的施工质量进行监督检查。村庄、集镇的建设工程竣工后,应当按照国家的有关规定,经有关部门竣工验收合格后,方可交付使用。

3.监督检查管理

竣工验收管理。以统一规范标准、强化成果共享为重点,将建设用地审批、城乡规划许可、规划核实、竣工验收和不动产登记等多项测绘业务整合,归口成果管理,推进“多测合并、联合测绘、成果共享”。不得重复审核和要求建设单位或者个人多次提交对同一标的物的测绘成果;确有需要的,可以进行核实更新和补充测绘。在建设项目竣工验收阶段,将自然资源主管部门负责的规划核实、土地核验、不动产测绘等合并为一个验收事项。建设单位或个人应当在竣工验收后六个月内,向规划许可部门报送有关竣工验收资料。

违法建设查处。在乡、村庄规划区内进行违法建设的行为,依据《中华人民共和国城乡规划法》和《村庄和集镇规划建设管理条例》进行查处、处罚(表12-1)。

表12-1　关于违法建设的相关规定

城乡规划法	第六十五条　在乡、村庄规划区内未依法取得乡村建设规划许可证或者未按照乡村建设规划许可证的规定进行建设的,由乡、镇人民政府责令停止建设、限期改正;逾期不改正的,可以拆除。 第六十六条　建设单位或者个人有下列行为之一的,由所在地城市、县人民政府城乡规划主管部门责令限期拆除,可以并处临时建设工程造价一倍以下的罚款:①未经批准进行临时建设的;②未按照批准内容进行临时建设的;③临时建筑物、构筑物超过批准期限不拆除的。 第六十七条　建设单位未在建设工程竣工验收后六个月内向城乡规划主管部门报送有关竣工验收材料的,由所在地城市、县人民政府城乡规划主管部门责令限期补报;逾期不补报的,处一万元以上五万元以下的罚款。 第六十八条　城乡规划主管部门作出责令停止建设或者限期拆除的决定后,当事人不停止建设或者逾期不拆除的,建设工程所在地县级以上地方人民政府可以责成有关部门采取查封施工现场、强制拆除等措施。
村庄和集镇规划建设管理条例	第三十一条　在村庄、集镇规划区内,未按规划审批程序批准而取得建设用地批准文件、占用土地的,批准文件无效,占用土地由乡级以上人民政府责令退回。

续表12-1

村庄和集镇规划建设管理条例	第三十七条　在村庄、集镇规划区内，未按规划审批程序批准或者违反规划的规定进行建设，严重影响村庄、集镇规划的，由县级人民政府建设行政主管部门责令停止建设，限期拆除或者没收违法建筑物、构筑物和其他设施；影响村庄、集镇规划，尚可采取改正措施的，由县级人民政府建设行政主管部门责令限期改正，并处以罚款。农村居民未经批准或者违反规划的规定建住宅的，乡级人民政府可以依照前款规定处罚。 第三十八条　有下列行为之一的，由县级人民政府建设行政主管部门责令停止设计或者施工、限期改正、并可处以罚款：①未取得设计资质证书，承担建筑跨度、跨径和高度超出规定范围的工程以及 2 层以上住宅的设计任务或者未按设计资质证书规定的经营范围，承担设计任务的；②未取得施工资质等级证书或者资质审查证书或者未按规定的经营范围，承担施工任务的；③不按有关技术规定施工或者使用不符合工程质量要求的建筑材料和建筑构件的；④未按设计图纸施工或者擅自修改设计图纸的。 取得设计或者施工资质证书的勘察设计、施工单位，为无证单位提供资质证书、超过规定的经营范围，承担设计、施工任务或者设计、施工的质量不符合要求，情节严重的，由原发证机关吊销设计或者施工的资质证书。 第三十九条　有下列行为之一的，由乡级人民政府责令停止侵害，可以处以罚款；造成损失的，并应当赔偿：①损坏村庄和集镇的房屋、公共设施的；②乱堆粪便、垃圾、柴草，破坏村容镇貌和环境卫生的。 第四十条　擅自在村庄、集镇规划区内的街道、广场、市场和车站等场所修建临时建筑物、构筑物和其他设施的，由乡级人民政府责令限期拆除，并可处以罚款。 第四十一条　损坏村庄、集镇内的文物古迹、古树名木和风景名胜、军事设施、防汛设施，以及国家邮电、通信、输变电、输油管道等设施的，依照有关法律、法规的规定处罚。

4. 其他法律法规

1)历史文化名镇名村保护要求

对于历史悠久，有一定历史遗存，传统风貌特色突出的村庄，符合历史文化名镇名村申报要求的镇、村庄，在符合一般镇、村庄法律规范要求的基础上，还需符合《历史文化名城名镇名村保护条例》的相关规定。

(1)申请与审批　根据《历史文化名城名镇名村保护条例》第七条，具备下列条件的镇、村庄，可以申报历史文化名镇、名村。

①保存文物特别丰富；

②历史建筑集中成片；

③保留着传统格局和历史风貌；

④历史上曾经作为政治、经济、文化、交通中心或者军事要地，或者发生过重要历史事件，或者其传统产业、历史上建设的重大工程对本地区的发展产生过重要影响，或者能够集中反映本地区建筑的文化特色、民族特色。

申报历史文化名镇、名村，由所在地县级人民政府提出申请，经省、自治区、直辖市人民政府确定的保护主管部门会同同级文物主管部门组织有关部门、专家进行论证，提出审查意见，报省自治区、直辖市人民政府批准公布。

(2)保护规划编制组织与内容　历史文化名镇、名村批准公布后，所在地县级人民政府应当组织编制历史文化名镇、名村保护规划。保护规划应当自历史文化名镇、名村批准公布之日起1年内编制完成。历史文化名镇、名村保护规划的规划期限应当与镇、村庄规划的规划期限相一致。保护规划应当包括下列内容。

①保护原则、保护内容和保护范围；

②保护措施、开发强度和建设控制要求；

③传统格局和历史风貌保护要求；

④历史文化名镇、名村的核心保护范围和建设控制地带；

⑤保护规划分期实施方案。

(3)规划许可管理　保护规划报送审批前，保护规划的组织编制机关应当广泛征求有关部门、专家和公众的意见；必要时，可以举行听证。保护规划报送审批文件中应当附具意见采纳情况及理由；经听证的，还应当附具听证笔录。

保护规划由省、自治区、直辖市人民政府审批。保护规划的组织编制机关应当将经依法批准的历史文化名城保护规划和中国历史文化名镇名村保护规划，报国务院建设主管部门和国务院文物主管部门备案。

依法批准的保护规划，不得擅自修改；确需修改的，保护规划的组织编制机关应当向原审批机关提出专题报告，经同意后，方可编制修改方案。修改后的保护规划，应当按照原审批程序报送审批。

(4)保护措施　历史文化名镇、名村应当整体保护，保持传统格局、历史风貌和空间尺度，不得改变与其相互依存的自然景观和环境。

历史文化名镇、名村所在地县级以上地方人民政府应当根据当地经济社会发展水平，按照保护规划，控制历史文化名城、名镇、名村的人口数量，改善历史文化名城、名镇、名村的基础设施、公共服务设施和居住环境。

在历史文化名镇、名村保护范围内从事建设活动，应当符合保护规划的要求，不得损害历史文化遗产的真实性和完整性，不得对其传统格局和历史风貌构成破坏性影响。历史文化名镇、名村建设控制地带内的新建建筑物、构筑物，应当符合保护规划确定的建设控制要求，采取相应措施，实行分类保护。在历史文化街区、名镇、名村核心保护范围内，不得进行新建、扩建活动；但是，新建、扩建必要的基础设施和公共服务设施除外。

2)永久基本农田保护

依据《中华人民共和国土地管理法》，下列耕地应当根据土地利用总体规划划为永久基本农田，实行严格保护。

①经国务院农业农村主管部门或者县级以上地方人民政府批准确定的粮、棉、油、糖等重要农产品生产基地内的耕地；

②有良好的水利与水土保持设施的耕地，正在实施改造计划以及可以改造的中、低产田和已建成的高标准农田；

③蔬菜生产基地；

④农业科研、教学试验田；

⑤国务院规定应当划为永久基本农田的其他耕地。

永久基本农田划定以乡(镇)为单位进行，由县级人民政府自然资源主管部门会同同级农业农村主管部门组织实施。永久基本农田应当落实到地块，纳入国家永久基本农田数据库严格管理。

永久基本农田经依法划定后，任何单位和个人不得擅自占用或者改变其用途。国家能源、交通、水利、军事设施等重点建设项目选址确实难以避让永久基本农田，涉及农用地转用或者土地征收的，必须经国务院批准。乡（镇）人民政府应当将永久基本农田的位置、范围向社会公告，并设立保护标志。

禁止通过擅自调整县级土地利用总体规划、乡（镇）土地利用总体规划等方式规避永久基本农田农用地转用或者土地征收的审批。

3)宅基地建设管理

《中华人民共和国土地管理法》对宅基地建设管理进行了规定，农村村民一户只能拥有一处宅基地，其宅基地的面积不得超过省、自治区、直辖市规定的标准。人均土地少、不能保障一户拥有一处宅基地的地区，县级人民政府在充分尊重农村村民意愿的基础上，可以采取措施，按照省、自治区、直辖市规定的标准保障农村村民实现户有所居。

农村村民建住宅，应当符合乡（镇）土地利用总体规划、村庄规划，不得占用永久基本农田，并尽量使用原有的宅基地和村内空闲地。国家允许进城落户的农村村民依法自愿有偿退出宅基地，鼓励农村集体经济组织及其成员盘活利用闲置宅基地和闲置住宅。

4)集体所有土地建设管理

城乡规划中确定为工业、商业等经营性用途，并经依法登记的集体经营性建设用地，经本集体经济组织成员的村民会议三分之二以上成员或者三分之二以上村民代表的同意，土地所有权人可以通过出让、出租等方式交由单位或者个人使用，并应当签订书面合同，载明土地界址、面积、动工期限、使用期限、土地用途、规划条件和双方其他的权利义务。

通过出让等方式取得的集体经营性建设用地使用权可以转让、互换、出资、赠予或者抵押（法律、行政法规另有规定或者土地所有权人、土地使用权人签订的书面合同另有约定的除外）。有下列情形之一的，农村集体经济组织报经原批准用地的人民政府批准，可以收回土地使用权。

①为乡（镇）村公共设施和公益事业建设，需要使用土地的；

②不按照批准的用途使用土地的；

③因撤销、迁移等原因而停止使用土地的。

依照前款第①项规定收回农民集体所有的土地的，对土地使用权人应当给予适当补偿。

12.3　乡村规划设计的技术要求

乡村规划设计的行业标准与技术规范主要包括：《镇规划标准》(GB 50188—2007)、《乡村公共服务设施规划标准》(CECS 354：2013)、《美丽乡村建设指南》(GB/T 32000—2015)、《美丽乡村建设评价》(GB/T 37072—2018)、《村庄整治技术规范》(GB 50445—2019)等。

其中，《镇规划标准》，适用于全国县级人民政府驻地以外的镇规划，乡规划可按本标准执行。该标准对人口预测及规模分级、用地分类、建设用地标准进行了规定，明确了居住区用地规划、公共设施用地规划、生产设施和仓储用地规划、道路交通规划、公用工程设施规划、防灾减灾规划、环境规划、历史文化保护规划等的要求。

《乡村公共服务设施规划标准》适用于乡、村规划中的公共服务设施规划，并对管理设施、教育设施、文体科技设施、医疗保健设施、社会福利设施、商业设施等的用地指标及数量作出了规定。

《美丽乡村建设指南》规定了美丽乡村的规划建设、生态环境、经济发展、公共服务、乡风文明、基层组织、长效管理等要求。《美丽乡村建设评价》(GB/T 37072—2018)则进一步通过22项定量指标、78项定性指标，对美丽乡村的建设原则、内容、程序和方法进行了评价。

《村庄整治技术规范》主要针对村庄整治工作，对安全与防灾、道路桥梁及交通安全设施、给水设施、排水设施、垃圾收集与处理、卫生厕所改造、公共环境、村庄绿化、坑塘河道、村庄建筑、历史文化遗产与乡土特色保护、能源供应等方面进行了技术规定。

此外，还有一些专项的标准与规范。例如《村镇规划卫生规范》(GB 18055—2012)主要从乡村的健康卫生角度出发，对用地选择、空间布局及各类用地的规划设计内容提出了要求；《农村住宅卫生标准》(GB 9981—2012)针对乡村住宅卫生，从住宅的用地选择、日照、小微气候、卫生监督检测等角度提出了技术要求；《城乡排水工程项目规范》(GB 55027—2022)，主要对乡村排水工程规划、建设和运行等方面进行了技术规定。

小结

在由"多规"立法转向国土空间规划立法的过渡阶段，乡村规划需要在国土空间规划的相关政策文件指导下开展工作。乡镇政府在综合各部门、各地方的规划设计要求推进规划设计工作时，需要严格遵守"三区三线"管控，以及宅基地、集体建设用地、历史文化保护等要求，实行从用地审批、到规划设计、再到施工监督的全周期管理。

思考题

1. 与"多规"时期相比，国土空间规划时期的乡村规划在部门规章制度方面会有哪些不同之处？

2. "三区三线"的管理措施包括哪些内容？

3. 乡村各类用地的管控要求有哪些？

4. 简述历史文化名镇名村的保护规定。

第13章　乡村规划设计的编制流程

本章简介：本章首先介绍了乡村规划设计的调查内容与方法，强调了从自然环境、社会经济、历史文化、建成环境、基层诉求、上位规划要求及建设实施等多个维度开展综合调查分析的重要性。其次，介绍了从需求识别与目标制定，到方案生成与综合评估，再到方案决策与审批的乡村规划设计编制流程。

通过本章的学习，熟悉乡村规划设计的调查、编制、决策、审批全流程；并在这一过程中，理解村民参与的必要性，以及通过实施评估指导方案创新的重要性。

13.1　乡村规划设计的调查内容与方法

13.1.1　调查内容

乡村规划设计调查旨在使技术人员全面了解乡村发展的基本情况、主要问题及发展诉求，并在此基础上明确规划的目标与重点，从而支撑乡村规划设计的编制与决策。

调查应全面审视乡村各个子系统及其相互关系，按如下步骤展开：①收集乡村的地理信息、人口信息、产业状况、收入状况；②收集乡村的历史文化资料、土地利用状况、闲置资源；③了解地方政府、村两委、村民在产业发展、生活保障方面的需求，人居环境改善目标，以及面临的主要困难；④结合上位规划与政策要求，总结已有工作基础，明确规划设计需要解决的重点问题。乡村规划设计的主要调查内容如表13-1所示。

表13-1　调查内容一览表

维度	调查内容
自然环境	1）地形地貌：高程、坡度、坡向、水文等 2）气候特征：光、热、水等 3）地质条件：滑坡、崩塌、泥石流等地质灾害点的等级、分布 4）植被状况：植被类型、植被覆盖度、动植物栖息地等
社会经济	1）人口构成：数量及结构、受教育程度、人口流动情况 2）产业结构：一二三产业的结构、特征、问题及设想 3）经济收入：村民及村集体经济收入来源、土地流转情况 4）基层治理：村两委的村务执行情况、透明度及满意度、相关荣誉称号 5）管理机制：有关乡村发展建设的议事规则、举措

续表13-1

维度	调查内容
历史文化	1)历史沿革:村庄迁并历史、名人典故等 2)物质及非物质文化遗产:类型、分布、等级、保护与利用情况 3)传统街巷与建筑:类型、分布及价值
建成环境	1)土地利用:类别、分布及主要问题,高标准农田建设、土地整治及闲置用地情况 2)基础设施:道路、给排水、能源、电力、通信、环卫及防灾设施 3)公共服务:管理、教育、医疗、商业、文体及养老设施等的数量、位置、面积、运营情况 4)村民住宅:建筑质量、高度、材料、形成,利用情况,建造技艺 5)景观风貌:山水格局、建筑风貌,村庄绿化、公共空间的分布与特色
基层诉求	县、乡(镇)人民政府、村两委和村民在产业发展、设施建设、农房改善、土地流转、集体建设用地使用等方面的意见及诉求
上位要求	1)解读国土空间总体规划、各专项规划对研究区域的定位及要求 2)对现行规划的实施情况进行分析评估,总结成效与不足 3)明确规划需要解决的重点问题

调查数据主要来源于网络数据、政府部门数据以及实地调研获取数据3种方式(表13-2)。规划设计编制人员需要熟悉各类数据的特征、精度、适用场景,进而选取适合研究对象的数据,针对性地解决实际问题。

表13-2　调查数据的内容与来源

类型	特征	举例
网络数据	容易获取、精度较低、适用于宏观和中观尺度	1)资源环境科学与数据中心:行政区划、道路、水系等矢量数据,土地利用、植被类型、土壤、地形地貌等栅格数据 2)全国地理信息资源目录服务系统:水系、居民点及设施、公路、铁路、地名及注记、地表覆盖 3)百度及高德地图:POI、POA ……
政府部门数据	精度较高(部分涉密)、适用于中观和微观尺度	1)人口普查数据:人口数量、年龄结构、受教育程度、流动情况等 2)经济普查数据:从事二三产业的法人单位、产业活动单位和个体经营户的基本情况、组织结构、人员工资、生产经营情况等 3)国土调查数据:地类名称、权属性质与单位、面积等 4)森林资源调查:优势树种、郁闭度、平均胸径、平均树高、平均年龄、每公顷蓄积量等 ……
实地采集数据	人力成本高、精度高、适用于微观尺度	1)地方政府、村两委和村民在产业发展、农房改善、环境提升等方面的发展诉求 2)景观特征、村容村貌等 ……

13.1.2　调查方法

1. 资料调查

规划设计单位事先拟定资料收集清单，一般包括已有规划成果、部门管理要求、土地利用、人口演变与现状结构、经济产业、主要建设项目等的文本、图表、矢量数据资料(表 13-3)。由项目委托方负责收集、整理后交予规划设计单位。资料调查是在实地踏勘前预先了解规划对象的前置工作，也是保障规划设计编制准确度与精细度的必要条件。

表 13-3　资料收集清单

类别	具体资料
基础地理信息	行政区划、地形图、遥感影像、灾害分布、历史文化资源、农村地籍台账、地理国情普查、气象数据等
国土调查资料	最新全国国土调查及年度国土变更调查数据
自然经济数据	“三区三线”划定、自然保护地分布、森林调查等数据
	人口、社会经济、产业发展等相关数据
既有规划资料	已编制的县级及乡镇级国土空间规划、乡村振兴战略规划、相关专项规划(产业发展、基础设施及公共服务等)、村庄规划成果
	最新的县、乡镇政府工作报告及“五年”发展计划
建设项目资料	近、远期建设项目
其他	其他必要资料

2. 实地踏勘

实地踏勘是直观感知乡村自然环境、发展水平、文化特征、现状问题的重要途径，是对资料调查数据的必要补充。

实地踏勘包括底图准备、踏勘计划、详细记录环节。踏勘前，需要准备好规划区域的地形图、遥感影像、土地利用等相关资料，以及用于收集、记录踏勘信息的基础材料。在踏勘过程中，最好由熟悉当地情况的村干部、村民带领，以便快捷地了解情况及问题。在路线选择时，应覆盖有代表性、能反映典型问题的调研点位，做到以点带面。踏勘时，运用照片记录、信息标注等方式做好记录工作(图 13-1)；有条件的情况下还可以进行驻村调研，以便更深入地了解调研区域的生产生活方式、风土人情、发展瓶颈。

针对乡村设计环节，还需要进一步了解场地的土地平整度、土壤质量，建筑风貌与结构、使用情况，道路交通情况，植被生长状况等，以便制定更切合实际的空间设计方案。

3. 访谈调查

访谈对象包括村干部、不同年龄段的村民、企业代表、地方政府代表、公益组织、游客等，应涉及乡村治理的多元主体。访谈内容围绕自然资源保护与利用、基础设施和公共服务内容、住房情况、产业发展、民生福祉、乡土特色、拟建设项目、村规民约、问题与诉求等内容。

在访谈过程中，要特别注意跟村民的交流方式，尊重地方习俗。如果遇到语言障碍，应当寻求熟悉当地方言的村干部或政府人员的陪同与帮助。访谈问题尽量是半开放性的，要事先

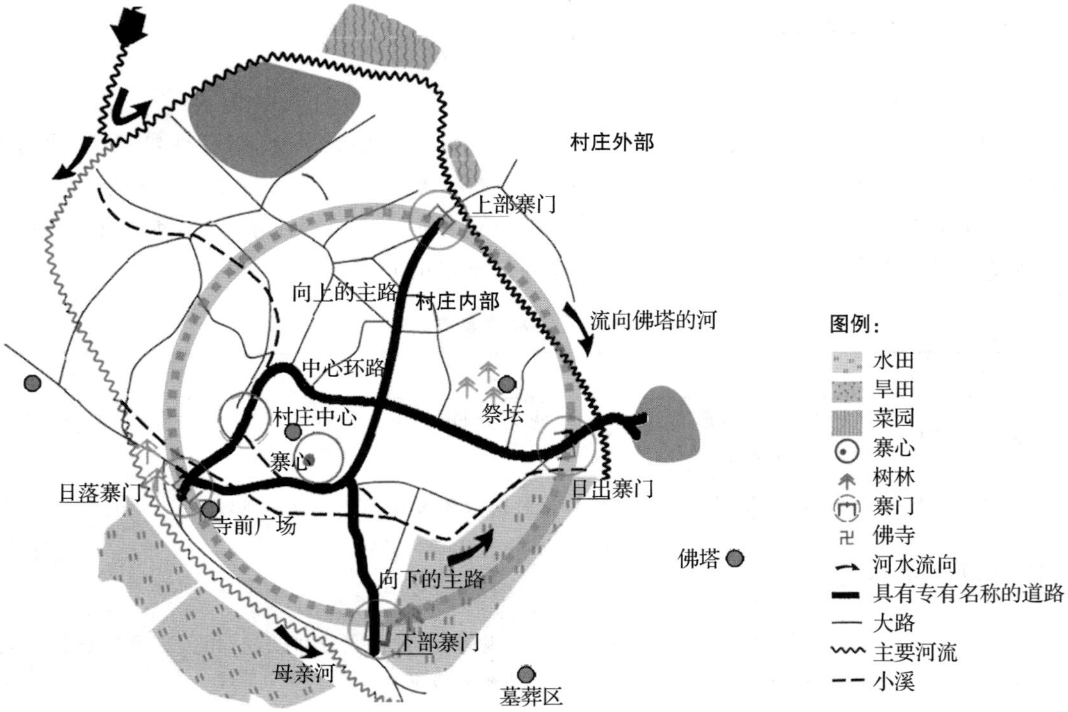

图 13-1 根据实地踏勘绘制的 M 村空间结构图

准备多种选项,在访谈对象无法快速理解问题的时候,给予提示和引导,以便顺利完成。

4. 问卷调查

应根据调查对象的特点针对性地设计调查问卷,以期把握调研地区各个主体的现状、问题与诉求。针对村民的问卷要尽量精练,问题应清晰易懂,符合村民的认知水平,避免出现专业化词汇。问卷调查的关键不在于发放的数量,而在于问题的针对性和填写质量。在可能的情况下,结合访谈情况进行问卷调查是较为理想的方式,获得的信息也更加全面、可靠。

5. 个案调查

选取若干案例进行深入调查,一般涉及重点人(如人生经历、家庭关系、子女情况、社会联系)、重点企业(企业运行、经验教训)、重要项目(土地权属与变更、设施建设与运行)等。

6. 其他注意事项

充分做好准备工作:充分了解当地文化习俗,规避敏感问题;准备必要的物资设备,如拍摄装备(无人机、数码相机)、记录设备(录音笔、笔记本),做好往返交通方案;对调研团队进行事前培训,确保充分了解调研内容;可以进行预调研以测试调研方法和工具的有效性,并适当调整调研计划;与当地政府部门提前做好沟通,得到调研许可,并遵守数据保护规定,尊重参与者隐私。

13.2　乡村规划设计的编制与决策

13.2.1　需求识别与目标设定

1. 需求识别

首先，应对上位规划、相关政策制度的要求进行分析，明确乡村规划的刚性要求。根据县域国土空间总体规划，明确"三区三线"管控要求，梳理城镇空间、农业空间、生态空间之间的关系，以及耕地面积、等级等约束性指标和强制性内容的传导要求；根据村庄在村镇体系中的定位，明确村庄发展方向、基础设施与公共服务的配置方案，以及与区域设施的衔接、共建共享关系。

其次，应对村民、村集体、基层政府的需求进行分析，确保规划设计方案能够顺利实施。基层政府、村集体对于村庄发展的设想，是思考村庄发展目标的重要依据；而村民、经营主体对于生产生活的诉求，则是改善乡村人居环境、设立运营项目的重要参考。对于上述主体的意愿采集工作应在调研阶段完成，以指导村庄规划设计的编制，并将阶段成果不断反馈给村民，以便及时调整方案。

此外，还应分析相关部门的规划建设需求与行业技术标准，并对现行规划的实施情况进行分析与评估，提出成效与不足。

2. 目标设定

乡村规划设计的目标设定应遵循以下原则：①除了聚焦人居环境改善、物质空间建设等短期任务外，还应着眼于乡村蓝图及激发活力等长期考量；②立足于规划对象的现实基础与演进规律，在规模预测、建设成本等方面体现规划设计目标的因地制宜与可操作性；③不仅注重功能布局、村容村貌等外在因素，更应关注创业、增收、生活质量、乡风文明等内在因素，促进村庄经济、社会、文化的综合发展；④从区域、村庄、建筑不同层级，体现乡村特点、杜绝"千村一面"。

乡村规划设计的主要目标应包括以下方面。

(1)产业振兴　通过发展乡村产业，提高生产力，促进乡村经济的多元化发展，实现农民增收。具体表现在产业体系完备、质量效益提升、就业结构优化、增收渠道拓宽、内生动力增强等方面。

(2)文化振兴　深入挖掘和利用物质文化遗产、非物质文化遗产等地域文化资源，传承地域文化精神，在带动文旅产业发展的同时，不断提升村民的自豪感。

(3)生态振兴　通过加强乡村生态环境保护、农业面源污染防治、提升乡村人居环境等措施，平衡乡村生态环境保护与经济产业发展之间的关系。

(4)农业农村现代化　通过科技应用与技术推广，提高农业生产效率和生活水平，推动农业农村的现代化转型，具体表现在耕地质量、农业新质生产力布局、乡村新产业新业态、乡村基础设施布局与公共服务水平、农民收入水平等方面。

13.2.2 方案生成与综合评估

1.多学科技术团队支撑

组建多学科技术团队的核心在于整合不同领域的专业知识和技能,以解决乡村规划设计中面临的问题。在组建团队时,应根据规划设计对象的发展目标与具体内容确定需要的专业领域,如建筑学、城乡规划、生态学、农业工程等,选取合适的人员形成多学科团队。在开展规划设计工作时,需要利用各自的专业优势,形成有效的沟通协作,确保团队工作高效进行。项目实施后,还需从不同专业视角对实施效果开展评估,指导方案的调整优化。

2.成本效益、风险分析

乡村规划设计的成本效益分析主要包括以下内容。

(1)成本分析 成本包括土地补偿、建造改造、固定资产投资及相关费用,与乡村发展规模预测、区域发展趋势密切相关。应避免乐观估计,并充分考虑建设、搬迁成本,以及耕作距离、土地权属、宗族关系等实际问题。

(2)效益分析 效益包括对产业、资源、生态、环境、就业、收入等方面的影响。除了经济效益外,还应分析耕地保护、闲置资源盘活、促进就业、改善村民生活条件等带来的社会效益。

(3)收支平衡分析 通过比较项目的全部成本和效益,确定项目的收支平衡点,从而预判何时将产生回报,作为评估项目盈利能力的重要指标。

乡村规划设计的风险评估主要关注规划内容是否符合实际情况,通过预算报告、技术能力评估和管理体系建设等方式对项目风险展开全面评估。其中,产业规划的风险主要涉及市场需求、供应链管理等方面,通过市场调研、竞争对手分析等方式进行评估;文化风险主要涉及文化保护与传承,通过问卷调查、文化资源监测等方式进行评估;环境风险主要包括生态破坏、环境污染等方面,通过综合分析土壤、空气、植被等方式进行评估。

3.公众参与

公众参与对乡村规划设计具有重要意义:一方面,提升民主意识和集体意识,有助于解决村民之间、村民与村集体之间的利益矛盾,是基层治理的重要体现;另一方面,群策群力编制完成的规划设计方案,是推动建设实施的必要条件。公众参与贯穿了调研、编制、决策全过程。其中,规划编制阶段的参与最为重要,村民需要与规划设计人员共同决定空间形态及实施要点,通过合理分组、配备辅导专家、选择关键议题、自由发言、观点提炼与专题研讨、多方案比选等环节构建周密的参与流程。同时,通过照片、录音、签到等方式记录参与过程,作为规划审批的必要依据。

13.2.3 决策支持与规划审批

1.决策支持系统

1)决策矩阵

决策矩阵可以帮助乡村规划设计人员更好地评估主要影响因素,从而合理选择规划设计方案。决策矩阵一般按照以下步骤推进:第一步,明确各个决策目标的优先级,并根据目标确定评价指标及其权重;第二步,收集、整理评价指标数据(得分或评级),并对数据进行标准化和归一化处理,以解决不同评价指标单位不一致或评分标准不同所带来的问题;第三步,将数据填入决策矩阵中进行计算、分析，并进行敏感性分析和边界检验，以考察各项指标对规划设计成果与实施的影响程度。

2)模拟预测

模拟预测内容主要包括土地需求量预测、社会经济测算以及实施方案评估。

(1)土地需求量预测　涉及对规划期限内规划区域各类用地(主要为农业用地和建设用地)规模的测算和评估。土地需求量与人口规模、消费水平、经济发展水平、城镇化水平和作物产量等因素密切相关，对上述内容的预测也成为土地需求量预测的前提。

(2)社会经济测算　聚焦乡村发展的可持续性，涉及乡村自然、经济资源的分析评价，乡村社会、产业的发展方向与布局，以及各产业门类的发展规模、水平、速度、投资与效益。此外，还包括对乡村规划设计的风险评估，如政策风险、市场风险、技术风险等，并提出相应的应对策略。

(3)实施方案评估　主要对规划措施与实施情况进行评估，确保规划措施的针对性和可操作性，能够有效解决乡村问题。例如，通过人均收入、农业产值、村民就业等指标，以及乡村社会事业发展情况(如教育、医疗、卫生、文化、公共服务)评估经济发展水平、乡村生态环境保护情况、乡村基础设施建设情况等内容。

3)专家咨询

开展专家咨询的关键在于建立专家库、组织专家咨询论证会议或采取其他适当方式，确保专家咨询工作的科学化、制度化。

专家库需要有足够数量的专家可供调用。入库专家应具有一定的专业技术职称，覆盖规划建筑、经济产业、文化旅游、生态环境等相关领域。此外，专家应当从行业主管部门、教育科研机构、行业协会学会、社会组织、相关企事业单位中遴选，确保具备丰富的专业知识和实践经验。

组织专家咨询论证会是主要咨询形式，可以是网络、视频、电话、会议等形式，也可以是书面咨询。专家需独立自主开展研究论证，对所提出的意见和建议署名负责，并承担应尽的保密义务。此外，还可以通过解读最新技术指南、政策文件精神，从编制思路、关注重点、政策引用等方面对编制成果进行指导，同时从规划管理与实施等方面提出建议。

专家咨询工作的科学化、制度化包括制定详细的工作细则，包括工作的原则、程序和要求。同时，建立设计下乡工作机制，通过各级专家联动机制确保技术指导和服务的有效实施。

2.规划审批

村庄规划由乡镇人民政府组织编制，规划成果由乡镇人民政府报县级人民政府审批，由县级自然资源主管部门组织技术论证。报送审批时应附村民委员会的审议意见，村民会议或村民代表会议讨论通过的决议。传统村落保护、乡村综合防灾等专项规划，还需要遵循相关部门及制度要求，按规定程序报批。

规划批准之日起 20 个工作日内，要形成公开成果，通过村内布告栏、乡镇人民政府和县级自然资源主管部门官方网站等多种形式“上墙、上网”公示。30 个工作日内，规划成果逐级汇交至省级自然资源主管部门，并反馈到国土空间规划“一张图”上。

小结

乡村规划设计的调查内容应覆盖自然环境、社会经济、历史文化、建成环境、基层诉求、上位规划与政策要求等涉及乡村保护与发展的各个方面，并对规划实施效果进行评估和预判。在开展乡村规划设计工作时，需要科学合理设定目标，组建多学科技术支撑团队，注重成本效益分析与风险评估，通过公众参与、决策矩阵、模拟预测、专家咨询等方式完成多方案比选的决策过程，并依据制度要求完成规划公示和审批程序。

思考题

1. 乡村规划设计调查包括哪些内容与手段？
2. 乡村规划设计调查时的注意事项有哪些？
3. 简述乡村规划设计编制与决策的主要流程。
4. 乡村规划设计的审批涉及哪些主体？

参考文献

冯旭，山崎寿一．基于生活地名法的传统聚落空间结构研究——以云南西双版纳曼海聚落为例[J]．国际城市规划，2017(2)：72-78.

第14章 乡村治理与乡村运营

本章简介：本章针对多方参与的乡村治理机制与乡村运营维护进行学习。首先，介绍了当前乡村治理存在的共有村社集体、基层政府、外来资本和社会力量、中间人四类主体，及其形成的六种乡村治理模式，即：政府集权化治理、集体集权化治理、集体中介型治理、集体自治型治理、村民主导型治理、外部资本嵌入型治理。其次，中国的乡村规划设计话题正从关注“规划建设”转向“可持续运营”。在对近年来热门的乡村运营、村庄经营等概念进行辨析的基础上，从运营主体视角出发，通过对七个乡村运营案例的分析，总结出面向可持续发展的乡村运营要点。

通过本章内容的学习，理解乡村治理与乡村运营在乡村发展过程中的重要作用，了解不同案例中各主体在治理运营中的差异化方式，深入思考乡村善治的基础与内涵。

14.1 多方参与的乡村治理机制

乡村治理是国家基层治理的重要组成部分。我国乡村治理经历了从中华人民共和国成立初期“政社合一”的人民公社制度，到改革开放后“乡政村治”的治理机制变迁。21世纪以来，在取消了绵延千年的农业税制度以及当前多元发展目标的指引下，乡村治理的逻辑再一次发生转变，展现出政府、市场、村集体、村民、社会团体等多方主体共同参与治理的局面。

14.1.1 乡村治理主体

乡村治理主体主要包含村社集体、基层政府、外来资本和社会力量，以及中间人四类。各类主体的特征如下。

1. 村社集体

村社集体是乡村自治的基层组织，主要包括村（组）管理组织和集体经济组织。村（组）管理组织包括以村党支部书记为代表的自上而下任命的党组织，以及以村委会主任为代表的自下而上选举产生的行政组织。村党组织是乡村各种组织和各项工作的领导核心，全面领导村民委员会及村务监督委员会、村集体经济组织、农民合作组织和其他经济社会组织。村行政组织包括村民自治组织（村民委员会）和村务监督组织，是村级组织的基础。目前，村党组织书记通过法定程序担任村委会主任，村两委班子成员交叉任职的做法正在全面推行。

村集体经济组织一般以农村合作社、村集体经济公司为代表，在管理集体资产、合理开发集体资源、服务集体成员等方面发挥作用。部分村集体在各类土地流转方面的力量不足，暂未成立村集体经济公司，而是通过入股街镇联营的集体经济公司来参与村庄资产的管理与经营。

除此之外，一些乡村中也存在部分村民自发成立的农民合作组织，以及农民和企业共同成立的其他经济社会组织。

无论乡村治理制度如何变迁，村社集体始终是基层治理的主体。当前，中国乡村治理过程中普遍存在村社主体性弱化的情况，加之人口流失，加强村社集体人才队伍建设、强化基层治理能力成为当前乡村治理的重要任务。近年来，“驻村第一书记”制度在全国广泛推广，既加强了乡村基层党组织建设、提升了治理水平，也锻炼了大量优秀的年轻干部。

2. 基层政府

县级及以下政府都属于基层政府的范畴。其中，街道办事处、乡镇政府是我国城乡行政体系中实现对基层社会管理的两种主要形式，乡镇政府是区县层级的下辖行政机构，街道办事处是区县层级人民政府的派出机构。于乡镇和涉农街道而言，二者共同构成了国家开展各项乡村社会治理工作的重要治理主体，是国家行政权力与基层社会互动的枢纽，承担着主要乡村公共产品供给的重要任务。

2006 年农村税费改革之后，街镇政府的财政能力下降，基层民生保障和社会治理能力在一定程度上被削弱。但在部分经济较发达的地区，街镇政府拥有独立的事权财权，是乡村项目实际的操作主体，负责推动各自管辖范围内的居民集中居住、公共服务配置、美丽乡村建设等项目的制定与实施。部分县（区）、街镇甚至为土地整治、乡村振兴、美丽村庄等示范点的打造构建了统一的政府融资平台，让这些以县（区）政府机构或街镇控股的国有企业成为乡村经济开发建设乃至后续运营的主体。

3. 外来资本和社会力量

外来资本参与能够从市场化角度弥补乡村资源不足的缺陷，其中主要包括两类：一类是以追求经济利益为主要目的的营利性组织或个人，包括民营企业、个体投资者等，他们通过判断项目价值作出投资，对乡村资源进行商业化开发、资本化运作，以此获得经济回报；另一类是各种非营利组织（NPO），通过与政府或村社集体合作或市场化运作向乡村地区提供服务，保护乡村的生态环境和乡土文化，或成为乡村社会的矛盾调解者、政府与村社的沟通桥梁，促进乡村善治，如自然或生态保护类协会、乡村类公益基金会、公益性的法律服务企事业单位等。

近年来，外部资本和社会力量不断进入乡村，直接或间接地影响着村庄事务的决策。其中既有促进村庄经济发展、带动村民致富增收等良性的反馈，也存在因资本逐利、短视带来的乡村资源浪费和闲置，以及对乡土文化的破坏等情况，需要进行具体、客观、公正的评价。

4. 中间人

在乡村治理过程中，以乡村能人、驻村规划师为代表的中间人角色，承担着沟通基层政府和乡村社会的重要作用。

新时代的乡村能人通常具有较高的道德品质和专业才能，对乡村具有责任感和归属感，愿意积极投身乡村的建设和发展。乡村能人在新时代乡村治理中的作用是多方面的，他们不仅是乡村发展的推动者，也是乡村文化和价值观的传播者，对于促进乡村治理体系和治理能力现代化而言具有重要意义。近年来，接受过良好教育、返乡创业的“新农人”群体，也成为值得关注的现象。

驻村规划师制度是一种试图将专业规划人才导流到乡村的实践探索。作为全职工作岗位，面向社会公开招募，负责协助政府实施城乡规划编制与管理工作。他们一方面从专业角度在乡村规划编制上提供技术服务或咨询服务，并对乡村规划实施进行监督反馈；另一方面也要与村民、村社集体、外来资本等其他主体进行沟通，扮演好公共利益协调员的角色。

14.1.2　乡村治理模式

结合当前乡村治理的实践案例，围绕乡村土地经营权属、建设发展主导要素等关键内容，乡村治理模式可以归纳为以下六类。

1. 政府集权化治理模式

村庄的土地资源配置等核心事务由政府主导，主要存在于土地资源紧缺或被严格管制的城郊社区、城边村。

专栏 14-1　政府集权化治理：石塘村

石塘村为南京市江宁区横溪街道下辖的自然村，距南京市中心 38 km，是典型的远郊村庄。作为江宁区打造的乡村旅游“五朵金花”之首，也是国内发展较早的旅游型村庄。

2008 年，民营企业苏州科赛投资发展集团有限公司进入石塘村，投资 1.3 亿元进行了村庄的开发建设后，因与政府合作开发无法达成一致而撤出。2012 年，横溪街道单独成立了横溪文化旅游发展有限公司并进驻石塘村，江宁区、横溪街道和社会资本累计投入 1 亿多元，对村庄环境进行了整治，并开发了南京市学生阳光体育营地等项目。区、街道政府既承担着公共管理与服务职能，又是经济开发建设的主体，负责乡村改造建设的绝大部分费用，而社会资本仅在某些特定项目上予以辅助。这样一来，石塘村就形成了以政府为主导，开发公司、大学生村官创业团队、村民、村集体经济组织等共同参与的外部推动型管理与服务体系。

2. 集体集权化治理模式

村庄经济和社会事务由村集体组织主导，治理方式倾向于自上而下的决策路径，村民的参与度较弱。

专栏 14-2　集体集权化治理：蒋巷村

蒋巷村位于江苏省苏州市下辖的沙家浜水乡，为常熟、昆山、太仓交界的阳澄水网地区，面积 3 km^2，约 200 户，人口近千人，曾荣获国家级生态村、全国乡村治理示范村等近百项国家级、省级荣誉称号。

村党委确立了共同致富既要“领导”也要“引导”的思路，带领全体村民宜工则工、宜农则农、宜商则商、宜富则富。蒋巷村依靠集体力量艰苦创业，在农业、工业方面壮大集体经济。农业方面，在统一规划基础上带领村民从水利建设入手，开展农业生产基本建设，利用复垦复耕土地建设高效农业示范园区；工业方面，主动关闭了有污染的化工厂，根据工业向园区集中的需要，向镇开发区批租 600 亩地建设常盛工业园区，将乡镇工业集中迁移进园区。2020 年，全村社会总产值约 10 亿元，村级可用财力 2676 万元，村民人均收入 5.61 万元，人均分红约 1 万元。

3. 集体中介型治理模式

突出村集体组织的中介作用，既要满足基层政府要求，也要受到村民的约束，需要起到平衡和纽带作用。一般出现在基层政府较为强势，村民为分散的利益个体、议价能力较弱的地区。

✣专栏 14-3　集体中介型治理：汤家家村

汤家家村是南京市江宁区汤山街道下辖的自然村，拥有长三角稀缺的温泉资源，在乡村旅游带动下成为远近闻名的温泉度假村。

汤家家村是其所在的汤岗社区 20 世纪 90 年代末期因修路而新建的一处居民安置点，因此缺乏原生态的乡村风光，更没有传统的宗族力量，是典型的“原子型”村庄。作为安置村，村民大多没有耕地，早先以外出打工为主。2013 年，省、市、区三级政府强势投入约 1800 万资金，主导了村庄物质环境的提升，使其更符合发展旅游村的需求。为了加快建设进度，汤山街道还由旅游部门牵头成立了指挥部，以便协调初期投资和建设项目。村庄环境改善后，由村民及外来商户创办的温泉民宿遍地开花，形成了良好的社区氛围。汤岗社区集体组织则承担起管理村民日常事务、协调平衡政府与村民关系的职能。

4. 集体自治型治理模式

政府不涉足村庄核心事务决策，而是由村集体组织和村民之间通过充分协商的方式完成。该模式一般存在于成员关系紧密的村庄，村集体经济组织主导着村庄的治理，服务于村民而非政府需求。

✣专栏 14-4　集体自治型治理：紫南村

紫南村是广东省佛山市禅城区南庄镇下辖行政村，曾获得过中国十佳小康村、全国民主法治示范村、广东省学习型党组织建设示范联系点等荣誉。

紫南村原是远近闻名的脏乱差村、落后村。2007 年起，在村书记的带领下，发展壮大村级集体经济成为紫南村的首要任务，村两委科学制定产业规划、招商引资，成立商贸公司、文旅公司等，并引入职业经理人对村庄产业进行专业化运营。十多年来，紫南村引进了 60 多家优质企业落户，并拥有了 3 家上市公司、4 个国家级驰名商标，如今村民每年人均分红上万元。同时，村两委坚持听取群众意见，创办了佛山市第一份村级报纸《紫南之窗》(2015 年改名为《紫南报》)，免费发到全村各户及辖区企业。集体收支、计划安排、劳资薪酬、人事调整等全部村务都在村报上公开刊发，村民的意见、看法和要求也见诸报端(如今还增加了公众号等新媒体形式)。村中重大事项多次召开村民大会共同表决，并制定了《禅城区南庄镇紫南村自治管理制度汇编》，规定了村政管理、经济运行、综合整治、服务规则以及与村民日常生活密切相关的内容。

5. 村民主导型治理模式

村民及村民自发组织在村庄决策中起到主导作用。典型的如福建、广东一带宗族传统较强的村庄。

✣专栏 14-5　村民主导型治理：东仙村

东仙村位于广东省汕头市潮南区陇田镇，自清代建村以来就形成了宗族主导关系，村内存在以郑姓单一姓氏为主的宗族势力。

改革开放后外出的部分东仙村村民取得了一定成就后返乡，发挥“乡村能人”的带动作用，由“带头人”召集起来，成立了东仙村“惟馨堂理事会”。乡村能人投资修复了小型公共服务设施，与村民之间的沟通和联系十分密切，使得乡村治理更加贴近村民的需求。

但乡村能人更多地作为资源的供给方而非资源的运作方，并不运作村庄的具体事务，而是由村委会发挥着核心作用。村委会成员都是本村选举出的同姓成员，对村落熟悉程度高。不过，由于村委会成员大多较为年轻，对村民行为缺少领导力和管控力，因此主要发挥村民、乡村能人以及基层政府之间的沟通联络者和平台搭建者的作用。

6. 外部资本嵌入型治理模式

外部资本参与村庄事务决策的程度主要取决于其组织性质、投资规模、与其他主体间的关系等。组织越正规、投资规模越大，对村庄决策的影响也越大。

专栏 14-6　外部资本主体嵌入形成的治理模式：杨柳村

杨柳村隶属于南京市江宁区湖熟街道杨柳湖社区，距离江宁大学城约 6 km，属于近郊型村庄。优越的地理条件，加之国家级历史文化名村的称号，被江宁区选定为第二代“金花村”样板村庄。

2012 年，由江宁区政府牵头，江宁交通建设集团、江宁区文广局、湖熟街道和江宁高新园联合组建了杨柳湖旅游文化发展公司（简称“杨柳湖公司”），并成为杨柳村的开发建设主体。在村两委的协助下，该公司流转了全村绝大部分农田，拥有了绝对话语权；同时，还吸纳了来自江宁区的大量涉农资金，用于村庄的旅游项目运作。杨柳湖公司行使了杨柳村的开发、建设、经营等多数职权，并负责了村内主要设施的维护和管理。村集体组织主要承担一些配合性工作，同时协调村民与杨柳湖公司之间的关系。在本案例中，杨柳湖公司可以被视为政府的“基层代理人”，协助上级政府（江宁区）实现了美丽乡村建设任务。

14.2　乡村运营与维护

乡村运营主体致力于通过多元运营方式，盘活集体资产、实现各类资产的合理配置与利用，在提升资产价值的同时实现乡村的健康有序发展。

14.2.1　从乡村建设到乡村运营

1. 乡村运营产生的背景

从 2005 年党中央提出实施社会主义新农村建设，到 2013 年国家启动美丽乡村建设行动，再到 2017 年党的十九大报告提出乡村振兴战略，各级政府投入了大量资金开展乡村建设，改善了乡村物质空间环境的同时，也留下了可观的资源与资产。然而，自上而下的“输血式”发展，尚未促使乡村内部形成足够的“造血”能力。面对可持续发展需求，如何更好地盘活乡村各类资源、挖掘多元价值，实现从资源到资产、再到资本的转换，乡村运营的概念与实践应运而生。

在过往三十年的快速城镇化进程中，乡村劳动力大量涌向城市，导致乡村地区人才，特别是能够推动乡村发展的高素质人才短缺。2021 年中共中央办公厅、国务院办公厅印发的《关于加快推进乡村人才振兴的意见》明确指出“乡村振兴，关键在人”。2022 年中央一号文件指出，加强乡村振兴人才队伍建设是全面推进乡村振兴的重点工作之一。可见，引入专业化的乡村运营团队，能够为乡村管理和运营起到支撑作用。

2. 乡村运营的相关概念

综合乡村运营相关的政策文件及理论研究内容，可以将乡村运营的定义总结为：乡村运营是一种经济活动，由政府引导和保障，村社集体、相关企业或运营组织主导，以市场经济模式有效整合、优化、重组乡村资源要素，全面促进乡村一二三产业融合，实现多方共赢，推动美丽乡村向“美丽经济”转化。

“村庄经营”一词可追溯到21世纪初，时任浙江省委书记的习近平同志提出“要把整治村庄和经营村庄结合起来”；2023年，浙江省正式提出以“村庄经营”为突破口，持续深化“千万工程”实施成效。基于近年来学术界的讨论和多地的实践工作，可以对村庄经营做如下定义：村庄经营是地方的经营行为取向在乡村地域的延伸。城乡融合背景下，村庄经营是政府引导，村集体、村民共同参与，以市场化经营为手段，实现村庄资产的保值增值，从而推动村集体经济和村民收入双增长，促进共同富裕。

虽然“乡村运营”与“村庄经营”常常相提并论，但在实践过程中也有如下区分：一是从发展层面看，“乡村运营”偏向第三产业，以市场需求为导向，项目的区域整体性较强；而“村庄经营”概念常见于传统农业农村部门，是一种以土地要素为核心推动经济发展的行为模式，聚焦单个村庄的发展。二是从实践层面看，“乡村运营”侧重方法路径，重要的是如何形成运营组织，并把乡村作为一个市场化对象进行组织、运转；而“村庄经营”侧重发展理念，在“乡村运营”的路径下实现。三是从主体层面看，“乡村运营”的主体形式更加多元，政府、村社集体、企事业单位、社会资本等，一般以多主体联合运营的方式推动乡村业态布局与资源整合；“村庄经营”则更重视企业与村民的互动，村民作为股东可将自然资源以及房产等入股或租让给运营商经营，作为劳动者可在家门口就业，作为农民可出售农产品获益，从而通过租金、分红、薪金、销售等实现增收。

3. 乡村集体资产利用

乡村集体资产包含了归乡（镇、街）、村集体全体成员（社员）所有的资源性资产、能够用于集体统一经营的经营性资产，以及用于公共服务的非经营性资产。三类资产在乡村发展过程中各自承担着不同的角色。

其中，乡村集体资源性资产包括村民集体所有的土地、森林、山岭、草原、荒地、滩涂等，是保障农民财产权益稳定的载体；乡村集体经营性资产包括用于经营的房屋、建筑物、机器设备、工具器具、农业基础设施、集体投资兴办的企业及其所持有的其他经济组织的资产份额、无形资产等，是保障乡村建设与农业发展的重要支撑；乡村集体非经营性资产包括用于公共服务的教育、科技、文化、卫生、体育等方面的设施，为集体成员和社区居民提供公益性服务，也是推动村民经济组织可持续发展的重要组成部分。

2019年底全国乡村集体经营性资产股份制改革基本完成，集体经济组织成员身份得到全面确认。截至2022年年底，全国乡村集体经济组织（包括乡镇、村和组）资产总额达到（不包括土地等资源性资产）9.14万亿元。

14.2.2 乡村运营模式与案例

江浙沪地区作为中国经济发展的前沿地带，也是乡村建设领域诸如“千万工程”、“特色田园乡村”等创新举措的策源地。依托雄厚的市场经济实力、地方财政支持、居民消费能力，为乡村运营提供了优越的社会经济条件。本节选取南京、杭州、苏州三个城市的代表性村庄，根据运营主体的差异，分析这些村庄在乡村运营方面可供借鉴的内容和经验。

1. 单主体运营

单主体运营模式是以某一主体为主导，以整体规划、资源整合等方式实现整村运营与维护，发挥乡村运营商的作用。例如，浙江省杭州市径山村村社集体运营模式中的“径山禅村旅游开发有限公司”、苏家村社会资本运营模式中的“乡伴公司”、徐家院村街道零散招商模式中的“谷里集体资产经营有限公司”，以及钱家渡国有企业建设和运营模式中的“田园水韵建设开发有限公司”。

1)村社集体运营模式：径山村

村社集体运营模式是由村社集体经济公司统筹管理乡村各个项目与运营活动。该模式有利于合理调配乡村资源，将村集体与村民利益紧密联系在一起，呈现出“村庄公司”的运作逻辑。

专栏 14-7　村社集体运营：径山村

径山村位于浙江省杭州市余杭区径山镇，距杭州市中心约 40 km，下辖 6 个自然村。径山村拥有丰富的自然资源和历史文化遗产，是浙江省第一批未来乡村建设试点之一。

早期的径山村呈现出自给自足的状态，单一的茶产业发展势头不足。家庭联产承包制度确立后，径山村开展了土地经营管理由集体经营向个体经营转变的工作，积极有效推进了农旅融合发展，吸引地方政府投资建设。2019 年，径山村村社集体全资成立了“径山禅村旅游开发有限公司”，深度挖掘径山寺与禅茶文化两大亮点，以“村社集体所有、公司调配利用、政府宏观调控”的经营机制来合理调配、利用乡村资源，并积极创新商业模式，实现市场化运营。

在径山村的案例中，村社集体经济公司统筹管理村内一切经营活动，打造统一品牌，开展统一宣传、统一管理、统一经营的发展模式。后续返乡青年也能够积极投入，影响、带动径山村的发展与运营，形成了强大的内生动力。

2)社会资本运营：苏家

政府通过引入社会资本，为乡村运营提供良好的市场环境，从而激发乡村活力。社会资本在发展权责上有明确的界限，引入项目的市场化程度较高。

专栏 14-8　社会资本运营：苏家

苏家是南京市江宁区秣陵街道元山社区下辖的自然村，距离南京市区约 1 小时车程，是典型的城乡融合型村庄。密林环绕、水岸舒朗的环境，使其成为南京郊区的一处热门文旅型目的地。

早期在秣陵街道的主导下，村庄完成了 30 多户村民的搬迁工作，原有宅基地及地上物纳入街道的集体资产经营办公室实行统一管理。2016 年，秣陵街道与民营企业上海乡伴文化旅游发展有限公司(简称“乡伴公司”)签订了苏家 20 年的经营管理权限，整体托管后进行商业化运作。在发展权责上，政府主要负责村庄外围配套设施的维护，乡伴公司则负责村庄内部的更新改造与运营。接手后，乡伴公司委托专业设计团队对村庄进行规划设计，并选取临街的部分宅院进行针灸式业态植入，并以“星星理想村”为主题，抓住了城市家庭需要亲近自然、活动丰富的周末亲子游市场，并不断推陈出新、策划新活动，吸引了大量来自南京及周边的游客。

在苏家的案例中，社会资本引入了成熟的商业模式，但原住民、村社集体基本没有参与进来，主要依靠产权分红的模式提升收入。

3)街道零散招商:徐家院

由街道成立公司对资产进行统一管理后，以公开招商的方式吸引不同业态的小微企业注册投资，聚焦优势产业、挖掘自身潜力、盘活存量用地。

专栏 14-9 街道零散招商:徐家院

徐家院位于南京市江宁区谷里街道张溪社区，是一座自然村，距离南京市中心车程约1小时，2017年被确定为江苏省特色田园乡村试点后，进行了整村提升改造。

前期由谷里街道牵头，完成了徐家院内房屋的收储，并积极整合农户闲置田地。在村庄资产运营过程中，由街道成立的谷里集体资产经营有限公司对房屋资产进行统一管理，并通过公开招商的方式，吸引了众多民宿、咖啡馆、面馆、手工作坊等本地小微企业注册投资，商户性质多元且均衡。农地资产则由张溪社区股份经济合作社进行流转、整合，并委托街道农业经理人进行农业规划和种植，拓展农产品的销售渠道。

在徐家院的案例中，街道通过零散招商的方式陆续完成了对村庄闲置资产的盘活，社区在乡村运营过程中主要扮演沟通者的角色，协调村民、政府、商户之间的关系。

4)国有企业建设和运营:钱家渡

国有企业在村庄物质环境建设、资源整合中起到主导作用，并成立专业化公司专职负责整村运营，发挥国资平台的统筹能力，以专业化运营实现乡村与市场的结合。

专栏 14-10 国有企业建设和运营:钱家渡

钱家渡位于南京市江宁区湖熟街道和平社区，距离南京市主城约 40 km，包括钱家渡、孙家桥两个自然村，占地面积 16.5 hm^2，2017 年被选定为江宁区特色田园乡村试点。

启动之初，隶属于江宁区政府的国资企业南京市江宁区旅游产业集团有限公司(简称“旅游集团”)开展了对村内资产的自愿收储。通过和平社区的动员，超过 80%的村民选择了搬迁，搬迁村民的宅基地使用权及其地上物所有权、2300 亩水旱田的经营权都收归旅游集团所有。收储工作完成后，由旅游集团主导对钱家渡进行了基础设施和民居风貌的更新、改造。

物质环境建设完成后，旅游集团专门出资成立了田园水韵建设开发有限公司(简称“水韵公司”)，专职负责钱家渡的整村运营。水韵公司结合市场需求，开发了多元的旅游产品，并在2018 年开始引入市场资本，并鼓励返乡村民创业。

在钱家渡案例中，国企作为具有行政属性的市场主体，成为政府在乡村项目运作中实现资源整合、落实发展目标的重要工具，是钱家渡乡村建设和运营的主导方，有效地促进了钱家渡物质环境改善和资产盘活。但对于国企来说，前期的巨大投入难以快速回笼，只能通过降低租金来吸引商户入驻，收益率偏低。

2. 多主体联合运营

由多种运营主体互动、协调，从不同方面发挥效用，为乡村运营带来更具活力的业态和更为开放的市场。例如，杭州临安区洪村的“村社集体、强村公司、社会资本”协同运营模式，苏州高新区树山村的“村社集体、国资平台、驻村规划师”协同运营模式，杭州余杭区青山村的“村社集体、国资平台、非营利组织(NPO)”协同运营模式。

(1)“村社集体、强村公司、社会资本”三者协同　“强村公司”的说法源自浙江省，是由乡村集体经济组织通过投资、参股组建公司实体，或入股县、乡级联合发展平台，以项目联建等形式统筹辖区内乡村集体资产、资源，实行公司化运营兼顾社会效益的企业。强村公司与村社集体的关系较为密切，此类模式往往由强村公司组织土地流转、项目入股和建设，并参与到市场化活动中。村社集体与社会资本签订村庄运营合同，前者资源入股，后者资金入股，成立公司运营村庄。

专栏 14-11　“村社集体、强村公司、社会资本”协同：洪村

洪村位于浙江省杭州市临安区青山湖街道北部山区，距离临安城区约 13 km，属于远郊村庄。该地区佛教文化底蕴深厚、文物古迹众多，村庄多依山溪石潭而建，傍翠绿群山而居，村民收入以竹笋等农产品为主。

2021 年，在地方政府的支持与指导下，村股份经济合作社全资成立了杭州临安洪村集体经济发展有限公司，即“强村公司”，在建设项目施工、农业生产、物业管理和业态投资等方面开展工作。随后，洪村通过区文旅局招募了乡村运营商杭州森活文化旅游发展公司，并以“村集体资源入股、运营商资金入股”的方式合资成立了杭州洪村森活文化旅游发展有限公司(简称“洪村文旅公司”)，成为村庄专门运营商，承担村庄运营规划、策划、招商等中介功能，引入实体商户入驻、投资、租赁、经营村集体资产资源，发挥了企业的资源整合能力。强村公司负责流转土地并与商户签订租赁协议，村社集体通过参股的形式获得分红与租金利润。

在洪村案例中，村社集体、强村公司和社会资本的互动，有效实现了村集体资产的保值增值，在提升村社集体组织的凝聚力和公信力的同时，保证了运营商与入驻实体企业的利润空间，企业以追求利润的积极姿态推动着乡村运营。

(2)“村社集体、国资平台、驻村规划师”三者协同　首先由国有资本助力村庄完成物质空间更新及乡村资产积累；之后，村社集体、国有资本分别对村庄空间、持有资产行使运营职责，驻村规划师在发挥专业技能的同时，也起到基层政府、村社集体、国有资本和村民之间联系的桥梁作用。

专栏 14-12　“村社集体、国资平台、驻村规划师”协同：树山村

树山村隶属于苏州市高新区通安镇，距离苏州市区 16 km，交通便捷，是典型的都市近郊村庄。总面积 5.2 km^2，依山傍水、风景绝佳，曾获得国家森林乡村、全国农业旅游示范点等 16 项国家级荣誉称号及上百项市级以上荣誉。

2006 年，通安镇政府与苏高新集团有限公司同比例出资成立了苏州新灏农业旅游发展有限公司，负责全村的生态旅游资源开发。在初期建设过程中，国资平台和地方政府推动了村庄人居环境提升工作，村庄北侧被规划为温泉度假区，南侧山麓被规划为以木栈道为路径的山林观赏区，均由国资平台和社会资本共同开发。

2012 年，苏州科技大学团队承接了树山村的规划编制任务，并开启了十余年的驻村规划历程。经过长期的陪伴式实践，驻村规划师团队对村庄整体规划、招商引资、农文旅品牌建设、活动策划等开展了全方位技术支持；同时，通过成立“树山乡村创客联盟”、乡村双创中心、和美乡村学院等方式招徕青年人才返乡，培养了大量本土乡建力量。

在树山村的案例中，早期国有资本和社会资本下乡，完成了原始资本积累；长期陪伴的驻村规划师发挥专业才能和桥梁作用，让村庄始终维持着高水平的运营状态，并获得政府、村民、村社集体的多方信任。在国资平台、社会资本、驻村规划师的多方参与下，树山村的村社集体、原乡人和新乡人共同参与到村庄的运营发展中，深层挖掘文化内涵，拥抱更加开放的文旅市场，实现了村庄的可持续发展。

(3)“村社集体、国资平台、非营利组织(NPO)”三者协同　村社集体和国资平台合资成立的公司成为乡村运营的主体，以公司市场化运营的方式，整合乡村现有自然资源和公共资源，助力乡村产业发展。非营利组织则辅助参与村庄运营，通过市场化运作，保护乡村的生态环境和乡土文化的同时，引入乡村可承载的项目提升乡村人气。

✣专栏 14-13　“村社集体、国资平台、非营利组织(NPO)”三者协同：青山村

青山村是杭州市余杭区黄湖镇下辖的行政村，距离杭州市中心 42 km。生态环境优越，自然资源丰富，历史文化积淀深厚。2020 年被评为浙江第二批省级农村引领型社区。

2014 年，青山村迎来了重要发展契机，大自然保护协会将青山村龙坞水库选为首个水源保护试点。阿里巴巴公益基金会、万向信托大自然保护公益信托和大自然保护协会联合发起了“善水基金”信托，成立了“水酷”、青山生态农业公司、青山乡村志愿者服务中心等公司及组织，有效挖掘市场化项目，以自然教育、研学旅行、传统手工艺和文创、生态旅游等项目，为青山村发展注入了活力。同时，青山村村社集体通过流转村内闲置房屋、土地，在线上平台以适当价格租赁给外来新居民，在经济层面发挥了村社集体的资源统筹能力，促进了村社集体及村民收入的提升；在社会层面，提高了对于外来新居民的吸引力和村庄品牌影响力。2020 年，由黄湖镇政府牵头，村社集体联合杭州余杭环境控股集团有限公司，按照 49∶51 的股份比例，成立余杭绿水未来乡村发展有限公司，正式开启了村社集体、国有企业联合的市场化经营，致力于形成环境保护与乡村发展的双赢局面。

在青山村的案例中，以大自然保护协会等非营利组织(NPO)的加入为转折点，村社集体与国有企业进一步提供动力，不断丰富着青山村的新业态，形成了多方运营格局。

14.2.3　面向可持续发展的乡村运营

1. 多方参与的乡村运营分工与协作

乡村运营是一个市场化的过程。首先要吸收的是提供各类运营服务的外来市场主体，包括民营企业、驻村规划师、创业团队等，这些主体以轻资产、提供服务为主要特征；同时，也能够在一定程度上带动乡村的内生力量，吸引更多原住村民、返乡村民、新村民共同加入乡村运营中来。近年来，“乡村运营师”(也被称为乡村 CEO、乡村主理人、农村职业经理人)成为国家推广的一种新兴职业，在遵循市场导向的基础上，主要通过运营手段盘活乡村各类资源，打通乡村一二三产业融合的障碍，以文化旅游、观光农业为切入点激活乡村潜能，是谋划整村运营的执行人。乡村运营师弥补了乡村地区的职业性和专业性经营人才缺失的问题，浙江、河南等省份还专门发布了相关的从业标准以加强行业管理。

在市场主体进入后，村社集体在原有村庄事务管理职能基础上，充分发挥组织与统筹作用，以集体经济公司或合作社等形式引导重资产建设、参股分红，甚至自持经营，以此提升村社集体和村民的收入。当然，基层政府的力量也不可或缺，其首要任务是进行规则设定与监管，保障市场的良性竞争；其次，发挥制度、财政的保障作用，以便进一步招徕驻村规划师或职业经理人协同运营，抑或吸引国有企业加入，增强乡村运营中稳定的资本投入。

2. 公共产品实现和村民利益前置

快速建设阶段留下的乡村资产如何转化为能够为乡村可持续发展提供收益的现金流，是乡村运营重点关注的问题。成功项目中的流量（市场机制诱发的人流、资金流、信息流）能否覆盖累积的存量（行政补助、政府投资、资产沉淀），是判断乡村可持续运营的标尺。但在盈利以外，还需要牢牢把握两点内容：一是公共产品的实现，二是农民利益的前置。

能够长久发展的乡村，需要依赖类似于城市财税体系的乡村公共产品供给运行机制。短期、强势的政府投入无法触及“乡村公共产品付费”这一制度设计，使得可持续发展存疑。从本章的案例中可见，苏家、钱家渡、徐家院等乡村运营案例在本地社区力量的挖掘上仍有欠缺，但已经看到了市场型主体在乡村公共产品供给方面的尝试；洪村、青山村等案例在引入市场团队后，政府监管和村集体利益进一步嵌入，各方力量实现了有效平衡。可见，满足公共产品管理维护的资产保值，是当前乡村运营的内核，做到这一点才能进一步实现盈利、增值。

此外，乡村熟人社会的特性，以及土地集体所有制、农民亲自然、喜耕种的身份属性，增加了乡村运营在乡村土地存量基础上，重构集体经济发展、村社关系等工作的复杂性。因此，农民利益前置是乡村运营的根本前提，而在追求乡村资产资本化后的增值和收益过程中，也要警惕农民自主性的丧失。总之，乡村运营是在尊重乡村地域特色的基础上，使乡村变得更加多元、更有活力、更符合社会经济环境、可持续发展的标准，应避免城市运营模式在乡村的简单复制。

小结

乡村治理体系不断更迭发展，并以多元主体参与、多种治理模式并存满足着不同地区的发展需求。乡村基础设施建设、公共服务配置基本完善后，各地方以单主体或多主体联合运营的实践案例，为构建乡村运营方法体系提供了充足的样本。不过，若要实现乡村的可持续运营，不仅需要多方参与分工及形成良好协作机制，更需要关注到村民利益的前置，及管理维护中公共产品的实现。

思考题

1. 多方参与的乡村治理中，各主体发挥的作用有哪些不同之处？
2. 结合具体案例，谈谈乡村运营与村庄经营的区别。
3. 在多主体联合运营过程中，如何平衡各个主体之间的利益，实现共同发展？
4. 在可持续发展背景下，乡村运营有哪些需要特别关注的问题？

参考文献

洪银兴. 探寻乡村振兴之路——苏州常熟蒋巷村调研的理论思考[J]. 红旗文稿，2019(10)：12-14.

蒋宇阳，申明锐，张京祥. 乡村社会结构演变及其空间响应——以汕头东仙村为例[J]. 现代城市研究,2019,9:34-41.
刘智睿,申明锐,张京祥.项目制驱动下的临时代理人模式及其治理困境——基于南京市杨柳村的观察[J].现代城市研究,2018,12:119-124,132.
申明锐,张京祥.新型城镇化背景下的中国乡村转型与复兴[J].城市规划,2015,39(1):30-34,63.
申明锐.从乡村建设到乡村运营——政府项目市场托管的成效与困境[J].城市规划,2020,44(7):9-17.
申明锐.可持续乡村振兴及其规划治理[M].北京:中国建筑工业出版社,2023.
武前波,章轶菲,薛雯露.基于杭州市径山村和青山村的乡村经营模式比较研究[J].城乡规划,2024(2):1-11.